新时代打造美丽中国"赣州样板"探索与实践

XINSHIDAI DAZAO MEILI ZHONGGUO "GANZHOU YANGBAN"
TANSUO YU SHIJIAN

赣州市发展和改革委员会　编著

中国计划出版社

北　京

图书在版编目（ＣＩＰ）数据

新时代打造美丽中国"赣州样板"探索与实践 / 赣州市发展和改革委员会编著 . —— 北京：中国计划出版社，2023.1

ISBN 978-7-5182-1501-0

Ⅰ . ①新… Ⅱ . ①赣… Ⅲ . ①生态环境建设—研究—赣州 Ⅳ . ① X321.256.3

中国版本图书馆 CIP 数据核字（2022）第 247678 号

策划编辑：张文征　　　　　责任编辑：张文征
封面设计：纺印图文　　　　　责任校对：王　巍
责任印制：李　晨　　王亚军

中国计划出版社出版发行

网址：www.jhpress.com

地址：北京市西城区木樨地北里甲 11 号国宏大厦 C 座 3 层

邮政编码：100038　电话：(010) 63906433（发行部）

北京汇瑞嘉合文化发展有限公司印刷

787mm×1092mm　1/16　19 印张　355 千字

2023 年 1 月第 1 版　2023 年 1 月第 1 次印刷

定价：118.00 元

序

　　赣州是原中央苏区的主体和核心区域，有着"千里赣江第一城""江南宋城""红色故都""客家摇篮""世界橙乡""世界钨都""稀土王国"等众多美誉，是我国南方地区重要的生态安全屏障。新中国成立以来特别是改革开放以来，赣南苏区发生了翻天覆地的变化，但由于种种原因，辉煌了千年的宋代古城——赣州，经济社会发展明显滞后，与全国的差距一度持续拉大，在全省乃至全国经济版图的存在感显著降低。为支持赣南苏区振兴发展，党中央、国务院审时度势，江西省委、省政府倾心谋划，赣南儿女勇担振兴使命，立足赣南得天独厚的"红色、古色、绿色"资源优势，纵深推进生态文明试验区建设，走出了一条协同推进经济高质量发展和生态环境高水平保护的绿色发展之路，开启了革命老区高质量跨越式发展的历史新纪元。2022年，赣州成功入选国务院生态文明督查激励名单（全国9个、江西省唯一），切实让绿色成为高质量跨越式发展的鲜明底色。

　　得益于顶层设计、国之方略，赣南老区锚定生态绿色之路正当其时。党的十八大以来，以习近平同志为核心的党中央把生态文明建设纳入国家"五位一体"总体布局，加快推进生态文明顶层设计和制度体系建设，大力推动绿色发展。赣州森林覆盖率达76.23%，是赣江、东江、北江源头，在全国生态版图中地位独特。在新时代新征程上，如何提升赣州在国家生态战略布局地位，加速推动赣南绿色生态优势转化为发展优势，全面奠定赣州与全国同步基本实现社会主义现代化的坚实基础，成为摆在老区人民面前的重大课题。面对老区人民"生态美、环境好、产业优"的热切期盼，十年来，习近平总书记、李克强总理多次亲临江西视察指导，习近平总书记更是深刻指出，绿色生态是最大财富、最大优势、最大品牌，一定要保护好，做好治山理水、显山露水的文章，走出一条经济发展和生态文明水平提高相辅相成、相得益彰的路子。2012年4月，协调国家42个部委联合组成12个调研组深入赣南等原中央苏区调研，亲自促成国务院出台《关于支持赣南等原中央苏区振兴发展的若干意见》，明确赣州要建设我国南方地区重要的生态屏障。习近平总书记、李克强总理的嘱托以及国家文件的字里行间，精准绘就了老区振兴发展坚持走生态绿色之路的宏伟蓝图。自此，赣南人

民始终牢记殷殷嘱托、抢抓历史机遇、顺应国家战略大势，谱写了一篇生态优势转变为竞争优势、发展优势的"绿色华章"。

得益于多方联动、靶向支持，赣南老区筑就生态安全屏障扬优成势。生态文明建设是一项系统工程，需要凝聚方方面面的力量。为推动习近平总书记的生态文明建设指引在赣南大地落地落实，省委、省政府担当作为，特别是时任省委书记易炼红在多个场合指出，"推动赣南苏区全面振兴发展，是我们必须坚决担起的政治责任和历史使命"，明确提出了赣州要加快建设全面绿色转型引领区，着力打造新时代"第一等"的生态优势。赣南人民称之为人民领袖把脉指航，省领导担当执航，国家部委、江西省直厅局等各个层面精准施策，源源不断地为老区绿色振兴发展输送了量身定制的政策举措、打基础管长远的重大项目。为保障各项举措落实，国家层面建立31个部委联席会议机制、省级层面建立了由省委、省政府主要领导牵头召集的领导小组会、推进会，确保重大问题快速及时解决；63个中央单位派出精兵强将对口支援赣南18个县（市、区），开通政策转化"直通车"；倾斜安排生态保护资金，高效解决生态环境历史遗留问题……汇聚形成了推动赣南生态文明建设的强大合力。当前，赣州跻身全国百强城市，与全国人民一道同步迈入全面小康社会，全市空气质量均达国家二级标准，国考断面水质达标率100%，交出了"典型模式多、生态环境优、绿色动力强、惠民红利实"的靓丽成绩单。

得益于接续奋进、坚守初心，赣南老区建设"美丽赣州"未来可期。进入新征程、展望新荣光。习近平总书记持续关注赣南苏区振兴发展特别是生态文明建设推进情况，2021—2022年，国家先后出台《关于新时代支持革命老区振兴发展的意见》《赣州革命老区高质量发展示范区建设方案》，明确提出"打造美丽中国赣州样板，在生态文明建设上作示范，要推动生态优势转化为发展优势、生态效益转化为经济效益"，这既充分肯定了赣南苏区振兴、生态文明建设成果，又立足新发展阶段、恰逢其时地提出了对赣南的新期望、新要求。特别是党的二十大向全世界宣示要建设人与自然和谐共生的现代化，坚定不移走生产发展、生活富裕、生态良好的文明发展道路，实现中华民族永续发展。可谓是，又一次将赣南放在了国家大势的"风口浪尖"，在未来十年的绿色发展中，赣南将进一步占据着无可比拟的有利地位。时代是出卷人，我们是答卷人，人民是阅卷人。赣南儿女将聚焦"作示范、勇争先"目标要求，全面学习贯彻落实党的二十大精神，将绿色发展理念融入产业链、经济链，加快经济社会发展全面绿色转型，使赣南苏区绿水青山底色更亮、金山银山成色更足。

十年振兴路，一曲奋进歌。赣南苏区儿女坚定不移沿着习近平总书记指引，秉承绿色加持、生态护航，赣南经济社会发展量质齐升，老区人民生活芝麻开花节节高，习近平总书记亲自擘画的"美丽赣州"宏伟蓝图变成了美好现实。这是习近平生态文明思想的生动实践，是赣南儿女感恩奋进的精彩答卷。为此，在全党全国学习宣传贯彻党的二十大精神之际，谨以此书致敬习近平总书记和党中央的亲切关怀，致敬省委、省政府的精准部署，致敬国家部委的倾力支持，致敬省直厅局的悉心帮助，感怀老区人民的踔厉奋发、勇毅前行。

编者

2022 年 12 月

前　言

党的十八大以来，以习近平同志为核心的党中央把生态文明建设纳入国家"五位一体"总体布局，加快推进生态文明顶层设计和制度体系建设，大力推动绿色发展，生态环境保护发生了历史性、转折性、全局性变化。

中国共产党江西省第十五次代表大会明确提出，要深化国家生态文明试验区建设，把碳达峰碳中和纳入生态文明建设整体布局，努力打造全面绿色转型发展的先行之地、示范之地。推动绿色发展，加快建立健全绿色低碳循环发展的经济体系，是落实碳达峰碳中和战略、实现经济社会发展全面绿色转型的必然要求和重要抓手，对于全面建设社会主义现代化江西具有重要意义。

赣州是中华苏维埃共和国临时中央政府所在地，是人民共和国的摇篮和苏区精神的主要发源地，也是我国南方地区重要的生态屏障。守护好赣州的绿水青山，是大局所系、百姓所盼。面对广大人民对"生态美、环境好、产业优"的热切期盼，赣州坚定贯彻习近平生态文明思想，坚决落实省委、省政府重大部署，坚信"人不负青山，青山定不负人"的科学观念，大力推进生态文明建设，不断探索绿色转型发展，不断释放生态惠民红利，不断创新生态文明体制机制，不断满足人民群众日益增长的生态环境需要，努力筑牢我国南方地区重要的生态屏障，持续提升"气质"和"颜值"。岁月的积累、时间的沉淀、老区的实干，正在把习近平总书记为赣南擘画的美好蓝图逐步变成绿色崛起的现实。

生态兴则文明兴。沿着赣南苏区振兴发展的康庄大道，老区人民踏着生态文明建设的奋进鼓点，在绿色振兴的道路上勇毅前行，推动赣州生态文明试验区建设向纵深推进，生态文明建设领域体制机制改革、治理技术和修复模式创新等赣州经验、赣南模式、赣州样板接连涌现、走向全国，让天更蓝、让山更绿、让水更清、让空气更清新，让一幅幅人与自然和谐共生的美好画卷跃然眼前。

党的二十大报告指出，必须牢固树立和践行绿水青山就是金山银山的理念，站在人与自然和谐共生的高度谋划发展。在向第二个百年奋斗目标迈进的新征程上，赣州不忘初心、砥砺前行，既要保持在生态文明建设"赶考路上"不停歇，也要系统总结

过去的发展经验。为此，本书以赣南生态文明建设情况为研究对象，基于新时代十年苏区振兴发展之蝶变，以入选国务院 2022 年生态文明督查激励名单为契机，全面深入挖掘赣南生态文明建设内涵，系统总结赣南绿色经济发展成绩经验，以期在"赶考路上"深化创新，取得更大突破，巩固新时代"第一等"生态优势，以更高标准打造美丽中国"赣州样板"。

编者

2022 年 12 月

目　　录

第一章

书写赣南苏区绿色发展新华章

赣州位于江西省南部，俗称赣南，处于东南沿海地区向中部内地延伸的过渡地带，是内地通向东南沿海的重要通道。自古就是"承南启北、呼东应西、南抚百越、北望中州"的战略要地，也是古丝绸之路和海上丝绸之路的重要陆上通道。

今天的赣州，辖 3 区 2 市 13 县及蓉江新区、3 个国家级经济技术开发区、1 个综合保税区、1 个国家级高新技术产业开发区，共有 293 个乡镇（街道）、3 462 个行政村、520 个居委会，面积 3.94 万平方公里，人口 984 万，国土面积、人口分别占江西的 1/4 和 1/5，是江西区域面积最大、人口最多的设区市。

赣州东接福建省三明市和龙岩市，南至广东省梅州市、河源市、韶关市，西靠湖南省郴州市，北连江西省吉安市和抚州市，处在长三角、珠三角中国最活跃两大经济板块沟通的主要通道上，与南昌、厦门、广州、深圳、长沙距离均在 400 公里左右，是赣粤闽湘四省通衢的区域性中心城市，是江西对接融入粤港澳大湾区的最前沿，也是大湾区联动内陆发展的直接腹地，已经成为我国经济最活跃的珠三角和海西经济区共同腹地。随着 2021 年 12 月赣深高铁正式通车，赣州正式纳入大湾区 2 小时经济圈，区位优势更加凸显。

崇义齐云山国家级自然保护区

赣州作为原中央苏区的主体和核心区域，中华苏维埃共和国在此奠基，举世闻名的红军二万五千里长征从瑞金、于都等地出发，艰苦卓绝的南方三年游击战争在赣南山区浴血奋斗，毛泽东、周恩来、刘少奇、朱德、邓小平、陈云等老一辈无产阶级革命家在这里留下闪光足迹。赣南苏区人民为中国革命作出了重大贡献和巨大牺牲，仅姓名可考的烈士就达 10.82 万人，分别占全省、全国烈士总数的 43.8%、7.5%，长征路上平均每公里就有 3 名赣州籍烈士倒下。赣州走出了 134 位开国将军，孕育了伟大的苏区精神，习近平总书记将其概括为"坚定信念、求真务实、一心为民、清正廉洁、艰苦奋斗、争创一流、无私奉献"，"红都圣地""苏区精神"响彻中国大地。同时，赣州也是"江南宋城""客家摇篮"，以及知行合一心学大师王阳明"文治武功"的实践地，95% 以上为客家人，中国 1.2 亿客家人约 1/12 在赣州。

赣州资源禀赋独特，素有"世界钨都""稀土王国"美称，生态优势明显，是赣江、东江、北江源头，属典型的南方丘陵山区，素有"八山半水一分田，半分道路和庄园"之称，森林覆盖率达 76.23%，有国家级森林公园 10 个、省级森林公园 21 个，国家级自然保护区 3 个、省级自然保护区 8 个，国家级湿地公园 13 个、省级湿地公园 7 个，是全国 18 个重点林区和十大森林覆盖率最高的城市之一，崇义阳明山每立方厘米空气负氧离子含量最高值为 19.2 万个单位，享有"生态家园"美誉，也是我国南方地区重要的生态安全屏障。好山好水育好果，赣州还被称为"世界橙乡"，脐橙种植面积世界最大、年产量全国第一，赣南脐橙品牌价值连续 5 年位居全国区域品牌水果类产品榜首，品牌价值高达 686.37 亿元。

赣南苏区人民始终牢记习近平总书记的殷殷嘱托，立足生态优势，纵深推进生态文明试验区建设，协同推进经济高质量发展和生态环境高水平保护，所有县（市、区）地区生产总值实现十年翻番，赣州跻身全国百强城市，名列第 65 位，较 2011 年前移 43 位；2021 年全市空气质量均达国家二级标准，国考断面水质达标率 100%，山水林田湖草生命共同体建设创造了"赣州经验"，2022 年入选全国 9 个、全省唯一的国务院生态文明督查激励名单，交出了"典型模式多、生态环境优、绿色动力强、惠民红利实"的靓丽成绩单，切实让绿色凸显成为高质量跨越式发展的鲜明底色。此外，赣州市人民代表大会每年专门听取全市生态文明建设情况报告，并通过执法检查、法律监督、专题询问等形式，引领全市群众积极围绕生态文明试验区建设参政议政。纵深推进生态文明建设，在保护中发展，在发展中保护，已成为老区人民的共识与信念。

阳明湖国家森林公园

第一节 擘画蓝图定方向

深情大爱、润泽苏区。习近平同志两次到赣南实地视察，多次对赣州工作作出重要指示批示，不仅为打造美丽中国"赣州样板"擘画了美好蓝图，也注入了强劲动能。

一、两次视察

——2008年10月13日至15日，在江西和赣州视察时指出："无数革命先烈用鲜血和生命换来的江山为我们创造美好生活奠定了坚实基础，他们留下的优良传统是永远激励我们前进的宝贵财富，任何时候都不能丢"。

——2019年5月20日至22日，在江西和赣州考察途中多次谈到："这里是中央

苏区,是红军长征的出发地。我这次到赣南,就直奔于都来了。我来这里也是想让全国人民都知道,中国共产党不忘初心,全中国人民也要不忘初心,不忘我们的革命宗旨、革命理想,不忘我们的革命前辈、革命先烈,不要忘了我们苏区的父老乡亲们。"

二、指示批示(摘录)

——2014 年 3 月 6 日在听取江西省工作情况汇报时指出,原中央苏区振兴发展工作要抓好,这具有政治意义。精神是推动发展的动力,要奋发图强,弘扬苏区精神。

——2015 年 3 月 6 日在参加十二届全国人大三次会议江西代表团审议时指出,一定要把老区特别是原中央苏区振兴发展放在心上,立下愚公志,打好攻坚战,心中常思百姓疾苦,脑中常谋富民之策,让老区人民同全国人民共享全面建成小康社会成果。

——2016 年 2 月 1—3 日在江西考察时强调,我们党是全心全意为人民服务的党,将继续大力支持老区发展,让乡亲们日子越过越好。要加大对革命老区发展的扶持力度,推进赣州、吉安、抚州等原中央苏区加快发展。同时强调,绿色生态是江西最大财富、最大优势、最大品牌,一定要保护好,做好治山理水、显山露水的文章,走出一条经济发展和生态文明水平提高相辅相成、相得益彰的路子,打造美丽中国"江西样板"。

——2017 年 6 月 23 日在山西太原主持召开全国深度贫困地区脱贫攻坚座谈会上听取赣州市汇报后指出,赣州是革命老区,抓好脱贫攻坚具有重要政治意义;加快老区发展,让老区人民过上富裕幸福生活,同样具有重要政治意义。

——2017 年 7 月 20 日对江西省委、省政府呈报的《关于贯彻落实〈国务院关于支持赣南等原中央苏区振兴发展的若干意见〉五周年工作情况报告》作出重要批示,强调指出,抓好革命老区振兴发展,让老区人民过上富裕幸福的生活,具有特殊的政治意义。希望继续弘扬井冈山精神和苏区精神,进一步完善政策,创新举措,补齐短板,推动老区加快发展,坚决打赢脱贫攻坚战,确保老区与全国同步全面进入小康社会!

——2017 年 12 月 15 日在中宣部呈报的《弘扬脱贫攻坚精神,推动农村物质文明和精神文明协调发展——寻乌扶贫调研报告》上作出重要批示,号召全党大兴调查研究之风。

　　——2019 年 5 月 20 日，再次亲临江西视察，对江西工作提出，在加快革命老区高质量发展上作示范、在推动中部地区崛起上勇争先的目标定位和"五个推进"的重要要求。

三、两份重要文件

　　——2012 年 6 月 28 日，《国务院关于支持赣南等原中央苏区振兴发展的若干意见》（国发〔2012〕21 号，以下简称《若干意见》）印发实施，标志着赣南等原中央苏区振兴发展成为国家战略。《若干意见》明确赣州要加强生态建设和环境保护，增强可持续发展能力，并在"加强生态建设和水土保持""加大环境治理和保护力度""大力发展循环经济"等三大领域明确了具体支持举措，引领老区大力推进生态文明建设，在国家层面首次明确赣州要建设成为我国南方地区重要生态屏障，精准超前绘就了赣南苏区生态文明建设工作的核心目标及蓝图愿景，自此赣南苏区开启了蝶变发展之路。

《若干意见》核心要求

　　1. 两阶段发展目标。到 2015 年，赣南等原中央苏区在解决突出民生问题和制约发展的薄弱环节方面取得突破性进展；至 2020 年，赣南等原中央苏区整体实现跨越式发展，与全国同步实现全面建成小康社会目标。

　　2. 五大战略定位。全国革命老区扶贫攻坚示范区，全国稀有金属产业基地、先进制造业基地和特色农产品深加工基地，重要的区域性综合交通枢纽，我国南方地区重要的生态屏障，红色文化传承创新区。

　　3. 七大重点任务。优先解决突出民生问题，凝聚振兴发展民心民力；大力夯实农业基础，促进城乡统筹发展；加快基础设施建设，增强振兴发展支撑能力；培育壮大特色优势产业，走出振兴发展新路子；加强生态建设和环境保护，增强可持续发展能力；发展繁荣社会事业，促进基本公共服务均等化；深化改革扩大开放，为振兴发展注入强劲活力。

——2021 年 2 月 20 日，国务院正式印发实施《关于新时代支持革命老区振兴发展的意见》（国发〔2021〕3 号，以下简称《新时代意见》）。这是在迎接建党 100 周年的重要时刻，国家支持革命老区在新时代新阶段巩固拓展脱贫攻坚成果、开启社会主义现代化新征程、让老区人民逐步过上富裕幸福生活的又一重要举措，寄托着党中央、国务院对老区人民的殷切关怀。2020 年，《若干意见》终期目标已基本实现，赣南苏区振兴发展取得重大进展，在此基础上，《新时代意见》出台并明确支持赣州建设革命老区高质量发展示范区，把赣州放在全国革命老区振兴发展的突出位置，对促进新时代赣南苏区振兴发展具有里程碑意义，赣州发展迎来了新的重大历史转折，开启了高质量跨越式发展的新阶段。

《新时代意见》核心要求

1. 结合新形势谋划新定位。《新时代意见》遵循统筹谋划、因地制宜、各扬所长的原则，指导革命老区在国家战略全局中找准定位，宜工则工、宜商则商，宜农则农、宜粮则粮，宜山则山、宜水则水，明确了赣闽粤、陕甘宁等革命老区的发展定位。

2. 适应新阶段解决新问题。对标高质量发展要求，大多数革命老区在跨省区域基础设施、产业平台、绿色转型、红色旅游、民生改善等领域仍有一些薄弱环节。《新时代意见》聚焦解决革命老区高质量发展面临的共性问题，重点支持需要政府更好发挥作用的领域，既充分考虑了地方差异性，又避免了政策碎片化，建立起了统筹推进、分类指导的政策框架体系。

3. 贯彻新理念明确新任务。《新时代意见》指出，要因地制宜推进振兴发展，增强革命老区发展活力，增进革命老区人民福祉。这就要求把创新作为振兴发展的第一动力，提升经济发展能力；把协调作为振兴发展的内生特点，促进大中小城市协调发展；把绿色作为振兴发展的普遍形态，促进经济社会全面绿色转型；把开放作为振兴发展的必由之路，深度对接融合国家重大区域战略；把共享作为振兴发展的根本目的，让老区人民共享改革发展成果。

进入新阶段、开启新征程。随着《新时代意见》《赣州革命老区高质量发展示范区建设方案》先后出台实施，执行西部大开发税收优惠政策、国家部委对口支援机制、部际联席会议等核心保障制度得以延续。针对赣南生态文明建设工作，鲜明地提出了"打造美丽中国赣州样板，在生态文明建设上作示范，推动生态优势转化为发展优势、生态效益转化为经济效益"。自此，推进赣南苏区振兴发展、在生态文明建设上作示范上升为顶层设计、国家意志，赣南老区绿色发展迎来了历史新机遇、翻开了历史新篇章。面对党中央、国务院特别是习近平总书记对赣州生态文明建设作示范的新期望、新要求，赣南老区人民将感恩奋进、苦干实干，奋力追求绿色振兴梦，加快将绿色蓝图变成现实场景。

第二节　倾力支持促振兴

响应号召，多方支持。在习近平总书记的号召和赣南老区人民的期盼下，国家部委、江西省直厅局等各个层面主动作为，共谋苏区振兴、富民之策，源源不断地为老区绿色振兴发展输送了量身定制的政策举措、打基础管长远的重大项目、暖心尽力的部委干部。

一、配套政策密集落地

在《若干意见》《新时代意见》《赣州革命老区高质量发展示范区建设方案》基础上，国家相关部委配套出台 281 个配套支持文件，全面构建支持苏区振兴发展"1+N+X"政策体系，其目的就是为支持新时代革命老区振兴发展提供精准有力的政策保障。国家层面政策支持力度之大、范围之广、成效之好前所未有，汇聚起了推动赣南等原中央苏区振兴发展的强大合力。特别是专门针对生态文明领域，生态环境部、国家林业和草原局等 5 个部委联合出台"十四五"革命老区生态环境保护修复方案，明确统筹推进革命老区山水林田湖草一体化保护修复；支持赣南等原中央苏区建设重要的生态安全屏障；建立健全重点流域上下游横向生态保护补偿机制；加强赣南历史遗留矿山生态修复，开展尾矿库综合治理，推动部分厂矿旧址、遗址列为工业遗产等。

"1+N+X"政策体系

1:《国务院关于新时代支持革命老区振兴发展的意见》（国发〔2021〕3号），是引领性文件。

N：1个规划（"十四五"特殊类型地区振兴发展规划）和5个方案（①《国务院关于新时代支持革命老区振兴发展的意见》重点任务分工方案；②"十四五"支持革命老区巩固拓展脱贫攻坚成果衔接推进乡村振兴实施方案；③"十四五"推动革命老区红色旅游高质量发展实施方案；④"十四五"革命老区基础设施建设实施方案；⑤"十四五"支持革命老区生态环境保护修复实施方案）。

X：相关专项政策（①新时代中央国家机关及有关单位对口支援赣南等原中央苏区工作方案；②赣州革命老区高质量发展示范区建设方案；③革命老区重点城市对口合作工作方案；等等）。

二、重大项目优先布局

2012年以来，国家共下达赣州生态环保领域资金350.66亿元（表1-1），率先实施国家山水林田湖草生态保护修复工程试点、10年时间改造1 000万亩低质低效林工程，森林覆盖率稳定在76.23%以上，列江西省首位。提高国家重点生态功能区转移支付系数，赣州全境享受国家重点生态功能区转移支付。助力守护东江源头一草一木，在全国较早布局赣南探索实施跨省流域横向生态补偿机制——东江流域上下游横向生态补偿机制试点，国家以及江西、广东两省共给予资金27亿元，力促完成两轮试点任务，为大湾区人民涵养了东江源头一泓清水。完成废弃稀土矿山治理面积92.78平方公里，还清了近半个世纪来的生态欠账，水土流失治理面积6 281.51平方公里，昔日"光头山"变成今朝"花果山"。进入"十四五"时期，《新时代意见》再次给予了老区重大生态保护项目建设利好，明确推进"五气"同治、"清河行动"和土壤修复治理，解决好群众关注的突出环境问题；明确推进长江经济带"共抓大保护"，开展国家生态综合补偿试点，争取建立东江流域上下游横向生态补偿长效机制，实施矿山生态修复、低质低效林改造、水土流失治理等生态工程，建设山水林田湖草沙生命共同体示范区、全国水土保持高质量发展先行区和绿色矿业发展示范区。

表 1-1 2012 年以来国家下达赣州生态环保资金及其支出情况

单位：亿元

年份	国家下达生态环保资金	生态环保支出
2012	18.71	17.95
2013	19.16	20.45
2014	23.03	23.79
2015	13.73	31.58
2016	28.90	36.10
2017	52.51	57.38
2018	39.76	46.84
2019	38.76	54.04
2020	38.85	60.04
2021	37.39	61.70
2022	39.86	33.82
合计	350.66	443.69

全国工商联携手知名民营企业助推赣州革命老区振兴发展项目签约仪式

三、挂职干部倾心帮扶

2013 年 8 月 22 日，国务院办公厅印发了《中央国家机关及有关单位对口支援赣南等原中央苏区实施方案》（国办发〔2013〕90 号）。2021 年 4 月 30 日，国务院办公厅印发《新时代中央国家机关及有关单位对口支援赣南等原中央苏区工作方

案》（国办发〔2021〕15号）。截至2022年12月，国家发展改革委、中组部牵头，中宣部等63个中央单位派出312名干部对口支援赣州市18个县（市、区）、赣州经济技术开发区（表1-2），推动一大批对口支援政策、项目落地，架起了中央和老区的"连心桥"，开通了部委与赣南的"直通车"。挂职干部将赣南苏区当成自己的第二故乡，欢声笑语中口口相传的"娘家"。正是在包括历批次挂职干部在内的各方力量共同努力下，各项"硬核"政策逐一得到深化落实，让赣南等原中央苏区迈入了经济发展快车道，实现了综合实力跨越提升、城乡面貌显著变化、人民生活大幅改善。

表1-2　中央部委对口支援赣州情况

县（市、区）	对口支援单位
章贡区（含赣州经济技术开发区）	国务院国资委、国家药监局
南康区	中国证监会、中国民航局
赣县区	科技部、自然资源部
瑞金市	财政部、新华社
龙南市	工业和信息化部、海关总署
信丰县	农业农村部、国家能源局
大余县	国家广播电视总局、中国科学院
上犹县	教育部、中华全国工商业联合会
崇义县	生态环境部、体育总局
安远县	交通运输部、中华全国供销合作总社
定南县	中国银保监会、中国进出口银行
全南县	商务部、国家开发银行
宁都县	人力资源社会保障部、水利部
于都县	国家卫生健康委、国家粮食和物资储备局
兴国县	民政部、国家烟草专卖局
会昌县	审计署、市场监管总局
寻乌县	中宣部、国家统计局
石城县	司法部、国家乡村振兴局

时光荏苒，挂职干部情怀不变，初心不改。在赣州市博物馆《奋进新时代　书写新荣光——赣南等原中央苏区振兴发展战略实施十周年成就展》中，有一辆自行车静静地伫立在展柜里，它先后经王明良、殷德健、郭瑾珑三位生态环境部挂职干部使用，承载着他们对崇义县的深厚情怀，以及对环保理念的践行。三位挂职干部身体力行践

行环保理念，倡导绿色、低碳、环保出行，每天坚持骑自行车上下班，为其他干部群众做了很好的示范。王明良同志骑着它到矿山企业，了解运营情况，细心指导环保工作，为企业排忧解难。殷德健同志骑着它到乡村，深入田间地头及贫困户家中，与贫困户促膝长谈，亲情帮扶，助力脱贫攻坚。郭瑾珑同志骑着它到县内各流域察看水环境质量，到环保项目建设现场指导推进，到生态基地调研生态产品价值实现工作，为美丽崇义建设贡献力量。三位挂职干部骑着它，用最朴实、简单的方式践行着环保人的初心使命。

2022 年 4 月 8 日，江西省委、省政府主要领导主持召开第十一次省推进赣南等原中央苏区振兴发展领导小组会议

2022 年 5 月 7 日，时任省委书记易炼红与挂职干部交流

2021 年 4 月 8 日，省委副书记、省长叶建春在宁都县调研水利部支持建设的项目

国家发展改革委第一批挂职干部张治峰挂职任江西省赣南等原中央苏区振兴发展工作办公室副主任，赣州市委常委、副市长期间，推动昌赣高铁、赣深高铁、华能瑞金电厂二期、寻乌太湖水库工程等重大项目获批，争取倾斜对赣州差别化产业目录、东江源生态补偿等政策支持。

生态环境部支援治理后的扬眉江流域

中组部第一批挂职干部孙智宏挂职任江西省赣南等原中央苏区振兴发展工作办公室副主任，赣州市委常委、副市长期间，牵头编制了赣州市对口支援八年规划和江西省2014—2015年对口支援工作要点；全面启动林权、水利改革试点以及农村环境专项整治。

生态环境部第一批挂职干部钟斌在崇义县工作期间，特别是污染整治过程中，敢于直面矛盾，独当一面，从守住底线切入，解决了扬眉江流域小矿产品加工厂水污染以及久拖不决群众反映强烈的环保问题。2015年10月中旬崇义小江下游新坑段首次爆发较严重蓝藻，得知情况后钟斌立即着手调研，于凌晨5点对崇义县屠宰厂进行暗查，组织执法部门责令屠宰厂当即整改，同时坚决处理并及时遏制苗头性跨省固体废物非法转移案件，以雷厉风行的工作作风构筑了崇义县生态屏障。

交通运输部援建安远县"四好农村路"

中国证监会第一批挂职干部曹子海在南康区工作期间，帮助南康家具市场获批成为国家级电子商务示范基地；推进赣州336家企业在深圳前海股权交易中心挂牌，推动南康现代家居产业转型升级。

教育部第一批挂职干部蒋志峰在上犹县工作期间，协调建立了部、省、市、县四级联席协调年度会议制度，推动将成都三所全国一流的优质教育资源以远程网络教学的方式同步引进上犹县小学、初中、高中，提升基础教育水平。

国家粮食和物资储备局第一批挂职干部周辉在于都县工作期间，积极争取各类粮食产业投资项目 6 个，中央、省财政各类专项补助资金 1 300 余万元，支持粮食仓储设施、质检、应急保供体系等项目建设。于都县一类仓容由 2013 年的 3.5 万吨扩充至 2016 年的 6 万吨，县域粮食仓储和应急保障能力得到大幅提升。

财政部第二批挂职干部何宏在瑞金市工作期间，争取国家重点生态功能区转移支付资金 6 194 万元和山水林田湖生态保护修复试点奖补资金 9 489 万元，推动瑞金 15 个乡镇中心圩镇污水处理厂基本建成，日东水库饮用水源地安防项目建成投入使用。

国家能源局第二批挂职干部夏兴在信丰县工作期间，不仅依托归口部委能源行业部门主管优势，推动落地建设信丰电厂，成为全市第二个支撑性供电项目，还积极帮助协调财政部将信丰列入国家重点生态功能区转移支付县。

民政部第二批挂职干部杨昆在兴国县工作期间，帮助兴国县再次荣获"全国双拥模范县"荣誉称号，潋江镇东河社区被评为全国减灾示范社区。

中国银保监会第二批挂职干部李敢峰在定南县工作期间，协调中国人民财产保险股份有限公司开展育肥猪养殖保险附加商业险仔猪保险险种试点，成功签得江西省首单仔猪保险，还为 15.94 万亩水稻安上"保险锁"，保障生态产品供给。

商务部第二批挂职干部姜成森在全南县工作期间，支持建成全南县创新创业（电商）园，集聚企业 50 家，辐射带动全县 57 个乡村电商服务站点建设，打造县、乡、村三级电商服务网络，乡（镇）覆盖率达 100%。

自然资源部第三批挂职干部薛永森在赣县区工作期间，争取自然资源部支持赣县区开展山水林田湖草生态修复工程，综合实施水土保持崩岗治理 4 515 亩、废弃稀土矿山治

农业农村部援建的中国赣南脐橙产业园

理 1 200 亩、低质低效林改造 7.19 万亩。

中国农业大学第三批挂职干部韩保峰挂职任赣州市政府副秘书长，市农业农村局副局长期间，协调中国农业大学在赣州建立蔬菜产业研究院，协调组织全国顶级的富硒产业团队为赣州富硒产业发展制定产业发展规划及富硒产业标准，推动赣州富硒产业走向全国。

工业和信息化部第三批挂职干部张志飞在章贡区工作期间，推动章贡高新技术产业园区获评国家级绿色园区，推动赣州市获批国家级资源综合利用基地，为赣南老区工业产业绿色转型添动力。

市场监管总局第三批挂职干部南军在会昌县工作期间，协调洞头乡脱贫攻坚和美丽乡村建设。洞头乡通过国家美丽乡村标准化试点验收，并被评为江西省旅游风情小镇，赣南脐橙列入中欧地理标志产品互认名录等。

中宣部第三批挂职干部张海在寻乌县工作期间，协调争取深圳市出台《深圳市与寻乌县支援合作工作方案》，推动"特区"与"老区"生态保护共享共建，引进生态保护技术等。

国家乡村振兴局（国务院原扶贫开发领导小组办公室）第三批挂职干部赵佳在石城县工作期间，帮助石城县 2019 年实现脱贫摘帽目标，荣获"全国脱贫攻坚组织创新奖"，创业致富带头人培育工作得到中央有关领导同志批示肯定。

国家发展改革委第四批挂职干部李新民挂职任江西省赣南等原中央苏区振兴发展工作办公室副主任，赣州市委常委、市政府副市长期间，力促《新时代意见》出台，在积极争取新一轮支持革命老区振兴发展等政策中赣州主体地位得以体现，到广东洽谈深化第三轮东江流域上下游横向生态补偿协议；协调争取了定南岿美山钨矿独立工矿区转型发展等一批项目补助资金。

水利部第四批干部陈何铠在赣州市和宁都县工作期间，从无到有、创造性推动水利部对口支援赣南等原中央苏区的

生态环境部三位挂职干部接力使用的自行车

第一项水利工程、江西省首个山丘区大型灌区——梅江灌区落地建设，在不到两年时间里，完成了以往需要8年多才能完成的所有前期工作，成功落实中央预算内资金渠道，2022年提前下达7亿元中央预算投资计划和获投4.37亿元政策性开发性基金，创造了重大水利工程新速度，系统性解决了赣南粮仓58万亩良田季节性缺水以及老百姓最关心、最直接、最现实的生产生活用水问题；争取6个重大水利项目纳入国家"十四五"水安全保障规划、赣州革命老区高质量发展示范区建设方案、"十四五"革命老区基础设施建设实施方案；推动水利部出台支持赣州市建设全国水土保持高质量发展示范区实施方案、批复同意赣州市建设全国革命老区水利高质量发展示范区，并作为赣州模式写入中央党校教材；额外争取江西获批全国农村水系综合整治试点县名额，实现新建小型水库安排中央资金补助零的突破。

海关总署第四批挂职干部卢臻在龙南市工作期间，推动龙南开通跨境电商"1210""9610""9710"业务，"1210"业务交易额稳居江西省前列；促成赣州综合保税区置换审批、赣州机场永久开放列入国家口岸"十四五"规划。

国家广播电视总局第四批挂职干部费华在大余县工作期间，参与大余县文旅"三大品牌"创建，推动大余县成功创建省级全域旅游示范区，梅关景区成功创建国家4A级景区。

中华全国供销合作社第四批挂职干部张晋在安远县工作期间，推动中华全国供销合作总社支援建设安远富硒大米种植示范基地457亩，带动5家专业合作社、85户种粮大户、1 256户农户；推动中国供销·赣南脐橙交易中心带动70%的赣南脐橙在安远集散，安远县成为全国最大的脐橙集散地。

四、建强机制保障实施

为保障政策落到实处，及时解决存在的难点堵点问题，国务院批复同意建立由国家发展改革委牵头召集、31个部委为成员的支持赣南等原中央苏区振兴发展部际联席会议制度。省级层面分别建立了由省委、省政府主要领导牵头召集的领导小组会、推进会。截至2022年12月，国家层面召开7次部际联席会议，省级层面召开11次领导

小组会、7次推进会。一大批生态政策落实过程中存在的难点堵点问题,都在这一次次会议上得到了及时解决。国家发展改革委专题对接推进赣州国际陆港、信丰电厂、瑞金机场、瑞梅铁路、梅江灌区等重大项目建设;生态环境部组织专家学者128批次800余人次赴现场指导;中组部推动赣州县科级干部到广州、深圳跟岗学习锻炼,多措并举支持苏区干部人才培养;自然资源部帮助赣州实施地质灾害治理、地质调查项目140余个,完成162公顷废弃矿山治理……一系列具体事项,合力保障赣南苏区人、财、物等各项政策落地见效。

第三节 牢记嘱托筑屏障

十年来,赣州全市上下凝心聚力、砥砺奋进,老区儿女化深情大爱为鼓励鞭策,视殷殷嘱托为责任使命,围绕建设好我国南方地区重要生态屏障,撸起袖子加油干,不断创新生态文明体制机制、攻坚生态修复治理、探索绿色低碳转型发展、释放生态惠民红利,接连捧回"全国文明城市""国家卫生城市""全国首批创建生态文明典范城市""中国绿色发展优秀城市""中国最具生态竞争力城市""国家森林城市"等殊荣,赣州作为我国南方地区重要生态屏障的地位得到巩固提升。

贡江会昌段:水清岸绿景色美

江西省委副书记、赣州市委书记吴忠琼同志在
上犹县调研城乡环境综合整治

赣州市委副书记、市长李克坚同志在定南县调研
流域水环境治理

一、坚持保护为先，织密南方屏障"保护网"

坚持保护为先，赣州全方位、全地域、全过程推进山水林田湖草生命共同体建设，探索形成了矿山修复"三治同步"、崩岗治理"三型共治"、流域治理"三化模式"、低质低效林改造"四化模式"等一批经验模式，打造综合治理示范样板。打好蓝天、碧水、净土三大污染防治保卫战，全市森林覆盖率稳定在 76.23% 以上，空气质量稳定达到国家二级标准，集中式饮用水源地水质达标率保持 100%，水质综合指数居全省前列，土壤环境质量保持稳定。

二、坚持发展为要，下好绿色转型"先手棋"

立足绿色生态这个最大财富、最大优势、最大品牌，在绿水青山上演绎好金山银山，赣州加快能源资源产业绿色发展，延伸拓展产业链，鼓励资源就地转化和综合利用，支持资源开发和地方经济协同发展，成为国家工业资源综合利用基地、国家大宗固体废弃物综合利用示范基地。新能源发电装机规模在全省率先突破 400 万千瓦，达417 万千瓦，赣州新能源发电装机容量和发电量均占全省 1/4，稳居全省第一。严格控制高耗能、高排放和产能过剩行业新上项目，扎实做好能耗双控工作，"十三五"期间，赣州单位 GDP 能耗累计下降 16.83%，超额完成下降 15% 的目标任务，以年均4.3% 的能源消费增速支撑了 GDP8.2% 的增长率。

寻乌县三标乡的基隆嶂风电场：项目投产后每年可为电网提供 2.2 亿千瓦·时清洁能源电量，与先进燃煤机组相比，每年可节约标煤约 7.2 万吨

三、坚持惠民为本，奏响共建共享"交响乐"

积极探索"生态＋"发展模式，赣州加快推进产业生态化和生态产业化，打通"绿水青山"和"金山银山"双向转化通道，实现生态惠民、生态利民、生态为民。将生态文明建设与脱贫攻坚、乡村振兴紧密结合，通过吸纳、鼓励和引导村民特别是脱贫户参与生态项目建设、发展生态产业、加入公益性岗位等方式，全面释放生态红利。据统计，赣州生态护林员、生态保洁员等公益性岗位已吸纳脱贫群众 26 万人次就业增收。

石城县琴江镇大畲村入选第二批乡村旅游重点村：村民接访旅客收入持续增加

四、坚持制度为基，打好体制改革"组合拳"

赣州成立了党政主要领导任双组长的生态文明建设和推动长江经济带建设领导小组，每年度召开领导小组会议和推进会议，专题研究推进重大事项，连续6年由赣州市人民代表大会审议市政府关于生态文明试验区建设情况报告，出台饮用水水源保护条例、水土保持条例、城市管理条例等法规，率先在

赣州市委、市政府主要领导主持召开年度生态文明建设领导小组会议

全省建立并有效实施环资审判、"检察蓝"护卫"生态绿"、生态综合执法等制度，筑牢"生态赣州"之基。

五、坚持文化为领，铸就生态文明"文化魂"

我国香港水源守护者龚隆寿日常巡山

依托赣南丰富的红色文化、客家文化、历史文化和绿色文化资源，赣州努力促进文化与绿色融合发展，交相辉映，探索构建具有赣南特色的生态文化。致力通过政府宣传引导、企业群众参与，让生态文明植入赣南人民生活的各个领域，引领全市上下自我遵循、自主维护生态文明建设成果。在东

江源头三百山，有一位老龚叔（龚隆寿）巡山护林37年、行走10多万公里，走坏了100多双鞋，守护着我国香港水源安全，充分体现了赣南老区人民奉献自我，自觉保护生态环境、筑牢生态屏障的生态文化。

随着碳达峰碳中和战略深入实施，赣州在全省率先布局实施碳达峰碳中和工作，挂牌运营赣州环境能源交易所有限公司，探索开展碳汇、水权等交易。同时，将碳达峰碳中和纳入赣州市生态文明建设整体布局，统筹推动经济社会发展全面绿色转型，全力争取新时代生态文明"第一等工作"。2021 年赣州市森林覆盖率与全国、全市及周边地市比较见图 1-1，赣州市 2016—2021 年地表水监测断面水质优良率见图 1-2，赣州市 2016—2021 年 $PM_{2.5}$（细颗粒物）均值及空气质量优良率见图 1-3。

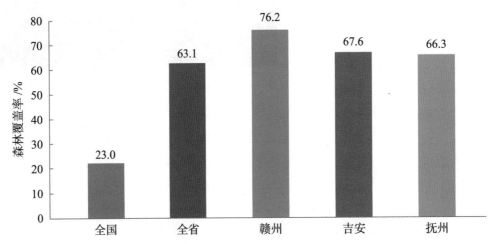

图 1-1　2021 年赣州市森林覆盖率与全国、全省及周边地市比较

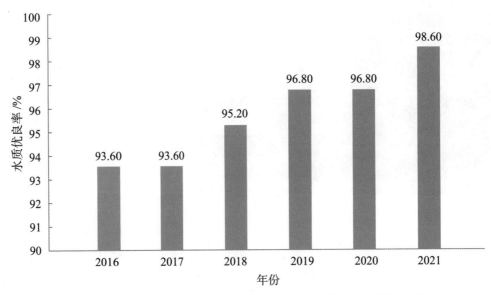

图 1-2　赣州市 2016—2021 年地表水监测断面水质优良率

图 1-3　赣州市 2016—2021 年 $PM_{2.5}$ 均值及空气质量优良率

第二章
探索南方生态系统治理新模式

作为全国首批山水林田湖草生态保护修复试点地区，赣州认真贯彻习近平生态文明思想，坚持山水林田湖草是生命共同体的理念，改变以往"管山不治水、治水不管山、种树不种草"的单一保护修复模式，从系统工程和全局角度推进山水林田湖草整体保护、系统修复、综合治理。2016 年以来，累计投入近 200 亿元用于实施重大生态保护修复工程，有效解决了废弃矿山环境破坏、水土流失严重、水环境质量恶化和森林质量不高等长期想解决而没有解决的突出生态环境问题，进一步筑牢了我国南方地区重要生态屏障。

实践探索了"三同治"废弃稀土矿山治理模式、"全过程"崩岗水土流失治理模式和"生态清洁型"小流域治理模式等南方丘陵山地山水林田湖草综合治理经验模式，并入选国家生态文明试验区改革举措及经验做法推广清单、2019 中国改革年度优秀案例、全国省部级领导干部深入推动长江经济带发展专题研讨班教材、全国党员干部现代远程教育专题教材，寻乌废

2019 中国改革年度优秀案例荣誉证书

弃稀土矿山治理案例入选自然资源部《生态产品价值实现典型案例》《中国生态修复典型案例》，成为中国向全球推介生态与发展共赢的中国方案之一。

第一节　打造山水林田湖草沙生命共同体示范区

2013 年 11 月 9 日，习近平总书记在关于《中共中央关于全面深化改革若干重大问题的决定》的说明中指出，我们要认识到，山水林田湖是一个生命共同体，人的命脉在田，田的命脉在水，水的命脉在山，山的命脉在土，土的命脉在树。用途管制和生态修复必须遵循自然规律，如果种树的只管种树、治水的只管治水、护田的单纯护田，很容易顾此失彼，最终造成生态的系统性破坏。由一个部门负责领土范围内所有国土空间用途管制职责，对山水林田湖进行统一保护、统一修复是十分必要的。习近平

总书记这一重要论述，唤醒了人类尊重自然、关爱生命的意识和情感，喻示了人与自然关系的伦理考量对人类社会发展的深远影响，开启了新一轮在环境伦理语境中对自然价值观、理想人格、美德伦理、公平正义的探讨，为推进绿色发展和美丽中国建设提供了行动指南。

2017 年 7 月，中央全面深化改革领导小组第三十七次会议将"草"纳入成为"山水林田湖草是一个生命共同体"。

2021 年全国两会期间，习近平总书记在内蒙古代表团强调，"统筹山水林田湖草沙系统治理，这里要加一个'沙'字。"字数五变六、六变七，体现了辩证唯物主义：一是尊重自然规律，宜林则林，宜灌则灌，宜草则草，宜湿则湿，宜荒则荒，宜沙则沙；二是处理好山水林田湖草沙的关系，以水定绿、以水定林、量水而行。

山水林田湖生态保护修复工程是落实"山水林田湖是生命共同体"理念的具体实践。2016 年以来，财政部、自然资源部、生态环境部支持 24 个省份实施了山水林田湖生态保护修复工程试点，探索建立多部门、多层次、跨区域协同推进的工作机制，实现生态系统整体保护、综合治理、系统修复。"十三五"期间在重点生态地区分三批遴选了 25 个试点项目，累计下达中央财政基础奖补资金 500 亿元，对系统治理路径进行有益探索，有效减少生态安全隐患，增加优质生态产品供给，优化国土空间格局，推动区域经济高质量发展，整体提升了重点生态地区的生态系统质量和碳汇能力。

《关于推进山水林田湖生态保护修复工作的通知》

> **财政部 国土资源部 环境保护部关于推进**
> **山水林田湖生态保护修复工作的通知**
>
> 各省、自治区、直辖市、计划单列市财政厅（局）、国土资源主管部门、环境保护厅（局）：
>
> 党的十八届五中全会提出，实施山水林田湖生态保护和修复工程，筑牢生态安全屏障。中共中央、国务院印发的《生态文明体制改革总体方案》要求整合财政资金推进山水林田湖生态保护修复工程，为抓好贯彻落实，现就推进山水林田湖生态保护修复工作通知如下：

"十四五"期间，在总结试点经验的基础上，财政部、自然资源部、生态环境部继续支持开展山水林田湖草沙一体化保护修复工程，已支持 19 个省份开展系统治理。

在党中央、国务院以及财政部、自然资源部、生态环境部的关心支持下，赣州成为全国首批四个（且是唯一设区市）山水林田湖草生态保护修复试点，并获得中央财政基础奖补资金 20 亿元。纳入试点后，赣州从空间、时间和目标三个维度科学编制《江西省赣州市山水林田湖生态保护与修复工程项目实施方案（2017—2019 年）》，布局实施五大类生态建设工程共 62 个具体项目，对区域突出生态环境问题进行系统修复、综合治理。

三个维度科学布局重点生态建设工程

　　遵循自然生态系统内在机理和演替规律，统筹考虑区域内山水林田湖草生命共同体突出生态环境问题的综合治理和各要素之间的系统保护，统筹空间、时间和目标三个维度进行科学规划、整体设计。

　　空间维度：采用地理信息系统汇水区分析技术，考虑自然生态系统单元相对完整性，以赣州市境内贡江、章江、东江、桃江四大流域为整体，按流域将生态保护修复空间划分为"东北、西北、东南、西南"四大片区。根据各片区不同的生态环境问题特点，布局实施流域水环境保护与整治、矿山环境修复、水土流失治理、生态系统与生物多样性保护、土地整治与土壤改良等五大生态建设和系统治理工程，系统融汇山水林田湖草有机整体。

　　时间维度：以生态问题治理和生态系统保护为导向，通过"七上七下"筛选和竞争性评审，合理确定 62 个具体实施项目，根据生态环境问题治理的紧迫性，按轻重缓急分年度分批次推进项目实施，并将 20 亿元中央财政基础奖补资金集中用于矿山环境修复、流域水环境治理、集中连片崩岗治理、低质低效林改造等迫切需要修复的首批 28 个项目。

　　目标维度：以项目实施为抓手，确定了 5 个方面量化目标和 1 个定性目标，即赣江、东江等流域水质稳定达到或优于功能区标准；改造低质低效林 280 万亩，森林覆盖率稳定在 76% 以上；治理崩岗 4 668 座，水土流失得到有效控制；推进历史遗留矿山生态修复 20 平方公里，矿山环境得到全面改善；完成土地整治与土壤改良 4.49 万亩，农田土壤污染得到有效控制；形成一套科学可行、针对性强的生态保护修复技术模式，生态保护修复体制机制进一步完善。

四大片区

- 东北片区（**贡江流域**）
- 西北片区（**章江流域**）
- 东南片区（**东江流域**）
- 西南片区（**桃江流域**）

五大工程

- 流域水环境保护与整治
- 矿山环境修复
- 水土流失治理
- 生态系统与生物多样性保护
- 土地整治与土壤改良

空间维度科学布局重点生态建设工程

　　通过山水林田湖草生态保护修复试点项目实施，赣州"生态颜值"持续提升。流域水环境质量保持稳定优良，国考、省考断面水质优良率均优于考核标准，县级以上城市集中式饮用水水源水质达标率100%，水质综合指数排全省前列，实现"两江清水送南北"。系统修复废弃稀土（钨矿、非金属矿等）矿山34.1平方公里、地质灾害点418处，废弃矿区重现了绿水青山，矿山生态环境得到明显改善。综合治理水土流失4310平方公里、崩岗4675座，水土流失面积持续减少，实现"叫崩岗长青树、让沙丘变绿洲"。改造低质低效林630余万亩，森林覆盖率稳定在76%以上，"远看青山在，近看无用材"的问题得到有效解决，森林质量得到精准提升。完成土地整治与土壤改良14.56万亩，水跑田、冷浆田、低质田得到有效修复与明显改善，财政部对试点绩效评价为优。初步形成了以"我国南方地区崩岗治理示范区、废弃稀土矿山环境修复样板区和多层次流域生态补偿试点先行区"为明显特点的山水林田湖草生命共同体示范区。

利用修复和改良后的土地发展脐橙产业

第二节 叫崩岗长青树 让沙洲变良田

由于特殊的地形、地质、土壤、气候等客观原因，加上近代战争、人为破坏等因素，赣州曾经是南方水土流失极其严重地区。早在1930年10月，毛泽东同志就在《兴国调查》中形象地描写了当年兴国荒山秃岭的景象，文中写到："那一带的山都是走沙山，没有树木，山中沙子被水冲入河中，河高于田，一年高过一年，河堤一决便成水患，久不下雨又成旱灾。"从 20 世纪 60 年代到 80 年代，整整 24 年，山地仍然是面目全非，光山秃岭。当时，赣州市水土流失面积高达 1 676.21 万亩，约占全市国土总面积的 28.37%，被国内外专家惊呼为"红色沙漠"，让人们产生了"兴国要亡国、宁都要迁都"的焦虑和担忧。长期严重的水土流失给赣南老区人民的生产、生活造成了极大的影响，对经济发展造成了极大的危害，导致赣州成为集中连片特困地区。

一首兴国山歌形象描述水土流失带来的痛苦

山光秃岭和尚头，洪水下山遍地流，
三日无雨田龟裂，一场暴雨沙满丘。

新中国成立以来，党和国家对赣南的水土流失问题高度重视，水利部从项目、资金、技术上大力支持赣南的水土流失治理。1951 年在兴国县建立了江西省水土保持试验区；1957 年赣县区崩岗治理的努力获得了国务院锦旗嘉奖；1980 年塘背小流域被列入水利部小流域综合治理试点，开启了长江流域水土流失科学治理之路；1983 年兴国县被列为全国 8 片水土保持重点治理区，是我国南方唯一的治理项目区，打响了水土流失综合治理的"绿色战争"；1993 年兴国、宁都等 6 个县列为赣江上游国家水土保持重点治理县，后又增加到 9 个县、15 个县；自 2003 年起实现全市 18 个县（市、区）水土保持重点治理项目全覆盖，开始了较大规模的水土保持综合治理。党的十八大以来，赣州以获批建设全国水土保持改革试验区为契机，拼搏奋进、坚持不懈，探索总结了符合赣州实际、具有赣州特色水土保持治理赣南模式，推动赣州水土保持生态建设进入新的发展阶段。

60 年前周总理殷切期盼——关于锦旗的故事

赣县区有悠久的治山治水的优良传统，早在1957年即获得国务院锦旗嘉奖。当时的赣县三溪乡道潭农业合作社（现在的三溪下浓村），崩岗群多，侵蚀严

锦旗

重，河道被淤塞，农田被掩埋，严重影响了群众的生产生活。大队长周东海带领全村的男男女女、老老少少齐上阵，开展了轰轰烈烈的治山治水治穷运动，植树造林，采用石谷坊、土谷坊、柴谷坊整治崩岗，加固河堤、恢复地力，经过4年多的不懈努力，那里的山青了，水绿了，农业生产获得大丰收。1957年，敬爱的周恩来总理看了赣县区治理水土流失的事迹后深受感动，亲批"叫崩岗长青树，让沙洲变良田"，在第二次水土保持工作会议上，国务院水土保持委员会用周总理批示制作成锦旗，对赣县区道潭农业合作社进行表彰。据说，当时全村的百姓敲锣打鼓、鞭炮齐鸣，像过年一样来迎接锦旗。

一、创新工作机制，推动形成水土保持高质量发展新格局

赣州市本级和下辖的各县（市、区）在20世纪80年代就成立了水土保持机构，形成了较为完整的水土保持管理体系。在事业单位机构改革中，市、县两级水土保持机构仍然予以保留，并赋予和强化水土保持工作职能，确保了机构的稳定性和工作的连续性，体现了赣州始终对水土保持工作的高度重视，为全市水土保持工作继续在全国站前列、当引领、作示范提供了坚强的组织机构保障。实践表明，水土保持机构队伍的稳定和加强，对促进全市水土保持生态事业的发展具有至关重要的意义，这也深刻阐释了"有为才有位"的硬道理。

赣县区：昔日崩岗群，今朝致富园

由于特殊的自然条件及历史原因，赣县区水土流失面积曾达780.79平方公里，占该区国土面积的26.1%。同时，赣县区也是一个崩岗侵蚀严重区，全区有崩岗4 138座，崩岗面积18.1平方公里，占该区水土流失总面积的2.3%。2017

年以来，赣县区将崩岗治理作为推进水土保持改革试验区建设的重要抓手，大力推进山水林田湖草生态保护修复项目——金钩形崩岗治理工程。通过多年的努力，一个约5 000余亩的金钩形崩岗治理示范园已初具规模。

积极与科研院校开展技术合作，探讨崩岗治理思路和治理措施。根据不同类型崩岗特点，赣县区采取多种治理模式，坚持山上与山下同治，治山与理水同步，工程措施与植物措施统筹兼顾，实现"烂山地貌"变"绿水青山"。

"早在20世纪50年代，我们就开始推进崩岗防治工作，但受限于经济条件和技术瓶颈等因素，崩岗水土流失一直未得到根治。近年来，我们抓住实施山水林田湖草生态保护修复试点的契机，下决心要治理好崩岗这个顽疾，改变过去治理单一、措施单一、就崩岗而治崩岗的做法，坚持规模治理、集中治理、综合治理"，赣县区水土保持局副局长邱欣珍说。

赣县区还将崩岗治理与农林开发、乡村旅游、精准扶贫相结合，引进社会资本2 000多万元投入开展生态修复和发展林果产业，开发种植脐橙、油茶、杨梅等经济林果，打造现代农业基地，建设农事体验、休闲观光基地，并引导和激励当地及周边500多户贫困户参与工程建设，助推贫困户实现脱贫。

"看到家乡生态环境的巨大变化，我就萌生了回乡创业的想法，与政府签订协议，流转了600余亩土地种植脐橙，吸纳30多户贫困户在果园务工，实行灵活就业，贫困户每月可以增加至少1 800元的收入。"赣县区白鹭乡回乡创业青年谢小路说。

在生态修复助力周边贫困户增收的同时，谢小路心里还盘算着做大做优当地种养产业，带领乡亲们在乡村振兴道路上走得更好。

赣县区金钩形崩岗水土流失治理前后对比

通过山主自主经营、公开竞拍大户承包、"公司＋农户"等形式，落实了土地经营权和水土流失治理后期管护责任，确保工程建得起、管得住、长受益，实现了"人养山、山养人"的良性循环。

二、创新治理模式，水土流失综合治理实现提速增效

按照布局综合化、治理多样化、措施多元化、林草植被全覆盖的思路，根据不同类型崩岗的形态特点，赣州采用"生态修复型、生态开发型、生态旅游型"等模式全方位蓄水保土，成功实现了"叫崩岗长青树，让沙丘变绿洲"的治理效果。

——生态修复型：对交通不便、远离居民点的崩岗，采取"上截下堵，中间削，内外绿化"的方法，外沿挖避水沟，塌面削坡、建挡土墙，沟口修筑谷坊，沟外冲积扇修成平地种树植草，加快崩岗自然恢复进程。

兴国县：崩岗劣地焕"新颜"

兴国是全国著名的苏区模范县、红军县、烈士县和誉满中华的将军县，毛泽东、朱德、周恩来、陈毅等老一辈无产阶级革命家都曾在这里工作和战斗过，以红色历史名扬全国，也曾因水土流失严重被称为"江南沙漠"。经过近年来的治理，这里曾经的"癞痢山"披上绿衣裳，植被覆盖率由曾经的28%提升至82%，如今的兴国已是绿水青山。

2018年，县里工程施工队来了，杰村乡陡峭连片的崩岗被挖掘机整成一条条平整的条带，条带里栽种了油茶、坡面撒播了草籽，每隔一段距离，还有浆砌的水沟引流导水，即便下再大的雨，村民放心，学校也放心。如今坡面一片绿油油，条带里的油茶也抽出新枝，如一条条蜿蜒的绸带。

"这个崩岗，以前治理过多次，效果都不好。现在，已经成为村里的一个亮点、一个景观。村里群众农闲的时候，好多都到这里来游玩。"兴国县杰村乡退休老干部谢光流说。

走进兴国县永丰乡凌源村，一片片治理过的崩岗区变成了花果园，一条条整齐的梯田上山头蜿蜒，斜坡上长满了绿草，梯田呈外高内低反向坡度，坡底开挖的水沟用于蓄水。

仅仅在两年前，这里却是人畜都不敢去的崩岗区，被村民们戏称为"魔鬼地"。

凌源村崩岗综合治理，采取项目建设与精准扶贫、产业发展、乡村振兴紧密结合，不仅通过有效治理修复了崩岗，还开发种植脐橙等经济林果 21.01 公顷，生态改造油茶等经济林 89.3 公顷，链接贫困户 28 户，直接受益农户 64 户，大大改善了农民生产生活条件，提升了群众幸福指数。

"我们不仅可以得租金，还可以分红，在基地务工还有 100 元一天的收入。"贫困户钟远椿入股了 26 亩山地，每年分红收入就有 1 万元，他还经常与妻子一起在基地务工，收入比以前翻了几番。他说："要是没有崩岗治理就没有现在的脱贫致富新路子。"

兴国县在实施崩岗综合治理项目过程中，将项目治理融入农业农村整体发展，兼顾乡村人居环境改善与农民增收，居民相对集中点、对生产生活影响比较明显的点都得到了治理，因局部严重水土流失造成的"大地伤疤"变回了美丽家园。

兴国县杰村乡含田崩岗治理前后对比图

——生态开发型：对交通便利、靠近居民点的崩岗，采取"山上戴帽、山腰种果、山下穿靴"的方法，将崩岗整治成水平梯田，坡面铺设椰丝草毯，撒播草籽，田埂、外坡以及道路边坡种植林草复绿，平面整治后形成可开发利用土地，通过承包、租赁等形式，种植油茶、杨梅、脐橙等经济林果。

——生态旅游型：对城镇周边、靠近旅游景点的崩岗，依托周边旅游资源，将崩岗治理与乡村旅游相结合，把崩岗、水系、农田、村庄、道路作为一个有机整体进行

统一规划设计、综合治理，打造成集生态休闲、旅游观光、科普教育于一体的水土保持生态示范园。

于都县："江南戈壁"变身生态公园

清晨，于都县贡江镇金桥村在鸟儿"唧唧啾啾"的歌声中醒来。迎着朝阳，早起的锻炼者有的激情奔跑，有的奋力骑车，有的悠然漫步。穿行在白墙黛瓦、层林尽染、油画一般的村庄里，将身心融入美景，尽情感受崩岗区水土流失治理所带来的新变化和幸福感。

金桥村距离于都县城约3公里，位于梅江、贡江、澄江三江交叉口，属典型的南方红壤丘陵水力侵蚀区，单个面积大于100平方米的崩岗有1 412座，崩岗区总面积达3.62平方公里。长期以来，由于剧烈的水土流失没有得到有效治理，导致山体支离破碎，千沟万壑，植物难以生长，金桥村成为典型的"江南戈壁"。当地人说，过去，连鸟都不肯来这里做窝。

2017年开始，于都县围绕"固好山上土、集净山间水、提升山中林、保护山下田"的目标，采用"生态修复型、生态开发型、生态旅游型"等模式，投资1.78亿元，对因水土流失造成土地贫瘠、泥沙下泻、损害耕地、影响县城饮水安全的崩岗区进行综合治理。目前已治理崩岗312座，治理面积1 150亩，封山育林4 255亩。修建了自行车道、游步道、木栈道、湿地、景观亭等，昔日"江南戈壁"变成了鸟语花香、满目青翠的滨水生态公园。

崩岗区得到有效治理后，金桥村稻田成片、绿树成荫、鱼儿戏水，游客纷至沓来。村民王璟将200多平方米的老房子装修一新，开起了民宿、农家乐，生意红火，每天忙得不亦乐乎。

如今像王璟一样吃上"生态饭"的村民有很多。走进"巧之味"农家乐，村民王家仁正在忙着洗菜、炒菜。过去，金桥村是一方水土养不活一方人，村民就只能靠外出务工维持生计。"每次一下大雨，泥石流就横冲直撞，毁坏田地，损坏房屋。村子里但凡有点路子的人，都远走高飞了。现在好了，穷山恶水变成了青山绿水，鸟儿飞来了，游客涌来了，搬出去的村民又都搬回来啦！"村民王家仁乐呵呵地说。

于都县还将生态公园融入文化旅游和体育元素，变成可以产生直接经济效益的主题公园。江西省青少年体育后备人才训练基地在金桥村落户，全国"体校杯"足球比赛男子组在这里成功举办。

金桥村党支部书记何书慧说："该村通过实施山水林田湖草沙生态保护修复工程，植被覆盖率大幅度提高，生物多样性逐步恢复，整个生态链得到重建，成为产业兴旺、生态宜居、治理有效、乡风文明、生活富裕的'五美'乡村示范点。"

于都县金桥村治理之后的崩岗区变成了生态公园

三、创新制度体系，水土保持监督管理更加规范有序

2020年8月1日，赣州在全省率先颁布并实施《赣州市水土保持条例》，建立了水土保持联席会议制度，制定了《水土保持工作目标责任制考核办法》，将水土流失防治工作纳入市委、市政府对县（市、区）高质量发展考核指标，明确相关职能部门水土流失防控责任，形成了强有力的工作推进机制。建立了市、县、乡、村"两横一纵"四级网络化监督管理体系，做到横向到边、纵向到底，全面覆盖、责任到人。探索并在全市推行山地林果开发水土保持"承诺+联核联验"的监管方式，事前实行分级备案管理，事中强化"承诺制"管理，事后实行"联核联验"，有效地规范了赣南脐橙、油茶等林果开发秩序，助推赣南山地林果开发实现转型升级、提质增效。严格执行"应批尽批、应收尽收、应管尽管、应验尽验和应罚尽罚"要求，对生产建设项目强化监督管理，实现了全链条全过程闭环管理。积极引入信息化手段，应用遥感、

无人机、移动终端、智能识别等技术，总结形成了水土保持"准实时＋精细化"监管模式，并在全市推广应用，提高了监管效能。

上犹县：水土保持推动乡村振兴的园村模式

园村小流域位于赣江左支章江的上犹江支流，地处上犹县梅水乡，距上犹县城16公里。该小流域涉及梅水乡园村、新建、上坪3个行政村，总人口9 902人，土地总面积49.88平方公里，水土流失面积12.32平方公里，年均土壤侵蚀模数3 525吨／平方公里，年土壤侵蚀量达4.34万吨。水土流失导致生态恶化、河道淤积、水体污染，整体环境脏乱差，土地生产力下降，不仅严重制约了农业生产，而且影响着乡村旅游资源的开发利用和农村经济的发展。

为了治理园村小流域水土流失，2014—2016年，上犹县实施了园村生态清洁小流域建设，在项目实施中坚持"三治同步"（治山、治水、治污）和"五水共建"（治山保水、疏河理水、产业护水、生态净水、宣传爱水），把水土保持措施配置与培育绿色产业、发展乡村旅游、农村环境整治紧密结合，统筹推进，共治理水土流失面积9.29平方公里。不仅控制了水土流失，有效地减少了农业面源污染，减轻了洪涝灾害，提高了土壤的蓄水和水源涵养能力，而且大大提高了农业综合生产能力，培育和壮大了区域主导产业。既构建了河畅、水清、岸绿、景美的宜居生活空间，建立了功能完备、管理完善、保障有力的水生态系统安全格局，使水土保持工程真正成为美丽乡村建设、生态环境改善的主体工

江西省首个"国家水土保持生态文明工程"——上犹县园村清洁型小流域

程，也成为水生态保护和实现水资源可持续利用的重要措施。

　　"三治同步"不仅同步实现了小流域治理的提质增效，而且真正意义上实现了传统水土保持向现代水土保持的彻底转变；"五水共建"不仅建成了如诗如画的生态美景，而且实现了人民群众对美好生活的期望之梦。2017年3月，园村小流域被水利部命名为"国家水土保持生态文明清洁小流域建设工程"。

四、创新宣传载体，水土保持生态理念更加深入人心

　　赣州抓住领导干部这个"关键少数"，把水土保持纳入市县党校培训教育课程。开展水土保持宣传"进党校、进学校、进机关、进企业、进农村（社区）"活动，加强水土保持文化建设，实现水土保持宣传常态化。坚持水土保持科普教育"从娃娃抓起"，发放自编水土保持科普教材20多万册，培养了一名名水土保持小卫士。通过开展水土保持国策教育和科普宣传，全民水土保持意识普遍提高，"既要金山银山，更要绿水青山"的生态理念更加牢固。赣州市水土流失面积变化见图2-1，不同侵蚀强度侵蚀面积变化见图2-2。

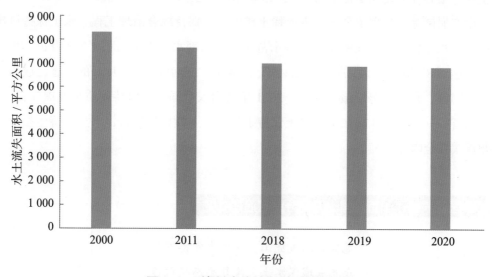

图2-1　赣州市水土流失面积变化

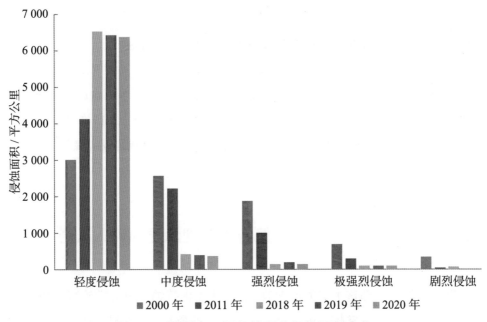

图 2-2 赣州市不同侵蚀强度侵蚀面积变化

栉风沐雨、春华秋实。经过长期的探索和实践，赣州水土流失治理和生态保护取得了显著成效、结出了丰硕成果，山山水水发生了天翻地覆的变化。赣州市塘背河等34 条小流域被国家评为"全国水土保持生态建设示范小流域"，兴国、瑞金、石城、安远 4 县（市）被评为"全国水土保持生态环境建设示范县"，章贡区被评为"全国水土保持生态环境建设示范城市"。全市新创建水土保持生态示范园（村）56 个，建成了南方崩岗综合治理示范区、废弃稀土矿山水土保持综合治理工程、水土保持科技示范园、水土保持生态文明示范村等示范工程，治理水土流失面积 4 238 万亩，水土保持率达到 82.36%。昔日的"红色沙漠"变成了"江南绿洲"，良好的生态已成为赣州最大财富、最大优势、最大品牌。2021 年被列入全国水土保持高质量发展先行区，为江西省唯一。先后 4 次在全国水土保持工作会议上做典型发言，水土保持生态治理赣州模式在全国推广。

兴国老表编了一首兴国山歌充分肯定治理成效

龙凭大海虎凭山，人凭志气排万难，

众志成城保水土，修复生态凯歌传。

第三节 废弃矿山重回绿水青山
绿水青山变为金山银山

　　赣州资源丰富，是中国最重要的有色金属基地之一，黑钨和重稀土储量居全国之冠，素有"世界钨都"和"稀土王国"之称。地下矿藏还有锡、钴、铋、锌、铀和花岗石、大理石、石英矿等共90多种。长期以来，矿产资源的过度、无序开发带来了环境破坏、水土流失和流域污染等生态问题。特别是20世纪70年代初落后、低效的"露采—池浸"稀土开采工艺，造成了大面积"沟壑纵横，白色沙漠"的地形地貌，严重影响到全市及下游人民的生产生活。

　　面对沉重的历史欠账，赣州将矿山地质环境的保护与治理，作为实现矿业经济可持续发展的保障性工程和改善生态环境的民生工程，以实际行动加快推进废弃稀土矿山治理工作。历史遗留的废弃稀土矿山地质环境问题得到有效解决，为国家生态文明试验区建设作出了积极贡献。通过实施废弃稀土矿山复绿和地形整治等工程，矿区植被覆盖率由治理前的4%提高到治理后的95%以上，水土流失得到有效遏制，地质灾害隐患得以消除，矿区生态环境得到明显改善，昔日沟壑纵横、植被稀疏的废弃稀土矿山蝶变成了产业基地、生态果园、山水绿洲，呈现出山清水秀、果实累累、厂房林立的崭新景象。矿区人民群众的生命财产安全得到有效保障，生产生活条件得到明显改善，幸福指数得到明显提升，有力促进了社会和谐稳定，繁荣了地方经济。

一、聚焦"治"，多措并举破难题

　　打破传统生态保护管护分开、力量分散、权责分离的瓶颈，赣州坚持整顿与规范并举、治标与治本并重，强化源头管控，多措并举推进废弃矿山系统修复。

　　会昌县：废弃矿山生态修复"三变模式"

　　变"各包一块"为"总体承包"。废弃矿山点多面广、区域分散。为改变传统不同承包主体各包一块的弊端，采取EPC（设计—采购—施工）总承包模式。

项目实施单位作为社会资本方，负责全县废弃矿山生态修复项目资金筹措及实施。以总承包模式进行发包，激发社会资本参与历史遗留矿山生态修复的投资潜力和积极性，有利于项目的整体方案不断优化，实施进度加快，实施效益提升，有效控制工程造价，推动会昌废弃矿山生态修复工作。

变"单纯修复"为"融合发展"。按照草坡、稻田、人居环境提升的综合整治思路进行规划，对不同地形、不同条件的废弃矿点实施"一矿一策"、分类修复，宜林则林、宜草则草、宜耕则耕。在周边有村民居住的地方，适当设置休闲道路，为当地村民提供休闲散步的去处，不仅满足了生态修复的基本要求，也响应了当代居住环境适宜的需求，一举两得。明确项目管护期四年，由实施单位负责耕种（管护），项目不再以工程验收为终点，而是在注重工程质量的同时做好后期耕种（管护）工作，保障治理成果长期稳定。

变"单打独斗"为"协同作战"。成立矿山生态修复领导小组，印发《会昌县废弃矿山生态修复实施方案》，将生态修复项目列为县重点工作，明确部门职责，确立考核机制和调度机制。项目开展前期，依托江西应职院科技产业有限公司所属高校自然资源专业体系的技术优势和科研资源，为矿山修复工程的实施提供专业技术支撑。在实施过程中，乡（镇）主动做好地块权属调查、矛盾纠纷协调等工作，为项目落地提供服务，为实施单位创造良好的施工条件。

会昌县修复矿山点位56个、水田341.82亩、旱地310.65亩、林草地及其他用地673.77亩，废弃矿山重披绿装，生态效益

会昌县周田镇寨下村采砂场修复前后对比

逐步显现，为当地群众带来了绿色收益；项目打通了周边交通，为群众提供了舒适便利的生活条件，初步实现了社会效益、生态效益和经济效益的有机统一，成为赣州创新生态修复模式、打造综合治理示范区的新样板。老表们称赞说，矿山生态修复搞得好，村里环境美了，空气"甜"了，心情也更舒畅了。矿山生态修复已经成为一项民生工程、民心工程，得到各方的充分肯定。会昌县自然资源局将加强市场化生态修复的探索、实践，脚踏实地、久久为功，确保矿山生态修复取得实效。

以高标准统筹规范为统揽。印发《赣州市稀土开采生态保护综合治理规划》作为行动指南，实施《稀土矿山车间集中整治工作方案》瞄准攻坚重点难点，出台《废弃稀土矿山环境治理和后期管护工作方案》确保长效机制等系列举措落实。

以资金保障为治理基础。积极向上争取资金，组织申报了一批废弃稀土矿山环境治理项目，累计获得国家补助资金8.5亿元，山水林田湖草保护修复项目中用于废弃稀土矿山治理的切块资金达3.5亿元。在地方财政紧张的情况下，市县累计投入配套资金5亿多元，为全面推进废弃稀土矿山环境治理落实资金保障。据统计，仅中央资金支持的10个废弃稀土矿山治理项目，就治理了16.7平方公里的废弃稀土矿山。同时，按照"谁治理，谁受益"的原则，赣州积极鼓励社会资本参与治理。据统计，社会资本治理的废弃稀土矿山面积达8平方公里。

兴国县：市场化先行助推废弃矿山回归绿水青山

兴国县在全省率先采用市场化矿山生态修复治理方式，引入社会资本，通过复绿增植和土地综合整治，使一座座废弃矿山恢复了绿水青山，走出了一条"还原绿水青山，再造金山银山"的市场化废弃矿山治理新思路。

兴国县以东村乡小洞村等废弃煤矿生态修复项目为试点，引进社会资本5 000多万元，按照"谁治理、谁受益"原则，将获得的生态收益和资源权益回馈企业。创新采用"1+N"土地整治方式，综合开展"地质环境治理＋工矿废弃地复垦＋土地开发＋山水林田湖草治理"等多项治理工程，充分结合地形地貌

及水土情况，因地制宜将矿区改造为耕地、林地、园地、草地等多种类型用地。

项目治理水土流失面积1 200余亩，恢复生态功能区面积800余亩，消除地质灾害隐患点6处，林草覆盖率达90%，生态环境改善明显；新增水田30余亩，林地450余亩，建成脐橙、油茶园150多亩，年直接经济效益达500余万元，腾退建设用地指标490余亩，价值近6 000万元，经济效益突出，可覆盖项目投资成本。同时，项目区地质灾害得到有效控制，防灾减灾能力进一步提升，社会效益明显。

兴国县东村乡小洞村废弃矿山系统修复前后对比

以有力机制保障治理推进。通过建立定期会商、调度通报、流动现场会、约谈等制度，强力推进整改工作。对每个稀土矿山治理点实行"一个方案、一套人马"，对每个稀土尾水处理站项目建设抓进度、抓质量。

龙南市：稀土尾水处理攻克世界难题

稀土尾水治理中的大水量、低浓度氨氮处理工艺，没有任何标准可参照，可以说是世界难题。龙南市主动请缨，给全国能查到电话的水污染治理公司逐一拨打电话，提出诉求，大部分企业知难而退。最后，30多家企业分批来到龙南调研，19家企业给出治理方案，包括1家德国企业。最后龙南市通过政府购买服务模式，投资建设4座稀土尾水处理站，创新采用BIONET生物处理工艺、双级渗滤耦合技术等技术对稀土尾水生物化减污削氮处理，确保流域水质达标排放。

龙南市首创的流域稀土尾水治理方案，在国内离子型稀土开采治理领域得到广泛推广运用。随着黄沙稀土尾水收集处理站建成投运，当地水生态环境明显改善。"绝迹多年的鱼虾，最近两三年，河里又慢慢出现了。"生活在赣州市龙南市足洞稀土矿区黄沙村边上的居民说。

龙南市黄沙日处理 4 万吨稀土尾水收集处理站

二、聚焦"创"，创新模式树样板

针对稀土开采造成的矿山环境破坏、水土流失以及水体污染等环境问题，采取种树、植草，固土、定沙，洁水、净流等生态和工程措施，废弃矿区回归绿水青山。

山上山下同治。山上实行地形整治、边坡修复、截水拦沙、植被复绿等治理措施，山下填筑沟壑、沉沙排水、兴建生态挡墙，消除矿山崩塌、滑坡、泥石流等地质灾害隐患，控制水土流失。

地上地下同治。地上改良土壤、种植经济作物，坡面采取穴播、条播、撒播、喷播等方式恢复植被，兴建排水沟分流平面水流，地下采用截水墙、水泥搅拌桩、高压旋喷桩等工艺截水拦沙。

流域上下游同治。上游稳沙固土、建梯级人工湿地，实现稀土尾沙、水质氨氮源头减量，下游清淤疏浚、建水终端处理设施，实现水质末端控制，上、下游治理目标系统一致，确保全流域稳定有效治理。

寻乌县：废弃矿区来了"新主人"

寻乌县位于赣、粤、闽三省交界处，是东江、韩江发源地，属南岭山地森林生物多样性重点生态功能区。20世纪70年代末以来，由于稀土开采生产工艺

寻乌县柯树塘废弃稀土矿山修复治理前后对比

落后和不重视生态环保，遗留下废弃稀土矿山 14 平方公里，给寻乌当地生态造成了很大的破坏，绿色大地上出现了许多裸露的"伤疤"，水土流失严重，林地植被破坏，流域水质氨氮超标，用满目疮痍、伤痕累累来形容也不过分，昔日的绿水青山变成了"南方沙漠"。

近年来，寻乌县正视历史生态问题，主动作为，下决心还清历史欠账，根治"生态伤疤"，探索推进废弃稀土矿山"山上山下、地上地下、流域上下游同治"的治理模式，昔日的废弃矿山发生绿色蝶变，又重现绿水青山本来面貌。

"唧唧唧……"诶，这是什么声音？在寻乌柯树塘废弃稀土矿山修复治理的湿地湖泊水面上不时传来一种不明的声响。走近仔细一看，原来是一群野鸭幼仔在水面上游弋嬉戏，可能是它们在晨练吧。经过治理修复后的废弃矿区，多年不见的野鸭子种群又回来了，动植物栖息地得到良好恢复，生态系统质量和生物多样性明显提升。

曾任赣州市矿产资源管理局局长的赖亮光站在治理修复后的柯树塘山顶上，眼睛一亮，发出这样的感慨："没有想到治理前后那种强烈变化。落实习近平生态文明思想，很重要的一条就是要把存量的被破坏的生境治理修复好，防止产生新的生态破坏的增量。"

"有点不可思议，原来的'白色沙漠'能重现满眼绿意"，江西省部分省、市人大代表在视察现场时也给予充分肯定，一些人大代表、政协委员多年反映的问题终于得到了较好解决。

"三十年前的满山绿色，曾经一度山体破碎，而今又回归绿水青山，我要回来这里创业。"曾因稀土开采造成"人退"的村民谢青山说。他计划回来利用修复好的生态环境办农家乐，发展种养业，让生态产品价值得到更好实现。

三、聚焦"转"，书写发展新篇章

按照宜工则工、宜林则林、宜种则种、宜游则游的原则，将修复后的废弃矿山开发建设为工业园、种植园和光伏发电园，绿水青山演变成金山银山，实现变废为宝，经济与生态效益双提升。

定南县：废弃矿山变金山银山

定南县稀土资源丰富，从20世纪70年代开始，稀土开采长达50年之久，早期的无序开采，给当地生态带来巨大破坏，遗留下众多满目疮痍的废弃稀土矿山。定南县委、县政府高度重视，近年来一直把废弃稀土矿山治理工作"置顶"，对矿山实施多元化整治，取得显著成效。

1. 昔日"不毛之地"变成了如今的"花果山"。十年前的含湖村废弃稀土矿区还是植被稀疏、沟壑纵横、水土流失严重的荒地，但在定南县委、县政府的全力推动下，通过引入华润五丰生态发展（赣州）有限公司成功改造了这片"不毛之地"。华润五丰公司专家组对废弃矿山土质进行详细研究，经过一番论证后，该公司通过实施地形整治、土壤改良、生态修复等工程，在原有废弃稀土矿区上成功种植了泰国金柚、茂谷柑等果树。经过近十年的精心呵护，果园已开始挂果。2022年，果园收获了2万多公斤茂谷柑、3万多公斤金柚，产品主要供华润万家超市、港澳地区及国外市场，真正实现了变废为宝。现在含湖村的华润五丰赣州柑橘种植基地已经是颇有名气的花果山。

2. 昔日"癞痢头"变成了如今的"凤凰窝"。在开展废弃稀土矿山综合整治前，每到雨季，定南县富田稀土废弃矿山冲刷的黄泥水肆意流淌，严重影响当地生态环境。为切实有效加快督察反馈问题整改，定南县在投入大量治理资金的同

经过稀土尾水处理后的水里鱼虾成群

时，积极向上级部门争取专项资金，使定南县富田稀土废弃矿山地质环境综合治理工程（三期）成功入选赣州市第一批山水林田湖中央奖补资金支持项目。正是这针"强心剂"，给这块土地注入了新的活力。通过实施地形整治、坡面绿化、截排水沟等工程，将原废弃矿区成功转为工业用地，为定南县工业园区增加工业用地近1 000亩。昔日大面积裸露的"癞痢头"式的采矿区，如今成为工业领域智能制造企业的"凤凰窝"。截至2022年12月，在这里已经进驻了30余家公司，解决了3 500人的就业，每年创造8 000多万元的税收，真正实现了荒山变金山。

3. 昔日"死水"变成了如今的"活水"。20世纪70年代以来，在近50年稀土矿开采中，部分山体内沉积了大量的氨氮，造成地表水氨氮含量居高不下，水中微生物、植物等生物难以生存，水生态环境遭到破坏。稀土矿区流域长期处于氨氮含量超标的状况，水环境状况不容乐观。2017年以来，定南县委、县政府每年投入约0.5亿元资金，采取政府购买服务的方式，引入第三方治理公司对县域内稀土矿区尾水进行收集处理，先后建设了马山迳、石陂角、上下营、西坑4个稀土尾水收集处理站，日处理稀土尾水1.3万吨。截至2022年12月，各尾水处理站进水氨氮浓度为30～70毫克/升，出水氨氮浓度稳定达到小于2毫克/升的标准。岭北矿区流域水质逐年改善，出境断面劣V类水体已经全面消除。

利用废弃矿山修复治理为工业园区

变废为"园"。修复后的废弃矿山通过地形平整、拦挡、坡面防护、截排水、绿化等工程，建成绿色循环工业园 2 个，年产值达 24亿元。如龙南市利用修复后的废弃矿区土地建设香精香料植物园并打造化妆品加工产业园、工业产业转型和环境治理融合示范区。

利用修复废弃矿山建设光伏发电站

变荒为"电"。通过引进社会资本投入，在平整后的废弃矿山上建设光伏发电站，寻乌县在石排村、上甲村治理区引进企业投资建设爱康、诺通两个光伏发电站，装机容量达 35 兆瓦，年发电量 3 875 万千瓦·时，年收入达 4 000 多万元。

变沙为"油"。利用改良后的土地和修复后的废弃矿山，发展种植油茶、脐橙、杨梅、百香果等经济林果。如信丰县通过实施山水林田湖草生态保护修复项目，引进农

利用修复废弃矿山种植百香果

夫山泉股份有限公司社会资本 2 亿多元，复垦修复灾毁土地，实施减肥增效 2.5 万亩，推行"水肥一体化"2.5 万亩，打造脐橙特色小镇，发展现代农业产业园，带动赣南脐橙产业向更高质量发展，实现生态保护修复与绿色产业协调发展。

第四节 · 林间添新绿 青山涌翠浪

历史上的赣州，曾经是森林植被非常丰富的地区，但由于战争、过度采伐及自然灾害等原因，原生植被遭到严重破坏，水土流失异常严重。为改善生态环境，20 世纪 80 年代以来，赣州先后实施"十年绿化赣南""山上再造"等造林绿化工程，营造了大量以马尾松林为主的飞播林。马尾松是贫瘠荒山造林的主要先锋树种，虽然当时让荒山绿起来了，但经过长期的建设、开发和利用，许多地方的森林林相结构单一，生长量低，加上立地条件差等许多客观因素，形成了千万亩以马尾松为主的低质低效林。据统计，在全市乔木林中，中幼林比例达 82.23%，以马尾松、杉木为优势的针叶纯林面积比例达 73.77%；全市乔木林分单位面积蓄积仅 3.17 立方米 / 亩，低于全省（3.45 立方米 / 亩）、全国（5.99 立方米 / 亩）的平均水平；全市低质低效林面积 1 593 万亩，其中乔木林和疏林低质低效林 1 333 万亩，单位面积蓄积仅为 1.88 立方米 / 亩，森林资源呈现"高覆盖率、低蓄积量、低生产力"的明显特征。

2016 年 8 月，李克强总理在赣州考察时指出"赣州是赣江、东江的源头，是我国南方地区的重要生态屏障，生态战略地位十分重要；开展低质低效林改造，建设好赣州生态屏障，不仅对赣州、对江西，甚至对广东等周边省份都是一件大好事，对改善赣江和东江流域生态环境具有十分重要意义"。

为贯彻落实好李克强总理的指示精神，2016 年，赣州作出 10 年改造 1 000 万亩低质低效林决策部署，坚持因地制宜，综合采取"造、补、封、抚"等方式，改善优化林分结构，提升生态景观水平，筑牢我国南方地区重要生态屏障。

一、坚持系统思维谋篇布局

绿色是赣州可持续发展的底色，赣州立足全市森林资源实际，加强森林质量提升工作的顶层设计，将低质低效林改造纳入山水林田湖系统修复范畴，实施综合治理。按照生态优先、多功能兼顾原则，科学编制《赣州市低质低效林改造规划》，明确低质低效林改造目标任务、技术措施及经营模式。将全市合理划分为以宁都、兴国、于都等 6 县（区）为主的水土流失重点治理改造区，以崇义、信丰、大余等 6 县为主的森林重点保育改造区和以石城、寻乌、瑞金等 6 县（市）为主的两江源头重点保护改造区，并针对不同林情制定更替、补植、抚育、封育等改造技术措施。每年根据改造任务印发相应的工作方案、考评办法，并安排项目建设专项资金，推进森林质量精准提升工作。

信丰县：紫色页岩沙壤重披生态绿装

信丰县原有低质低效林面积96万亩，特别是在嘉定镇、大塘埠镇、小河镇等范围内，紫色页岩风化形成沙壤山场，立地条件是缺土少肥，山场仅有零星的马尾松"小老树"，页岩风化成的沙土裸露，有的甚至连草都不长，是十分典型的生态脆弱区，这部分林地总面积超过30万亩。近年来，信丰县因林施策，加大力度对长势差、郁闭度小、生态功能弱的马尾松低效林，特别是水土流失严重等立地条件差林地改造力度，2016—2021年度累计完成低质低效林改造面积43.32万亩，任务完成率113.2%。

加大资金投入，确保改造效果。在现行补植改造一般为500元/亩的基础上，利用低改县级配套资金加大投入，市、县两级示范基地投入标准为每亩3 000元以上，乡镇示范基地为每亩1 000元以上，为高质量、高标准实施，确保改造成效提供有力的经济保障。

精准规划设计，严格质量管控。大穴大肥大苗（容器苗）加客土，部分加挖竹节沟加保水剂。针对立地条件差的实际，采用（60×60×50）厘米的大穴，每株以3公斤有机肥做基肥，每亩补植60株，木荷枫香为主，山腰以上配1/3

信丰县大塘埠镇坪石补植改造前后林相对比

湿地松，以加快复绿，遏制水土流失；山腰以下配1/2楠木、青冈、北美橡树等珍稀树种，以提升森林质量。连续抚育追肥3年，每年春季追施有机肥2公斤，秋季追施复合肥0.5公斤。强化技术指导，成立低改领导包乡场挂点、局技术人员分片包干、乡场人员跟班施工等3个工作组，实行分片包干责任制，做到作业前有培训，作业中有人跟班现场指导，作业后进行检查督导，对整地规格、肥料苗木数量、质量、品种，及肥料施放均匀等细节进行严格质量管控。

创新实施模式，造抚管专业化。充分发挥国有林场技术力量强、操作经验丰富的优势，推行以国有林场为项目实施和管护主体的建设模式，有效保证造林进度和后续4年7次幼林抚育，持续进行幼林管护，实现种植管护专业化。

通过项目建设，林分质量及景观显著提升，生态功能明显增强。以2016—2017年度营建的大塘埠镇坪石村市、县两级林业局领导改造示范点为例，该基地面积1 096亩，4年投资接近每亩3 000元，通过4年连续监测数据分析，林分郁闭度由实施前的0.2～0.3提高到现在的0.5～0.6，年均增长近0.1；苗木地径由栽植时的0.81厘米提高到现在的4.47厘米，年生长量达1.22厘米；平均高度由栽植时的84厘米提高到现在的338厘米，年生长量达85厘米。现在林分生机勃勃，成为困难立地低改成功的样板。

二、坚持靶向用力补齐短板

针对不同区域主导功能、生态区位及林分类型，赣州坚持对症下药、分区施策，科学有效实施林分改造。高标准高质量推进高速沿线低改。对境内昌赣、赣深高铁及厦蓉、大广、宁定等三纵三横六联高速公路沿线实施"四化"（绿化美化彩化珍贵化）建设，提升森林质量与提升森林景观并举，着力调整树种结构，加强林缘补植，提高生态景观效益。对赣江、东江源头及饮用水源地实施"净水"建设，大力营造水源涵养林、水土保持林，着力改善和净化水质，强化土壤固持能力，实现"以绿养水，以林护岸"。对城镇、村庄周边森林实施"美化"建设，加强对缺株断带、林相残破的森林进行补植修复，既提升森林质量，又提升景观效果。对生态功能重要、生态脆弱敏感区域森林实施提质建设，优先改造松材线虫病发生区、高危区的马尾松林，及时清理病死、濒死木，通过补植乡土阔叶树，降低松林比例，阻断病虫害传播通道，减少疫情发生。

章贡区：以森林生态修复守护城市功能品质

　　章贡区地处赣州市中心城区的核心区，现有林业用地面积31.6万亩（其中生态公益林保护面积24.85万亩），森林覆盖率60.26%，是典型的城市生态林业。近年来，章贡区深入践行绿水青山就是金山银山的发展理念，认真落实市委、市政府实施低质低效林改造决策部署，结合低质低效林改造项目建设，突出重点区域生态质量提升，扎实推进森林生态修复行动，进一步巩固国家森林城市创建成果，全力打造生态宜居章贡。2016—2021年度已累计完成实施低质低效林改造面积3.2万亩，任务完成率112.6%，实现全区森林生态高质量可持续发展。

　　坚持规划引领。结合中心城区实际，制定全区10年改造5万亩低质低效林的总体规划，同时根据全市低改年度任务和工作重点，与区内重点森林旅游目的地相融合，将项目优先布局在马祖岩人文公园、通天岩风景名胜区、峰山国家森林公园、杨仙岭人文公园、三阳山郊野公园等城市山体生态修复重点区域，因地制宜设计种植乡土树种，2016—2021年度累计种植枫香、木荷、山杜英、双荚槐、无患子、山乌桕、山樱花、红叶石楠、南酸枣等94.3万余株。

章贡区2019—2020年度低改、"四化"栽植前后对比

　　规范项目实施。为高质量完成森林生态修复项目建设，章贡区政府每年安排1 000万元的财政专项资金用于低改工作。对低质低效林改造任务全部采取统一招标形式，落实造林、监理和管护主体，监理单位全程参与项目建设各环节质量监理工作。

　　强化技术指导。为确保项目建设质量，采用以会代训的形式，对施工单位和监理进行了全面的技术交底，详细讲解了章贡区项目建设作业设计要求，实地进行技术指导工作，杜绝出现"一招了之"或"一包了之"现象，确保项目建设高标准高质量完成，进一步提升了中心城区森林生态质量。

　　通过改造，森林资源质量稳步提升，调整优化了树种结构，提高了森林经营管理水平，提升了森林碳汇量；生物多样性特征显现，进一步促进了生态多样性，推广了良种良法造林技术，形成了多种多样的森林群落；森林蓄积量稳步提高，在行政区划调整（原属章贡区的横江村、坳头村划归赣州经济技术开发区）的情况下，全区森林资源活立木总蓄积量由原来的102.05万立方米增长到127.1万立方米；极大地满足了城市居民对生态环境、森林旅游休闲和森林生态产品的需求，市民爱绿、护绿、兴绿的氛围浓厚，为生态林业发展提供了强大动力。

三、坚持工匠精神精耕细作

　　营造林质量是确保低改成效的生命线。在项目建设中，赣州市抓实低改质量"硬杠杆"，加强低改工作全过程监管，做到既重数量更重质量。先后制定出台《赣州市山水林田湖低质低效林改造项目管理办法》《赣州市低质低效林改造技术指导意见（试行）》，建立低改"一个办法、一套标准、十项机制、十个严禁"体系，促进低改规范化。坚持良种壮苗造林，以本地乡土树种为主，采用1～2年生容器或带土球一级苗造林，从源头提高造林质量。建立健全低改施工"三层监督网"，即监理单位全程专业监督、林业部门分片挂点监督、基层林业站分山头地块包片监督，全过程全方位督促施工单位，严格按照技术规程科学施工，严把适地适树、苗木、整地和栽植质量关。强化项目监测，设立固定监测样地60多处，定期监测林分因子和生态因子变化。

兴国县：以"六个一"机制推进低质低效林改造

签订一份承诺书。要求所有中标单位全部签订书面承诺书，严格按照合同规定规格打穴、购买苗木，并按照规定时间完成清山、整地、施放基肥、返穴和树苗种植等各项任务。如违背承诺，将受到停发工程款的处罚。通过签订承诺书，切实压实了各中标单位的责任感、紧迫感，形成了规范、高效、有序的管理体制和运行机制。

用好一把尺子。在施工现场进行检查验收时，用尺子测量各穴之间的距离，确保穴位正确，形成直线，行间距离和列间距离符合标准、规范一致，达到"横看成行、纵看成列、横纵结合、排列整齐"的效果，给山场梳理出一条条、一列列清晰可辨、美丽舒适的"辫子"，强化了森林"四化"建设的美感和舒适感。

填写一份验收申请书。施工方每完成一道工序，应及时提交验收申请书，由技术人员按照设计要求和技术标准进行检查验收，在该环节检查验收通过后，方可进入下一道工序。通过逐环节检查、逐工序验收，做到环环相扣、步步推进，确保了各个施工环节的工程质量，预防了不合格现象的发生。

对照一个框子。为确保打穴的深度、宽度符合规定标准，避免目测和使用尺子测量可能产生的误差，专门比照打穴的深度、宽度标准，打制了一些 50 厘米 ×50 厘米 ×40 厘米和 60 厘米 ×60 厘米 ×50 厘米的不锈钢铁框。在对打穴进行检查验收时，把铁框放置进所挖的树穴中，打穴的规格是否达到规定标准一目了然。对于未达到规定标准的，要求进

兴国县 2020—2021 年低质低效林改造前后对比

行再加工，直到铁框能够完全正常放置在树穴中为止。

把准一杆秤子。为确保施足基肥，防止偷工减料、施肥不足，技术人员专门准备了一杆秤子，对每穴所施放的基肥进行过秤检验，确保按照每穴15公斤、10公斤有机肥和0.2公斤的钙镁磷肥或复合肥的标准施足到位。

用好一份整改通知书。技术人员在收到施工方的验收申请书后，及时进行现场检查验收，对于验收不合格的，下发整改通知书，要求施工方严格按照作业设计标准进行返工，对不合格的工程部位进行整改，整改不合格的不予进行下一工序验收。

四、坚持全民参与共同发力

实现10年1000万亩低质低效林改造目标难度大、任务重，需要全社会共同参与。为此，赣州探索建立政府主导、公众参与、社会协同的低质低效林改造新机制，充分调动全市上下造林绿化的积极性，进一步激发全社会植绿护绿爱绿新动能。一方面，发动群众广泛参与，在严格落实生态防护措施的基础上，充分尊重群众意愿，鼓励林农在低改中种植具有生态价值和经济效益的南酸枣、板栗、杨梅、光皮树等阔叶树或珍贵树种，指导林农按照自主意愿流转林地，与企业、大户合作实施低改，所得收益按股分成，使林农支持低改、参与低改。优先安排贫困村、贫困户林地改造，指导各地成立造林扶贫专业合作社，优先吸纳有劳动能力的贫困人口参与低改，拓宽贫困户收入渠道。另一方面，鼓励造林企业积极参与，深化政府和企业合作造林机制，支持林业企业对冻害桉树林实施更新改造，种植珍贵树种或针阔混交林，提升低效林地的综合效益。

据统计测算，全市累计完成低质低效林改造630余万亩，低质低效林改造项目产生的生态系统服务价值量达到115.95亿元，取得良好成效。通过在低改中大力营造种植乡土阔叶树氛围，广泛宣传阔叶树价值，使干部群众懂得乡土阔叶树是修复、改善生态环境的重要树种，改变了"阔叶树价值低、只能当柴烧"的传统观念，达成了爱惜阔叶树、保护天然林、提升森林质量的社会共识。

通过低质低效林改造，全市共种植木荷、枫香、无患子、南酸枣、杜英、山乌桕等乡土阔叶树 50 种以上。阔叶树的栽植使原来的针叶纯林变成了针阔混交林，被改造林分阔叶树比重达到 25% 以上，林木单位面积蓄积增长到 5.25 立方米／亩，树种结构趋于合理，森林质量得到提升，森林防灾控灾能力不断提高，森林生态屏障功能逐步增强，赣州焕发出更加蓬勃的绿色活力。通过新造、补植复叶栾树、枫香、山乌桕、铁冬青等彩叶、彩花、彩果树种，山林树种搭配形式多样，实现山林景观多样化；通过对铁路、高速等通道沿线两侧进行绿化改造，提高生态景观效果，实现通道沿线廊道化；结合山水林田湖草生态修复项目，对生态亟须恢复区及城镇周边受损山体实施生态修复，采取植树造林的生态化修复方式，使受损山体绿起来，减少扬尘、污染等，提升生态景观效果，实现受损山体生态化；结合重点景区、重点乡村，开展森林"四化"、森林乡村、乡村风景林等，实现重点区域景观化。

龙南市：创新工作机制推动低质低效林改造专业化建设

2016 年以来，龙南市将低质低效林改造作为打造赣州南部重要生态屏障的重头戏，不断从实践中探索，把多方联动、科学设计、精心实施、提质增效等有机结合，形成了一条操作性强、可资借鉴的经验做法。龙南市 2016—2021 年完成低改 15.4 万亩，任务完成率 101.1%。

坚持"一本设计"定盘子。充分发挥本地专业技术人员的作用，结合龙南山体立地条件和林相基础等实际情况，实地勘测，认真做好低质低效林改造作业设计。所有更替改造及补植改造均按照"四化"建设的要求、示范基地的标准进行设计。一是注重点面结合，提升示范效应。在赣深高铁、高速公路、电子信息产业园、重点乡村、关西客家围及南武当山景区等重点区域进行示范点建设。同时将年度低改任务布局在集中连片的低质低效林改造点进行规划建设，形成具有较为震撼的规模效应。二是注重造林与造景相结合，提升生态、景观效应。根据不同的立地条件及低质低效林改造方式，科学地选择了枫香、杜英、铁冬青等乡土树种，叠加红花荷、银杏、闽楠等树种进行合理搭配混交种植，巩固生物多样性，打造美化、彩化、珍贵化的自然景观，并突出高速公路、重要通道、景区周边等重点区域建设，为全域旅游发展奠定了基础，取得良好的生态、经济效益。三是注重与精准扶贫相结合，提升社会效益。积极发挥低质低效林改造项目的辐射带动作用，为有林地的贫困户改变自家山场的林相、培

育资源，同时让贫困户从造林施工、抚育、管护中获得工资性收入，帮助一批贫困人口实现脱贫致富。

坚持"一条底线"不放松。低质低效林改造工程投入大、效益难以一时显现。为了把低质低效林改造的资金管好用好，龙南市从一开始就坚持通过政府采购对所有工程全面实行公开招投标，确保项目严格按程序和要求实施。为了加快施工进度，每年把规划实施的低改任务分成若干个标段，每个标段400～1 000亩林地，对外公开招投标，选择有造林资质、有造林经验的专业造林施工企业实施低质低效林改造施工，同时对低改造林实施实行监理制，通过磋商方式公开招投标，确定具有造林工程监理资质的监理公司低质低效林改造施工进行全程监理，确保整个低改工作在阳光下运行。

坚持"一双脚板"走山头。龙南市切实把低质低效林改造工作落到实处、量到细处，加强施工各工序的监管，采取"三重监管"，强调现场指导、一线调度促进度。一是由专业监理公司进行监理。每个标段由监理公司派驻2名有资质的技术人员到现场监理，发现质量问题及时指出，督促施工单位进行整改，同时要求监理公司安排1名工程施工总监对监理技术人员进行全面督导监管，督促监理技术人员按照施工合同、作业设计要求对各施工单位进行施工指导，检查监理质量。二是由林业局派出技术指导组进行全程监管。林业局抽调了林业技术干部组成技术指导组，吃住在乡镇，工作在山上，对各标段的施工进行技术指导和进度督查，全面巡查各工序的施工质量，督促监理公司抓好施工进度。三是由林业局班子成员分别组成督查组进行督查。督查组采取不打招呼，不定期地到各标段进行督查，督查下派干部及监理人员工作作风、工作纪律，检查施工质量，确保施工进度和质量。

坚持"一把尺子"量到底。龙南市通过认真学习吸收广东等地的造林经验和做法，结合市里要求，创造性地设置低质低效林改造作业标准，同时严格按标准验收，确保低改质量。一是率先在全市大规模推行"拉线点位、纵向割带"做法。这既有利于整地打穴，又便于抚育，同时加快形成株间郁闭，促进树苗生长。二是大穴大肥保成效。整地树穴的长、宽、深为50厘米×50厘米×40厘米，监测路段、监测点整地树穴的长、宽、深为70厘米×70厘米×50厘米，每穴施基肥含量为45%以上的硫基复合肥0.25公斤。三是容器苗栽植保成活率。

苗木的质量严重影响造林成活率及造林质量，由于容器苗造林受天气干旱因素影响较小，龙南市一直都选择1至2年生的容器苗上山造林。另外，赣州市每年低改施工前，都举办低质低效林改造技术培训班，施工方、监理公司、技术指导组均严格按照作业设计要求，全程坚持一个标准作业，每一道工序不通过验收，不得进入下一道工序，不折不扣落实作业要求。

龙南市低质低效林改造前后对比

坚持"一项抚育"做三年。龙南市举一反三，为了防止出现有些地方"草比苗高"的造林失败教训，高度重视造林抚育工作，安排了低改造林后连续3年的抚育资金，要求每年进行夏、秋两季抚育工作；同时把低改造林后的3年抚育与低改造林工程一起进行招投标，并严格按要求验收和拨付资金。

第三章
打造赣南苏区低碳转型新高地

习近平总书记高度重视生态经济和高质量发展，强调要建立健全以产业生态化和生态产业化为主体的生态经济体系。《国务院关于支持赣南等原中央苏区振兴发展的若干意见》（国发〔2012〕21号）明确指出支持赣州建设全国稀有金属产业基地、先进制造业基地和特色农产品深加工基地，培育壮大特色优势产业，走出振兴发展新路子。《国务院关于新时代支持革命老区振兴发展的意见》（国发〔2021〕3号）指出赣南苏区振兴发展取得重大进展，在此基础上明确支持赣州建设革命老区高质量发展示范区，要加快能源资源产业绿色发展，延伸拓展产业链，鼓励资源就地转化和综合利用，支持资源开发和地方经济协同发展。

近年来，赣州市深入贯彻落实习近平生态文明思想及习近平总书记重要指示批示精神，始终践行绿水青山就是金山银山的绿色发展理念，按照发展与保护并重、生态与经济共赢的思路，以"经济生态化、生态经济化"为引领，推行"生态+"产业发展模式，持续壮大"生态+农业"，加快发展"生态+工业"，做强做优"生态+服务业"。全市农业经济总量稳步壮大，农林牧渔业总产值从2012年的405.36亿元增加到2021年的696.58亿元，按可比价格计算，九年年均增长4.7%，农村居民人均可支配收入增加至14 675元。规模以上企业由2011年的781家增加到2021年的2 478家，总数在全省的比重由2011年的12.5%提升到2021年的16.4%，净增1 697家，净增数占全省的19.1%，总数和净增数均居全省第一位。第三产业增加值突破2 000亿元，达2 089.5亿元（表3-1），增速连续五年居全省第一位，对经济增长的贡献率由2012年的41.4%提高至2021年的76.9%，成为国民经济第一大产业。积极探索产业生态化、生态产业化发展模式，赣州走出了一条生态与经济融合发展之路，实现了经济社会发展绿色转型升级。

表3-1　2012—2021年赣州市经济总量及产业发展变化

年份	地区生产总值（亿元）	第一产业增加值（亿元）	第二产业增加值（亿元）	第三产业增加值（亿元）	三次产业结构	第三产业增加值不变价增速（%）
2012	1 700.9	253.4	783.4	664.1	14.9:46.1:39.0	12.9
2013	1 917.0	272.3	892.0	752.7	14.2:46.5:39.3	13.3
2014	2 123.4	287.7	983.8	851.9	13.6:46.3:40.1	9.0
2015	2 310.3	300.7	1 013.3	996.4	13.0:43.9:43.1	11.3
2016	2 541.2	317.3	1 069.3	1 154.6	12.5:42.1:45.4	12.1
2017	2 805.9	333.3	1 176.3	1 296.4	11.9:41.9:46.2	12.1

续表 3-1

年份	地区生产总值（亿元）	第一产业增加值（亿元）	第二产业增加值（亿元）	第三产业增加值（亿元）	三次产业结构	第三产业增加值不变价增速（%）
2018	3 170.3	340.3	1 257.9	1 572.1	10.7∶39.7∶49.6	11.3
2019	3 466.1	376.3	1 354.6	1 735.1	10.9∶39.1∶50.0	10.5
2020	3 657.3	415.0	1 389.1	1 853.2	11.3∶38.0∶50.7	4.6
2021	4 169.4	427.5	1 652.3	2 089.5	10.3∶39.6∶50.1	9.8

第一节 持续发展农业低碳化

　　赣州是典型的丘陵山区农业大市，农村人口多、农业比重大。党的十八大以来，赣州坚持农业农村优先发展，深化农业供给侧结构性改革，加快转变农业发展方式，推动现代农业发展，农业基础性地位持续巩固。通过大力实施"品牌强农"发展战略，赣州以"抓基地、强支撑、建平台、拓品牌"为重点，聚焦品种培优、品质提升、品牌打造和标准化生产，重点围绕农业生产智能化、农业经营网格化、农业管理精准化、农业服务便民化，加快信息技术在农业领域全产业、全链条覆盖应用，加快推进粮食生产功能区、重要农产品生产保护区及特色农产品主产区建设，召开中国蔬菜产业发展大会、全国产业扶贫现场会、全省现代农业发展大会、中国农民丰收节江西活动等，全面推进质量兴农、绿色兴农，努力提升全市农产品市场竞争力和品牌影响力。2021年赣州全域列入部省共建江西绿色有机农产品基地试点省先行先试范围，现有国家命名的"中国特产之乡"14个，中国驰名商标13个、国家农产品地理标志5个、国家地理标志商标34个、国家地理标志保护产品12个，全国名特优新农产品25个，绿色有机农产品707个，全国绿色食品原料标准化生产基地6个，粤港澳大湾区"菜篮子"生产基地55家，"圳品"品牌15个，国家现代农业全产业链标准化示范基地2个，省级现代农业全产业链标准化基地8个、市级绿色有机地理标志农产品标准化生产基地59个。出台了生态农业省级地方标准1个、市级地方标准6个，团体标准2个、企业标准2个，创建了"一带双核三区四集群"的产业布局。

　　习近平总书记在亲临赣州视察时，高度赞誉"赣南的现代农业蓬勃发展""农村气象新、面貌美、活力足、前景好"。"赣南脐橙""赣南油茶""赣南高山茶""赣南蔬菜""赣南富硒农业"等农产品品牌深入人心。

2016 年 8 月 22 日中共中央政治局常委、国务院总理李克强考察江西瑞金黄柏乡坳背岗无公害脐橙基地说到，"互联网＋"不仅提升了赣南脐橙的品质，保证了安全，也为整个产业插上了翅膀。

2016 年 11 月 26 日，黄柏乡果农邓主平满怀脐橙丰收的喜悦心情，给李克强总理写了一封信，并随信寄出两箱脐橙请总理品尝。

2016 年 12 月 3 日，总理收到邓主平同志邮寄的脐橙后回信，高度赞赏了脐橙的过硬品质和良好信誉，强调脐橙产业的发展是农民致富的法宝，同时还寄来了"购买"两箱脐橙的 200 块钱。

邓主平同志：

来信和乡亲们托你寄的橙子都收到了。得知今年脐橙又丰收了，你们积极扩大网上销售平台，不仅把脐橙销往国内各地，还远销俄罗斯等国际市场，实现了量增价优，我由衷为你们感到高兴。

脐橙深受消费者青睐，靠的是过硬品质和良好信誉，你们要像爱护自己的眼睛一样爱护它，把金黄的脐橙变成致富金。近年来，随着农业与"互联网＋"融合发展，农产品进一步打开了销路，农业综合竞争力和抗风险能力得到不断增强。你和乡亲通过长期探索，不仅为革命老区脱贫致富创造了新鲜经验，也为发展品质农业提供了有益启示。希望你们结合实际不断开拓创新，努力带动更多的乡亲尽快脱贫，早日走上现代农业发展和小康之路。

信和橙子的钱一并转寄给你。祝乡亲们日子越过越好！

李克强
2016 年 12 月 3 日

李克强总理写给邓主平同志的一封信

2016 年 12 月 5 日中午，当地果农汇聚在坳背岗万亩脐橙基地，江西省委办公厅工作人员受省委、省政府领导委托，把总理的回信和脐橙钱送到了果农邓主平手中。邓主平激动不已，第一时间与村民们分享了总理给他的回信。

李克强总理的回信有 300 多字，饱含了对赣南人民的深情祝福和对脐橙产业的殷切期望，极大地鼓舞和感染了乡亲们，吸引了很多人关注的目光。

一、赣南脐橙享誉全球

一方水土孕育一方农产品，赣州被誉为"世界橙乡"，独特的气候土壤条件和先进的栽培管理水平，孕育出世界一流的脐橙果品。赣州历届党委政府常抓不懈，广大果农艰苦奋斗，全市上下齐心协力，先后推进"山上再造""兴果富民""建设世界著名脐橙主产区""培植超百亿元产业集群""建设全国乃至世界有影响力和市场话语权

的脐橙产业基地"等一系列战略举措，形成了国内其他地区无法比拟的脐橙优势产区，赣南脐橙从单纯的种植业发展成为集种植生产、仓储物流、精深加工于一体的产业集群。50多年来，"脐橙"始终是赣南老区人民脱贫致富的主角，被称作"当家树""致富果"。2021年全市柑橘种植面积225万亩、产量178万吨，其中脐橙种植面积175万亩、产量150万吨，脐橙产业集群总产值166亿元。赣南脐橙以品牌强度898、品牌价值686.37亿元位列全国区域品牌（地理标志产品）第六位、水果类第一。总体来看，赣南脐橙在发展过程中坚持"五个注重"，实现了"四个领先"。

赣南脐橙发展历程

1. 20世纪60年代中期至70年代为试种探索阶段，以寻乌园艺场的创办和信丰等地初次试种脐橙为标志，开启了发展柑橘业的探索。

2. 20世纪80年代为引种调整阶段，以时任中共中央总书记胡耀邦给赣南柑橘发展的指示信和从华中农业大学引种纽荷尔等8个脐橙品种为标志，开启了赣南果树品种以柑橘为主的大调整，拉开了赣南脐橙发展的序幕。

3. 20世纪90年代为山上再造阶段，以实施"山上再造"和"兴果富民"战略举措为标志，掀起第一轮发展高潮，开启了柑橘品种由宽皮柑橘为主到以脐橙为主的大调整。

4. 21世纪头五年为发展壮大阶段，以安远誓师大会为标志，掀起第二轮发展高潮，全面转换果园经营机制，开启了脐橙产业的大发展。

5. 2005年以来为转型提升阶段，以培植超百亿元产业集群为标志，推动产业发展的转型和提升，开启了把赣州建设成为具有国际影响力和市场话语权的优质脐橙产业基地的新征程。

6. 2013年开始为发展升级阶段，以柑橘黄龙病精准防控为标志，赣南脐橙逐步向适度规模、生态开发模式转变，开启赣南脐橙产业发展升级，建设赣南脐橙优质产品供应链，打造世界最大优质脐橙产业基地的新阶段。在赣州市的不懈努力下，形成了完整的赣南脐橙优质产品产业链和供应链，培植壮大了一批农业（果业）龙头企业。

注重技术研发。依托华中农业大学、中国农业科学院柑桔研究所等科研院校的技

术优势，组建专门从事脐橙科技研发、成果工程化、技术示范推广的国家脐橙工程技术研究中心开展赣南脐橙品质提升技术研究，引进冯守华院士等国内一流专家组成产业专家顾问团，分别在于都、兴国建立院士工作站，实时把脉产业发展，不断提高新技术、新产品示范推广和科研成果转化率。此外，赣州还组建了江西省脐橙产业技术创新战略联盟、江西省"海智计划"脐橙研究工作站等省级平台，共建现代化农业联合实验室（中国科学院华南植物园）和中美柑橘黄龙病联合实验室等合作平台，与企业共建实验示范基地，稳步推进赣南脐橙技术研发平台支撑体系建设。经过多年科研攻关，自主选育了"赣南早""赣脐4号"等多个早熟柑橘（脐橙类）新品种，摸索总结了一套脐橙高产优质栽培技术，为赣南脐橙业的发展提供了技术支持。

注重产品开发。积极开展优良品种、单株的大田群体选优工作，发掘具有自主知识产权的优良品种（单株），引进特色优良柑橘品种，加强品种试验、示范、推广，进一步强化赣南脐橙开发。同时，积极引培一批与产业关联度大、带动能力强的龙头企业，延伸脐橙下游产业链，开发脐橙酒、脐橙醋、脐橙精油、脐橙果糕、脐橙面膜等20余种产品。大力实施"互联网＋果业"行动，建设赣南脐橙大数据平台、国家级赣南脐橙市场，打造赣南脐橙优质产品供应链、全国绿色食品原料（脐橙）标准化生产基地。

注重营销推广。农产品即使品质好，也离不开市场渠道的开拓。赣州通过构建现代市场营销平台，大力实施以一个县（市、区）对接一个区域的主销城市战略，加快发展"社区直销""农超对接""基地直采""代理配送"等新型交易方式，充分利用"互联网＋"营销模式，不断拓宽国内营销市场。自2001年起，赣州市举办六届中国赣州脐橙节，承办四届由农业部（农业农村部）与江西省人民政府共同主办的中国赣州国际脐橙节。2013年起创新举办赣南脐橙网络博览会，开辟新的销售模式和渠道，在国内主流权威网站和知名商务网站进行广泛宣传展示，推动赣南脐橙网络销售和电商企业发展。同时，赣州市向全社会公开征集产业宣传口号和形象标识，组织赣南脐橙参加中国农民丰收节、中国国际农产品交易会等展销活动，加快培育赣南脐橙出口基地和出口企业，扩大脐橙出口，拓展国际市场领域。

> **信丰县脐橙大数据平台**
>
> 　　为进一步提高脐橙"产供销"决策精准化水平，打造"智慧创意信丰脐橙"口碑，致力于"为产业赋能，为耕者谋利，为食者造福"，信丰县利用移动互联

网、物联网、云计算、大数据等新一代信息技术,加快与信丰脐橙产业、基地融合,着力在"生产标准化、加工智能化、经营电商化、营销品牌化、管理高效化和服务网络化"等方面寻求突破,建立脐橙大数据平台,全面构建信丰脐橙数字化生产体系、经营体系和产业体系,实现信丰脐橙全产业链数字化、信息化、智能化。

建设大数据平台运营中心。大数据平台运营中心由运营人员办公室、洽谈室、大数据指挥中心组成。主要承担平台数据录入,平台运行维护,新闻资讯、农情预警、农技知识等信息发布,以及向消费者、果农、政府职能部门等输出相关服务。同时协助产业园组织技术培训、应用推广、品牌宣传、交易撮合以及日常接待、演示、汇报工作,保障平台稳定运行。

建设大数据决策分析平台。大数据决策分析平台主要面向政府职能部门、产业园运营人员。数字中心包括首页、产业情况、果园物联网、价格指数、服务共享、平台交易等板块。首页主要从富硒土壤分布、脐橙产业分布、产业模式、经营主体等方面进行数据分析,包括种植规模、果园数据、历年脐橙种植趋势、价格走势、脐橙树龄分布、各乡镇脐橙发展情况等。建立精品果园型、适度规模型、亲朋抱团型、先统后分型、"合作社+"型五种脐橙产业开发管理模式。

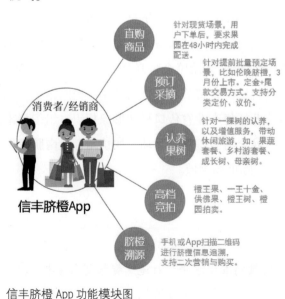

信丰脐橙 App 功能模块图

开发信丰脐橙 App。信丰脐橙 App 主要面向消费者、经销商、分销商等。通过该 App,实现信丰脐橙的果树认养、预订采摘、高端果的竞拍、产品的直购、分类议价、脐橙溯源等功能,满足不同用户群体的消费诉求。同时,消费者可查看橙友圈,了解果农、橙友的实时动态;查看果园的地块、环境、果树、果品、实景情况,建立起消费者的信任,并与果农建立黏性；经销商可根据销售需求，提前预订不同价位的信丰脐橙，减小市场倒挂风险。随着信丰脐橙 App 的持续完善，未来消费者还能买到贫困户、果农种植的瓜果蔬菜、养殖的家禽鱼肉和特色农产品，实现全年都能买到信丰优质的农特产品。

建立大数据综合管理平台。大数据综合管理平台主要面向果农、产业园运营人员。通过产业园大数据平台，果农可以实现上下架商品、上传溯源记录、填写农事操作记录、进行橙树认养服务等功能。运营人员负责平台各个模块的数据维护、系统维护等，保障整个平台有效运行。平台包括系统管理、系统监控、订单农业、基础信息、病虫害管理、物联网管理、果业管家、智能植保等子系统。

信丰脐橙 App 手机页面示意图

系统管理子系统主要实现平台的用户管理、角色管理、菜单管理、部门管理、岗位管理、字典管理、参数设置、通知公告、口志管理等功能。订单农业子系统主要实现店铺的开设、各类商品的发布、订单管理、交易流水查询与账户提现、物流管理、售后管理、客户评论管理、会员管理、认养服务等功能。

注重品牌建设。赣州不仅重视品牌打造，更重视做好品牌保护，建立了赣南脐橙专用标志有偿许可使用制度和全市统一的赣南脐橙质量安全追溯体系，积极探索和完善赣南脐橙品牌维权打假机制，适时组织开展打假专项行动。同时，加强与全国其他重点城市市场监管部门的工作联动，形成脐橙打假维权强大合力，切实维护赣南脐橙的品牌效应，促进赣南脐橙产业健康发展。

注重虫害防控。赣州将柑橘黄龙病防控纳入常态化管理，严格落实属地管理责任制和属地管理问责制，完善重大危险性病虫害监测预警体系，提升病虫害监控和预警水平，规范建设柑橘黄龙病和柑橘木虱发生动态、预测预报观察监测点，建立危险性病虫观察、监测、调查、检疫、信息上报、信息发布、预测预警、应急处理等信息平

台，推广"水肥一体化"、病虫综合防控等集成技术，构建了柑橘黄龙病等病虫害综合防控技术体系，为攻克柑橘黄龙病、溃疡病等防治难题，贡献了赣州方案。

信丰县：精准防控柑橘黄龙病

信丰县从源头管控、日常监管、技术推广、宣传培训四个方面从严抓好柑橘黄龙病防控，切实提高脐橙产业抗风险能力，确保果农持续稳定增收，推动脐橙产业健康、安全、可持续发展。

严格源头管控。大力开展"三无"苗木整治行动，对苗木生产、市场管理、大田种植等环节严格把关，在柑橘苗木调运时期，组成综合执法队，对各圩镇、各育苗场所进行反复拉网式排查，严厉打击无证育苗，对已定植、来源不明的柑橘苗木，按3‰比例抽检，不合格的坚决铲除。

强化日常监管。召开柑橘黄龙病综合防控工作千人动员大会，把柑橘黄龙病防控工作作为一项重要民生工作来抓。建立乡村干部"五包"（包户、包园、包普查、包病树砍除、包稳定）责任倒查制度。从县纪委、县委督查室、县政府督查室、县果茶局抽调工作人员组成8个督查组，每日开展督查，并以《督查快报》形式通报全县。对在工作中出现的作风不实、数据不真、标识不到位等进行责任追究，对普查登记、病树清除不到位等问题及时发出整改通知。

加强技术推广。大力推广网室假植大苗上山定植技术，避免小苗露天分散种植，减少苗木染病概率，降低生产管理成本和劳动强度，建设40目以上假植网棚5万平方米，县财政对标准网棚补助20元/平方米，实现"当年定植，当年挂果"。投资建设全县乃至全市一流的江西丰树园脐橙苗木繁育基地，主要从事脐橙无病毒苗木繁育、新品种研发、引进、推广和示范，弥补了信丰县脐橙苗木市场空缺。通过管控苗木，引导品种结构调整，坚持以中熟纽贺尔脐橙为主的发展模式。

加大宣传培训。由县财政出资，聘用50名当地有经验、懂技术、责任心强、热心服务的果农为农民技术员，专职负责果园（基地）危险性病虫害的统防统治技术指导，形成全覆盖防控管理网络。加强柑橘黄龙病防控的政策宣传和技术培训指导，在柑橘黄龙病防控关键时期实行"一边倒"，一级抓一级、责任到个人，集中时间、精力，全面彻底砍除病树、防治木虱，清理失管果园，聘请第三方评估验收防控成效。

　　经过连续几年的努力，信丰县累计砍除病树 608.71 万株，柑橘黄龙病病情已经得到显著扼制。病树发病率从 2013 年的 29% 下降到 2021 年的 1.25%，传病媒介——柑橘木虱得到有效控制，柑橘黄龙病疫情控制在低度流行水平，果

信丰脐橙产业园

农对脐橙产业的信心得到极大增强。通过建立示范制度，试验总结实用防控经验，极大增强了广大果农的防控信心。

　　富民惠民成效领先。2021 年全市实现脐橙产业集群总产值 166 亿元，其中鲜果收入 72 亿元。脐橙产业解决了 100 万名农村劳动力就业，带动了苗木、生产、养殖、农资、分级、包装、加工、贮藏、运输、销售以及机械制造、休闲旅游等全产业链发展。脐橙产业成为名副其实的百姓脱贫致富第一支柱产业。脐橙产业发展相关经验连续在多场全国产业扶贫现场会介绍推广，成为全国三大产业扶贫典范之一。

　　果品品质世界领先。由于独特的气候土壤条件和先进的栽培管理水平，国内外专家对赣南脐橙给予高度评价，认为其外观和品质均已超过美国"新奇士"脐橙。赣南脐橙已跻身世界一流果品，建立起了覆盖全国的市场营销体系，不但走进了国内所有大中城市市场，而且远销港、澳、东南亚、中东以及俄罗斯、蒙古国、印度等 20 多个国家和地区。

　　品牌价值全国领先。截至 2022 年 6 月，赣南脐橙已经相继获得了"国家优质产品"、农业部"优质农产品"、中国驰名商标、最具影响力中国农产品百强区域公用品牌、最受消费者喜爱的中国农产品区域公

海关工作人员查验出口脐橙

赣南脐橙居中华人民共和国地理标志产品第六位

江西省地方标准《赣南脐橙》

用品牌、全国名优果品区域公用品牌、中国百强农产品区域公用品牌、中国最受欢迎柑橘区域公用品牌10强、影响力农产品区域公用品牌、江西农产品"十大区域公用品牌"、区域公用品牌二十强、2020年标杆品牌等荣誉称号。2019年被国家认定为"绿色食品A级产品",2020年在中农硒科富硒农业技术研究院的技术指导下,成功打造了"富硒脐橙"品牌,生产的脐橙经国家权威部门检测达到了国家富硒脐橙标准,在中国第五届富硒农业发展大会上荣获"中国富硒好果"称号。2022年9月5日,中国品牌建设促进会、中国资产评估协会、新华社民族品牌工程办公室等单位在北京联合发布"2022中国品牌价值评价信息",赣南脐橙以品牌价值686.37亿元位居全国区域品牌(地理标志产品)第六位、水果类第一位。

赣南脐橙所获部分荣誉

科研技术国内领先。在柑橘黄龙病背景下,赣南脐橙逐步形成了"3+5"集成技术新成果,即以"三板斧"(防木虱、砍病树、种无毒苗)防治措施有效防控柑橘黄龙病,以"五提升"(坚持生态建园、彻底深翻改土、实行矮化密植、种植假植大苗、病虫综合防控)高品质栽培措施促进赣南脐橙升级发展,促使2021年脐橙园面积增至174.85万亩,脐橙产量增至150.42万吨,两项指标基本恢复至2012年时的规模水平。

"柑橘优异种质资源发掘、创新与新品种选育和推广"项目荣获国家科技进步二等奖，"赣南柑橘黄龙病综合防控关键技术研究与应用"项目获全国农牧渔业丰收奖一等奖。此外，赣州市主持制定了《地理标志产品 赣南脐橙》（GB/T 20355—2006）、《脐橙》（GB/T 21488—2008）2项国家标准。

二、赣南油茶发展壮大

油茶是我国特有的木本食用油料树种，与油橄榄、油棕、椰子并称为世界四大木本油料树种。赣州地处中亚热带的南缘，是典型的丘陵山区湿润季风气候，光照充足，降水充沛，土壤大部分为红壤，土层深厚、肥力较高、偏酸性，在发展油茶产业上有着得天独厚的优势。赣州油茶产业发展历史悠久，发展程度较高，种植面积大，产业基地多，具有一定的产业规模优势。

赣州油茶发展历程

赣州是我国重要的茶油种植区，是江西省最大的茶油主产区，有2000多年的茶油种植历史。

2013年，赣州市被列为全国茶油产业发展示范市。

2015年，习近平总书记在全国两会期间参加江西代表团审议时，对赣南革命老区发展油茶和精准扶贫作出重要指示。赣州市把油茶产业作为全市三大农业主导产业之一，列入现代农业攻坚战和精准扶贫攻坚战统一部署，推动油茶产业长足发展。

2016年，"赣南茶油"被国家质检总局批准为国家地理标志保护产品。

2018年，"赣南茶油"被国家工商总局批准为国家地理标志证明商标。

2019年，中国品牌价值评价信息发布暨中国品牌建设高峰论坛上，"赣南茶油"再登"中国地理标志产品区域品牌榜"，位列第46名，较2018年的第55名进位9名。

2021年底，赣州市油茶种植总面积306万亩，其中新造高产油茶林141万亩，老油茶林165万亩，赣州市生产茶油4.8万吨，油茶产业综合产值达120亿元。

多措并举保"油"量。赣州制定了全市低产油茶林改造提升三年行动方案，分类实施科学改造提升，计划到 2023 年，完成改造提升低产油茶林 60 万亩，市、县两级筹措补助资金 1.5 亿元，实行"一扶三年"补助政策。建立了"1+4"油茶科技推广人才体系（"1"是指国内知名专家，"4"是指市级特派员、县级指导员、乡级指导员和乡土油茶专家），聘请国家级油茶首席专家谭晓风为全市油茶改造提升技术咨询首席专家，组建了 900 余人的科技推广服务队伍，建立市、县两级技术服务人员和县级示范基地年度考评责任制，分市、县、乡三个层级开展油茶改造提升技术培训。积极开展油茶树体、油茶产量两项保险试点，2021 年全市投保面积 74.43 万亩，保额达 24.95 亿元，投入保费 3 269 万元，其中地方财政补贴保费比例达 75%，进一步完善产业配套服务，降低油茶资源培育经营风险。创新油茶产业发展模式，科学探索高质量培育技术，强化油茶良种选育科技攻关，全面推行良种良法栽培经营，截至 2021 年底，累计新造高产油茶林 141 万亩。

信丰县狠抓改造提升，推进油茶产业高质量发展

信丰县把发展油茶产业作为富民产业来抓，积极落实油茶改造提升计划。2021 年，完成低产油茶林改造 0.26 万亩，低产油茶林提升 0.61 万亩。

高位推动抓落实。成立了由县委书记任组长、县长任第一副组长的领导小组，实行每月一调度、年终总考核制度，着力压实各级各部门油茶产业高质量发展的工作职责。同时，全县成立了 6 个工作组，深入实地了解种植企业、大户、农户，分析诊断低产林成因，做好宣传发动和调查摸底工作，及时把任务分解落实到乡镇、村、组和具体的山头地块，加速推进油茶低产林改造提升进程。

信丰县友尼宝油茶产业科技园

技术提升强服务。长期聘用中国林业科学研究院亚热带林业实验中心资深专家赵学民团队担任全县油茶产业发展的技术顾问，同时还聘请了省内外专家教授和市县行业知名人士对全县油茶种植大户、油茶种植加工企业、油茶专业施工

队、林农、贫困户和油茶技术管理人员采取分层次、多频次、针对性培训，着力培养一批油茶栽培乡土专家，组建由48名县乡油茶指导员和油茶土专家组成的科技推广服务队，开展送"油茶良种良法"科技下乡活动，对油茶种植、低改提升的每个关键环节进行面对面、手把手的技术指导和示范操作。

示范带动促发展。按照《江西省油茶资源高质量培育建设指南（试行）》中的质量要求，信丰县高标准打造市、县、乡（镇）各种类型的示范基地14个。同时，创新组织模式作示范，针对大量青壮年劳动力外出务工、油茶林无人经营的问题，积极探索委托承包实施模式，采取由村委会、村小组干部负责宣传发动，组织引导林农签订委托协议，统一委托社会力量承包实施。

打通堵点增效益。聚焦油茶产业链中的突出问题，坚持精准施策，打通产业链堵点，促进油茶产业转型，促成江西友尼宝农业科技股份有限公司与湖北武汉国兴宏大油脂机械有限公司共同研发全自动油茶鲜果烘干脱壳分选机生产线落户信丰县，提高了生产效益。

精深加工提"油"质。近年来，赣州市引进培育了江西齐云山食品有限公司、江西友尼宝农业科技股份有限公司等油茶龙头企业，做强精深加工平台。研发生产茶皂素、肥皂、茶粕、精油、洗发水等精深加工产品，同时依托赣南医学院等科研单位，强化产学研合作，创新研发油茶化妆品、医药保健品等，延展产业链条。2021年赣州市获批成立了国家油茶产品质量检验检测中心（江西），建立了江西省油茶产业综合开发工程研究中心、江西省油茶医药保健及功能产品开发工程研究中心，并获发明专

赣南茶油系列产品

赣南茶油科研、质检

利 30 余项，科研质检平台条件大幅提升。组建了赣州油茶运营中心，推进赣南茶油线上和线下交易，着力打造集大宗油茶产品供应、仓储、检测、交易、结算等服务于一体的线上和线下交易市场。

赣南茶油成为国家地理标志保护产品

打造品牌扩"油"名。依托市直国企赣州林业集团有限责任公司组建江西赣南油茶产业发展有限公司，成功注册"员木香"自主茶油品牌，并推出"赣南茶油+员木香"母子品牌产品，发挥国有企业的示范作用。为强化行业自律；突出赣南茶油高品质定位，赣州市引导茶油销售加工企业、种植大户和科研院所等48家单位，组建赣南茶油高品质联盟，制定发布《赣南高品质油茶籽油》团体标准、联盟宣传册和果实采收及处理技术指导规范，统一联盟形象标识和包装设计，着力打造了赣南茶油高端品牌形象。推广制作了《赣南油食记》《红土地上茶油香》等茶油专题宣传片，在省内外宣传推介赣州市茶油产业发展情况和赣南茶油产品。连续两年在央视播放赣南茶油公益扶贫广告，在人民日报客户端、中国绿色时报等登载赣南茶油专刊。出台了《赣南茶油地理标志产品保护管理办法》《"赣南茶油"地理标志证明商标使用管理办法》，并组织市场监管部门开展茶油领域的监督检查，进一步维护品牌形象。

通过组织企业参加油茶产品展示展销会、森林食品交易博览会等展会活动，将油茶产品向外推广。同时创新赣南茶油线上营销。积极推动电商与优质特色产业融合发展，特别是针对赣南茶油开展了"赣品网上行"、直播带货、社群电商系列营销活动，取得了较好成效。

三、富硒蔬菜初具规模

硒是一种非金属元素，是动植物和人体必需的营养元素，但人体内无法合成硒，所以需要从外界补充摄入。2016 年，中国地质调查局对赣州市开展全域 1:5 万土地质量地球化学调查，发现赣州拥有富硒土地面积 1 035.6 万亩，属于富有硒区，具有发展富硒产业的优势。

为把富硒资源优势转化为产业规模优势，赣州坚持把发展富硒蔬菜产业作为乡村全面振兴、加快农业农村现代化的关键抓手，逐步解决设施棚型、品种茬口、技术落地、组织模式、市场营销等问题，引领种植方式从传统走向现代、从露地走向设施。全市建成大棚设施蔬菜基地28.48万亩，初步形成宁都、信丰辣椒，兴国芦笋，会昌贝贝南瓜等优势产区，2018年中国蔬菜产业大会、2020年全省蔬菜产业发展现场会等相继在赣州召开，赣南富硒蔬菜进入全国大流通市场。

富硒蔬菜发展历程

赣州从2015年底起步发展设施蔬菜产业，并获批全国蔬菜质量标准中心（赣州）分中心，成为共建大湾区"菜篮子"平台城际合作城市。2015年全市蔬菜播种面积为171.9万亩，总产量为285.30万吨。

2016年，赣州市蔬菜播种面积达180.84万亩，总产量超299.61万吨，累计建成50亩以上规模蔬菜基地403个，面积7.78万亩。

2018年6月，时任江西省委副书记、赣州市委书记李炳军主持召开《赣州市蔬菜产业发展规划（2017—2025年）》汇报会，强调要以钉钉子精神上下齐心抓好落实，尽快把赣南蔬菜打造成为富民产业。赣州通过攻克产业发展各个环节问题，发展方式从露地走向设施、从传统走向现代，蔬菜产业异军突起，成为全省产业发展标杆。

2021年，赣州市建成规模蔬菜基地39.6万亩，其中设施大棚面积为28.48万亩，是2015年的17.8倍，全年播种面积为219.46万亩、产量为414.89万吨。

加快推进全域创建绿色有机农产品基地先行先试工作，江西省首个富硒产业标准化技术委员会挂牌成立，建成富硒示范基地110个。截至2021年底，赣州市已经开发了富硒高山梯田米、富硒脐橙、富硒蔬菜、富硒茶叶等10多类近百种富硒农产品，在唱响"赣南蔬菜""富硒蔬菜"品牌建设中，探索形成了"龙头企业＋合作社＋职业菜农"组织模式，鼓励国有企业和村集体经济组织出资建设大棚。通过实施人才培育"三项计划"、职业菜农引进计划，发展了一批有科学知识、有管理能力的新菜农；依托富硒资源优势，持续加大农业基础设施建设，推进蔬菜产业高质量发展，推动农业产业持续增效、农户持续增收，助力乡村振兴。

　　赣州高度重视富硒蔬菜品牌创建，强化对外合作交流，依托粤港澳大湾区"菜篮子"平台和赣深合作机遇，蔬菜畅销广州、深圳等市场。拥有富硒蔬菜基地 15 个，种植面积达 14 853 亩，据龙头企业深圳市茂雄实业有限公司江西公司负责人介绍，"每天采摘 18 吨丝瓜运往粤港澳大湾区，富硒蔬菜价格稳、行情好、不愁销"。

　　用破立的思维"逢山开路、遇水搭桥"。坚持问题导向，直面蔬菜产业不同阶段的难题，及时纠偏、攻坚破解，促进产业提档升级。一是解决建棚不规范。制定《赣州市设施蔬菜基地建设规范》，坚持科学选址，规范建设流程，严格把控基地建设质量和标准。同时注重棚型改良创新，经过几年测试攻关，开发推广了适合赣南气候特征、具备冬保暖、春避雨、夏遮阳通风功能的顶部竖式通风双膜连栋大棚，极大提升了生产效能。二是解决技术落地难。持续深化与国内科研院所、山东寿光的技术合作，政府聘请顶级技术顾问，积极开展技术咨询服务。积极与方智远、邹学校、李天来院士对接，建设蔬菜产业"两中心一基地"（设施蔬菜良种引种示范中心、设施蔬菜实用技术集成测试中心和蔬菜专业技术人才培训基地），组建本土蔬菜团队开展攻关，线上线下大规模组织轮训，每年培训菜农 5 万多人次。重视人才引进和培育，聘请 7 名国内行业顶级专家组成市政府蔬菜产业技术顾问团，通过政府购买服务聘请 270 名技术员常年蹲点一线指导服务。实施定向培养、农技员提升、能手培育"三项计划"，共招录乡镇蔬菜专业农技人员定向培养生 148 名，充实配强蔬菜产业技术力量。三是解决主体培育难。总结形成"龙头企业＋合作社＋职业菜农"模式并全面推广，出台《赣州市引进培育职业菜农的若干措施》，3 年引进至少有 5 年专业种植经验的家庭型职业菜农 1 000 户以上，通过他们的传帮带，培育壮大本土职业菜农队伍。截至 2022 年 12 月，全市动员发展职业菜农 1.48 万户，户均年增收 5 万元以上。

　　树全链的理念"引入要素、补链延链"。注重盘活蔬菜产业链条上的各方资源，引入现代农业要素，推动服务供给从"内循环"向"大循环"转变，形成优势互补。一是补前端。重点扶持一批从事种苗繁育、农资供应、技术示范、市场销售和钢材、配件加工等生产两端的蔬菜龙头企业，培育一批有资源、有技术、有市场、带动能力强的示范服务型企业。比如，引进种业龙头瑞克斯旺（中国）农业科技有限公司落户宁都县，建设工厂化育苗中心。在信丰县建设赣南蔬菜配套产业园，发展农机、大棚材料加工等产业。二是抓中端。引导规模种植的企业有序退出生产种植环节，突出示范种植和技术试验，重点在服务生产的两端拓展业务。把种植环节交还给职业菜农，落实分户经营制度，合理控制每户职业菜农承包大棚面积，引导精细化管理。三是延后端。强化市场开拓与品牌营销，成为共建大湾区"菜篮子"平台城际合作城市，建成大湾区"菜篮子"赣州配送分中心，认定大湾区"菜篮子"生产基地 28 个。发挥富硒土壤资源优势，圈定富硒发展区 93.76 万亩，打造富硒蔬菜基地 337 个。把牢质量标准和市场话语权，组建全国蔬菜质量标准中心（赣州）分中心，发布《"赣南蔬菜"品牌认定及评价》地方标准。

粤港澳大湾区"菜篮子"生产基地授牌仪式

定有力的政策"聚合攻坚、引路前行"。不断优化调整完善推进机制，激发产业发展的内生动力和发展活力。一是加强组织领导。成立由政府主要领导任组长的蔬菜产业发展领导小组，编制《赣州市蔬菜产业发展规划（2017—2025 年）》，每年出台工作方案，明确目标任务和工作重点。把发展蔬菜产业列入高质量发展考核内容，常态化进行调度，用考核指挥棒推动各地比学赶超。二是加大投入力度。市县财政设立蔬菜产业发展资金，逐年加大投入，市本级财政投入从 2016 年的 0.25 亿元增加到 2021 年的 2.9 亿元。创新推出"农业产业振兴信贷通"，财政安排 10 亿元风险缓释金，撬动 80 亿元信贷资金，支持蔬菜等农业特色产业发展。三是强化正向激励。针对关键环节，优化奖补政策，加大模式创新、技术研发、人才培育、质量提升等方面的扶持

力度。推进金融保险支农助农，积极探索开展"价格保险""大棚棚膜保险"等，解决菜农的后顾之忧。

于都县推进富硒蔬菜产业高质量发展

自 2019 年以来，于都县深入贯彻落实习近平总书记视察江西和赣州重要讲话精神，把习近平总书记"一定要把富硒这个品牌打好"的殷殷嘱托牢记在心上、落实到行动上。按照省市部署要求，于都县把富硒蔬菜产业打造成"种植规模最大、经济效益最好、利益联结最佳、乡村振兴衔接最优"的支柱富民产业。2020 年于都县"国家蔬菜精准扶贫农业标准化示范区"顺利通过国家标准化管理委员会目标考核，还成功举办了中国农民丰收节江西活动。截至 2022 年12 月，全县累计建成规模设施蔬菜基地 121 个，建成钢架大棚面积 5.4 万亩，产品远销上海、广州、长沙等重点城市，并登上中欧班列远销国外。

因地制宜，因情施策，发展一支规模最大的农业产业。于都县按照"选准一个产业、打造一个龙头、创新一套利益联结机制、扶持一笔资金、培育一套服务体系"产业模式，坚持长短结合，老旧兼顾，逐渐把蔬菜建成了全县首位农业产业。在产业发展政策上，于都县多措并举，突出"三降"，降成本、降风险、降门槛，全方位加大扶持力度。在钢架大棚、土地流转、土壤改良、种苗、预冷设施、基础设施等项目实行"以奖代补"政策；出台商业商品蔬菜大棚保险附加棚内蔬菜保险政策，提高蔬菜产业抗风险能力，减轻产业因灾损失；设立最高 20 万元的金融信贷扶持政策，办理无抵押贷款，县财政全额贴息 3 年，同时对第一年的土地流转费用由县财政补助 50%，确保低收入农户均有能力参与蔬菜产业发展；通过龙头带着种、合作社领着种、单位帮着种、示范户引着种、农户自己种等形式，吸引了一大批经营主体，促进产业迅猛发展。

精细管理，做响品牌，打造一项效益最好的富民工程。为进一步提高产量、质量和效益，于都县在菜农培育、精细管理、品牌创建上下功夫，让蔬菜真正成为最有优势的农业主导产业和最重要的扶贫产业。按照 300 亩配一名技术员的标准，于都县高薪聘请了责任心强的技术员，分片全覆盖配备技术员，蹲点常驻各基地，常态化提供技术指导和服务。采取专题培训班、"夜间课堂"、实地教学等方式，让有意愿种菜的农户坐下来学习高效实用的种植技术。在种前规划、技术指导、行业检测以及发展动力等方面做出相应举措,确保蔬菜产品质量。例如,县乡农业部门和各龙头企业免费提供咨询服务,指导各基地精心规划;每个基地由县里统一配备技术员确保精耕细作;相关行业部门对种苗、化肥、农药、薄膜等产品,全程强化质量监管,确保不误农事;主推分户经营和包棚到户模式,奖补、信贷等扶持政策向基本菜农倾斜,激发发展动力。邀请南京地质调查中心开展蔬菜硒含量检测,依托资源禀赋建立21个富硒农业基地,竖立基地标志牌30块,打好产业基础。于都县把"于都富硒蔬菜"品牌宣传作为重点工作,对于都富硒蔬菜,设计统一产品包装,深入做好蔬菜产品的策划提升、包装营销,让于都富硒蔬菜成为叫得响的金字招牌。

全面参与,就近受益,搭建一个联结最佳的增收平台。通过龙头带种、合作社领种、单位帮种、示范户引种、农户自种等形式,累计发展基本菜农3 000余户,于都县蔬菜大棚供不应求,蔬菜产业成为全县一道靓丽风景线。如今,于都富硒蔬菜已成功登上中欧班列,国内销售市场涵盖了上海、广州、长沙等多个大城市。于都县搭建了一个联结最佳的增收平台,实现了就业稳收,贫困群众在家门口务工,既可照顾家人,又可稳定收入,一举多得。据测算,如果管理精细,运营得当,每个蔬菜大棚可增收5万～8万元/年,同时还叠加享受产业奖补和信贷扶持政策,收入非常可观,让农户增加旅游收入分红的同时,通过服务、出售农产品和地方特色产品实现灵活增收。

于都县富硒产业蔬菜大棚

四、林下经济独具特色

大力推进林下种植、林下养殖、林产品采集加工、森林景观利用四种林下经济发展模式，引导公司、林场、林农大力发展林下经济，盘活全市4 586万亩林业用地，并涌现了一批各具特色、机制多样、初具规模、效益明显的林下经济发展典型。全市建设国家林下经济示范基地1个、省级林下经济示范基地18个；探索创立林药、林果、林游、林禽、林畜、林蜂等林下种养（旅游）经营模式，林下药材种植面积累计达到45万亩，种植品种38余种，其中引导企业、村集体、农户将松材线虫病疫木树蔸变"废"为"宝"，发展林下茯苓种植面积近6万亩。据统计，全市林下种植、林下养殖、林产品采集加工、森林景观利用四种林下经济累计利用林地面积达1 300万亩，年产值达393亿元，占全市林业总产值的17.5%。

赣州市林下经济发展历程

2012年，赣州市委、市政府印发了《关于大力推进林下经济发展的实施方案》，把林下经济作为建设南方生态屏障项目的重要内容。

2018年，赣州市政府办公厅印发《关于加快林下经济发展的实施方案》的通知，确定重点发展油茶、竹、森林药材（含野生动物养殖）与香精香料、森林食品、苗木花卉、森林景观利用六大林下经济产业，同时对六大林下经济的发展路径、产业布局、年度任务作了具体要求，并配套出台了系列保障措施。

2021年底，赣州全市林下种植、林下养殖、林产品采集加工、森林景观利用等四种林下经济发展模式，累计利用林地面积达1 300万亩。建设国家林下经济示范基地1个、省级林下经济示范基地18个。2021年，林下经济年产值达393亿元，占全市林业总产值的17.5%。

2022年10月，赣州市召开"赣州这十年"林业发展主题新闻发布会，指出赣州市林业振兴发展成效显著。

因地制宜、凸显特色。以市场为导向，通过宣传培训，积极引导各地结合自身实际，找准突破口，确定发展重点，因地制宜重点培育林菌、林药、林果、林禽、林蜂等具有一定地方优势的林下产业，逐步实现"一县一业、一乡一品"的区域化发展格局。如全南县的林药模式，累计发展森林药材 14 万亩；崇义县的林果模式，大面积推广种植南酸枣、刺葡萄等森林野果，开发了刺葡萄野果酒、野果饮料、野果饼干，以及南酸枣糕等系列绿色生态食品，成为绿色森林食品生产基地；宁都县的林禽模式，大力发展林下三黄鸡养殖，年均出栏几千万羽；大余县的林游模式，充分利用全县森林生态优良优势发展全域森林旅游，打造粤港澳大湾区后花园；赣县区的林蜂模式，通过利用丰富林地及蜜源资源发展蜜蜂养殖产业，使大埠乡的杨雅村，成了赣县闻名的美丽富裕山村。这些产业产品品种丰富，特别是林下种植中药材品种多，既有草珊瑚、黄栀子等常见的中药材，也有灵芝、七叶一枝花、黄精、铁皮石斛等名贵中药材。

　　龙头引领、示范带动。大力培植现有的初创企业发展壮大成龙头企业，带动产业做大做强。如寻乌县引进绿之源生物科技有限公司，建立龙脑樟种植基地，形成种植、加工、销售产业链条；龙南县引进江西新灵倍康生物科技有限公司，建立铁皮石斛种植基地，形成种植、加工、销售产业链条；安远县引进中优农业发展有限公司，承接汉广集团订单，建设粉防己和多花黄精种植基地；全南县引进江西森硕源农业发展有限公司，承接广药集团订单，建设草珊瑚种植基地等。这些龙头企业在发展壮大自身的同时，还示范带动周边农民参与发展，引领和推动形成优势产业，打造区域特色。

赣县区荫掌山生态公益林场发展林下经济

　　赣县区荫掌山生态公益林场（以下简称荫掌山林场）位于赣县区南部王母渡镇，林地面积 31.76 万亩。荫掌山林场改革后，为走出木材采伐经营的老路，2016 年荫掌山林场创新理念，因场制宜，利用丰富的林地林木资源，大力发展林下经济，取得了较好成效。

　　荫掌山林场结合场情，采取了六种林下经济发展模式。

　　1. 林药模式。加快森林药材产业发展，采取"公司＋基地＋贫困户"的模式，鼓励和引导林区贫困户进行中药材种植，种植草珊瑚 1 200 亩、灵芝 50 亩、岗梅 360 亩。

　　2. 林禽（畜）模式。利用林下空间和特色畜禽品种资源，开展人工驯养繁殖和林下养殖，加大珍稀畜禽遗传资源保护和利用，养黄牛 100 头、槐猪 300 头（俗称"乌猪"）、黑山羊 200 头，养殖野山鸡 2 000 羽、贵妃鸡 5 000 羽、土鸭 500 羽、白鹅 100 羽。

3. 林菌模式。开展野生菌类资源和原生菌人工培育，推进野生食用菌人工促繁基地建设，发展以红菇、麻菇、香菇、木耳和羊肚菌等为主的林菌经济。年收获菌产品10万斤，实现产值300万元。

4. 林蜂模式。积极鼓励林区贫困户发挥林区资源优势，养殖蜂蜜。投入200万元，养蜂600多箱，年产蜂蜜1万斤，产值30多万元。

5. 林蔬（林粮）模式。种植林下蔬菜300亩，当年实现产值100万元。

6. 生态旅游模式。利用林区的良好自然资源和气候条件，租赁当地农民或荫掌山林场的老旧房屋进行民宿改造，并打造森林旅游景点。投入资金3 000万元，公路硬化10公里，建好冷水坑汽车露营基地、农家旅馆、木梓岭CS野战真人秀、石人寨民宿等，通过提升森林景观质量和配套服务水平，使森林景观利用成为促进森林旅游业发展，实现企业增效群众增收。

通过招商引资，引进赣州原乡情森林旅游开发有限公司发展林下经济，采取"林场＋公司""公司＋大户""公司＋贫困户"等发展方式，实行"五提供两统一"经营，即荫掌山林场（公司）对大户（贫困户）提供棚舍、种苗、场地、食料、技术，统一种养标准、统一销售产品。截至2022年12月，已带动周边3个乡镇30多户贫困户的脱贫致富，为周边村民和林区下岗职工提供了百余个就业岗位。例如韩坊镇下岭村刘洪雄、韩象招和樟坑村韩统和，2017年发展林下养殖，并通过公司将产品销售到周边城市，年人均纯收入达4万元，实现了脱贫。

赣县区荫掌山生态公益林场

为扶持林下经济发展，赣县区在项目、资金、保险以及技术四方面采取相应扶持措施。在项目扶持上，赣县区利用战略储备林、森林抚育、林区公路等项目，大力培育荫掌山林场森林资源和改善林区交通状况；在资金扶持上，积极为荫掌山林场争取林下经济补助资金以及"惠农贷"贷款资金；在保险扶持上，将荫掌山林场所有林下经济发展范围内的林木纳入了森林保险；在技术扶持上，建立技术结对帮扶机制，安排了技术结对帮扶干部，专门指导林场林下经济发展。

资金补助、政策扶持。赣州市积极争取省级森林药材种植补助资金，补助资金数额逐年递增。2018年，市、县两级林业部门就一共争取到省级财政森林药材种植补助资金347.91万元，后续补助资金数额逐年递增，至2022年已达到1 604.82万元。在金融方面的扶持力度也不断加大，赣州市充分利用"农业产业振兴信贷通"产品，扶持林下经济产业发展，2020年发放林业产业振兴贷贷款18 224.8万元，2021年发放林业产业振兴贷贷款25 772.58万元。同时，各县财政也积极筹集专项资金、整合上级有关财政项目资金用于发展林下经济。还有相关县（市、区）出台了奖补政策，对有一定规模的经营主体，给予了资金奖补。各级财政专项扶持资金起到了较好的引导作用，吸引了大量社会资金投入林下经济产业。

全南县灵芝产业发展

全南县地处南亚热带和亚热带过渡地带，林业资源丰富，林地总面积199万亩，可发展林下经济近80万亩。全县上下秉承"不砍树、能致富"理念，用好国家级林下经济示范基地及江西省第一、第二批林下经济重点县等金字招牌，致力打通"绿水青山"与"金山银山"双向转化通道，有机结合生态效益、经济效益和社会效益，在以林下灵芝、厚朴、其他中药材、森林景观利用为主导的林下经济产业上取得了明显成效。到2021年全县发展林下经济种养面积达14万亩，总产值7.9亿元，参与农户达1.2万户，其中贫困户2 800多户，有力助推脱贫攻坚和乡村振兴战略实施。

全方位扶持，培育产业"种子"。在林下灵芝、厚朴产业发展中，全南县积极发挥政府的引导作用，在产业规划、政策资金、技术服务等方面提供全方位的扶持，助力林下灵芝、厚朴产业发展壮大。首先，注重规划先行。立足县情、林情，制定《关于大力推进林下灵芝、厚朴等林下经济发展的意见》等系列政策文件，确定林下灵芝、厚朴产业发展总目标，充分利用国有林场公益林、

发展中的灵芝基地（一）

天然林的林下土地资源，优选林下灵芝、厚朴等品种作为农业特色产业进行重点培育、全力发展。其次，注重资金"滴灌"。县财政每年预算500万元，并整合各类涉农资金支持林下灵芝、厚朴等产业发展。对建设百亩以上林下灵芝、厚朴等种植基地的，给予每亩200元的奖补；500亩以上集中连片开发的，享受县招商引资的有关奖励和优惠政策，对其道路开发、通电等基础设施建设给予50万元的奖补支持。最后，注重技术保障。安排农业科技推广和示范项目，与科研院校（所）进行合作，借力省科技特派团专家的智力支持，加快科技成果转化步伐，支持建立林下灵芝、厚朴产前、产中、产后的技术服务体系。结合新型职业农民培训、扶贫就业培训等培训项目，对开展林下灵芝、厚朴种植的农户进行专项技术培训，提升种养能力。

全链条带动，催壮产业"大树"。首先，在生产上辐射带动。以国有林场和江西高峰生态农林开发有限公司、全南县绿丰生态种植农民专业合作社等产业龙头、新型经营主体创建的林下灵芝、厚朴等种植基地以及县级示范基地为引领，构建"企业（公司）＋合作社＋基地＋农户""村级经济组织＋农户"的模式，通过免费提供灵芝菌种和技术服务，辐射带动全县86个行政村的广大农户，种植林下灵芝3万亩、厚朴3.5万亩，助推林农户均增收3 000元以上。其次，在销售上"触网"联动。引进网库集团，设立中

发展中的灵芝基地（二）

国灵芝产业电子商务基地，建设全国灵芝单品网上交易平台，上线运营以来平台入驻企业达 2 200 多家，交易额超 4 200 万元，并带动了全南果然生态农业发展有限公司、全南县铁之梁薯业专业合作社等 20 余家本土电商企业，拓宽林下灵芝等产品的网上销售渠道。同时，引领帮扶 185 户农户开设网店，自销、代销灵芝等农林产品。最后，在加工上精深驱动。全南县成功引进高峰公司母公司江苏阳光集团有限公司、江苏春申堂生物科技有限公司共同出资 5 亿元建设林下灵芝等农产品深加工项目，主要生产灵芝中药配方颗粒剂、抗抑菌制剂等，延伸林下灵芝产业链。

全域性受益，尽享产业"果实"。全南县创新"土地流转得租金、基地务工得报酬、入股入社得分红、承包基地得盈利"四种土地流转模式，实现林下"生金"，绿色致富。利用丰富的林下资源，发展观光农业、乡村旅游和健康养老等生态旅游产业，实现既卖产品，也卖风景，不砍树、能致富。为更好平衡长短效益，全南县针对林木、花卉种植周期较长和短期见效慢的特点，引导群众在林下种植发展市场前景广阔、经济效益好的林下灵芝、厚朴等产业，以短养长、长短结合，既有短期效应，更有长足发展，实现循环获利。把林下灵芝、厚朴产业发展与脱贫攻坚有机结合，根据贫困群众意愿，帮扶发展林下灵芝、厚朴等种植项目，助力全县实现脱贫攻坚。通过结合中药材种植开展森林旅游，让农民不出村就可以增收。

第二节　大力发展工业低碳化

赣州工业经济立足本地资源禀赋、区位优势和产业基础，坚持"1+5+N"产业集群发展，先后实施两轮主攻工业翻番行动，大力推动工业倍增升级行动，工业发展取得了长足的进步，形成了以现代家居、有色金属和新材料、电子信息、纺织服装、新能源及新能源汽车、食品医药等为主导的产业体系。2021 年，赣州工业更是展示出发展提速和量质齐升的势头，规模以上工业增加值同比增长 11.6%，营收同比增长 30%，利润总额

同比增长 35.9%。全市工业实现了"三破零一进位"，即千亿元产业零的突破，有色金属、电子信息两产业规模以上工业营收首次双双突破 1 300 亿元；千亿元园区零的突破，赣州经济技术开发区工业营收首次突破千亿元，达 1 160 亿元；百亿元企业零的突破，赣州市开源科技有限公司、赣州市同兴达电子科技有限公司、包钢稀土国贸（赣州）有限公司、赣州江钨新型合金材料有限公司、赣州市束薪再生资源有限公司 5 家规模以上工业企业全年营收首次突破 100 亿元。规模以上工业增加值在全省排名前移 4 位。

十年奋进，赣州工业不仅实现了产业"量"的增长，更有生态发展上"质"的飞跃（表 3-2）。2021 年度全市规模以上工业企业单位工业增加值能耗较 2011 年度同比下降 54.3%。赣州经济技术开发区、龙南经济技术开发区、瑞金经济技术开发区、章贡高新技术产业园区获批国家级绿色园区，11 家企业获批国家级绿色工厂，4 个产品获批国家绿色设计产品。此外，还获批了 7 个省级绿色园区、17 家省级绿色工厂。赣州市获批国家工业资源综合利用基地，赣州高新技术产业开发区获批国家大宗固体废弃物综合利用示范基地。

表 3-2　2011—2021 年赣州市工业发展情况

年份	规模以上企业数量（个）	规模以上企业总数占全省比重（%）	第二产业增加值（亿元）	工业投资增速（%）
2011	781	12.5	700.13	—
2012	889	13.1	783.35	—
2013	1 018	13.4	892.02	24.9
2014	1 095	13.2	983.79	14.5
2015	1 188	12.9	1 013.28	−6.0
2016	1 337	13.2	1 069.29	38.4
2017	1 721	14.7	1 176.25	29.0
2018	1 890	16.3	1 257.87	19.8
2019	2 168	17.0	1 354.61	13.4
2020	2 250	16.4	1 389.19	7.7
2021	2 478	16.4	1 652.34	13.7

一、推进稀土产业绿色发展

"中东有石油，中国有稀土。"稀土被誉为现代工业的"维生素"，是国家重要的战略资源，广泛应用于石化、光纤通信、储氢、冶金等领域。赣州素有"稀土王国"

的美誉，是离子型稀土资源的发现地、命名地和开采工艺发明地，是全球最重要的稀土产业集聚区。长期以来受技术、人才等因素影响，赣州未能将稀土资源优势转化为产业优势，稀土产业创新能力弱、产业层次与稀土资源地位不匹配、生态历史欠账较多等问题依然突出。2019年5月20日，习近平总书记视察赣州时指出："稀土是重要的战略资源，也是不可再生资源。要加大科技创新工作力度，不断提高开发利用的技术水平，延伸产业链，提高附加值，加强项目环境保护，实现绿色发展、可持续发展。"

赣州认真贯彻落实习近平总书记视察赣州重要指示精神，举全市之力建设"中国稀金谷"，加强矿产资源有序开采管理，推广绿色无铵开采技术，对稀土产业进行大规模改造升级，稀土企业"小、散、乱、弱"无序发展的局面已经一去不复返。大力推进科技创新，着力发展有色金属及材料深加工产业，延长产业链，不断提升稀土产业发展层次和核心竞争力，涌现出稀土永磁新材料、新型电池和电池材料、新型氟材料、数码视听、风力发电设备等新兴产业，推动稀土产业绿色高质量发展迈上新台阶。2021年，全市稀土产业82家规模以上企业实现主营业务收入410.9亿元，同比增长45.9%，实现利润32.96亿元，同比增长114.3%。稀土新材料及应用产业规模以上企业营收实现三年倍增，具有全球影响力的赣州稀土新材料及应用产业集群加速发展壮大，努力翻开稀土产业绿色发展的新篇章。

赣州稀土产业优势

资源优势独一无二。赣州已探明离子型稀土储量占全国同类型矿储量比重80%；元素配分最齐全，包含除钪、钷之外的15种稀土元素；富含其他地区极少有的铽、镝、铕、钇等在发展尖端科技和国防工业领域中具有重要作用的中重稀土元素。

产业集群规模凸显。产业链条完整，形成了集矿山开采、冶炼分离、金属及合金、材料加工、装备制造、产品检测、科研教育、流通贸易为一体的完整产业体系；产业规模较大，全市集群企业396家，赣州新型功能材料产业集群获批全国战略性新兴产业集群。中科三环高性能磁性材料项目等一批稀土材料和高端应用项目落地建设。

龙头企业竞争力强。中国稀土集团有限公司、江西广晟稀土有限责任公司、

北方稀土（全南）科技有限公司等稀土大集团入驻赣州集聚发展；培育形成了江西金力永磁科技股份有限公司、赣州虔东稀土集团股份有限公司、赣州晨光稀土新材料有限公司、江西粤磁稀土新材料科技有限公司等一批龙头骨干企业，赣州富尔特电子股份有限公司、龙南龙钇重稀土科技股份有限公司等25家企业进入稀土相关细分领域全国20强，4家稀土企业上市和挂牌。

创新水平显著提升。中国科学院赣江创新研究院落户赣州，将开展战略性、基础性、应用性研究，建成世界一流、国内最强的稀土研究机构；成功获批了国家稀土功能材料创新中心，稀土功能材料领域是国家制造业创新中心重点布局支持的22个领域之一。

自2019年5月20日以来，赣州稀土填补两项江西空白。一个是中国科学院赣江创新研究院挂牌成立，填补了江西没有大院大所的空白；另一个是中国稀土集团有限公司挂牌成立，填补了江西央企总部的空白。

（一）目标世界领先，上游开采冶炼创树新标杆

持续整顿和规范稀土开发秩序，将赣州全市55个离子型稀土采矿许可证全部整合集中在中国稀土集团旗下。自主研发了离子型稀土无铵开采提取工艺，通过了院士专家组工艺论证。该工艺可从源头上解决氨氮超标及残留问题，原地浸矿工艺资源利用率提高20%~45%，生产成本降低10%~28%，料液综合回收率达到80%~90%，实现稀土开采向环境友好、绿色开采、总量控制转变，开创稀土绿色开采新纪元。

精耕细分领域，赣州冶炼分离技术总回收率达93%以上，实现元素全分离；金属冶炼技术能生产出所有稀土金属，主要产品纯度达到99.999%。离子型稀土冶炼分离产能占全国50%，二次资源回收利用产能占全国60%，均位列全国第一；金属冶炼产能占全国45%，位列全国第二。采用先进的工艺设备，减少"三废"产生，提高废水循环使用次数和废渣的综合利用水平，打造一批具有现代装备和先进工程技术的稀土绿色企业。建立稀土出口全流程追溯和审查机制，彻底斩断"黑色"产业链。

（二）对标世界一流，中游功能材料打造新高地

以"中国稀金谷"为平台载体，赣州组建专业产业链招商队，举办中国（赣州）永磁电机产业创新发展大会，加快发展稀土磁性材料、合金材料等功能材料。随着中国稀土集团正式成立并入驻，又陆续引进中科三环高端磁材、中石化稀土高端催化剂、友力稀土氧化物钕铁硼废料综合回收利用等一批重大项目落户，集聚效应不断显现。

稀土磁性材料、钕铁硼废料回收、稀土添加剂等中游环节技术水平基本与日本、德国等发达国家处于同一层次。共伴生铀资源（独居石）二次提炼等稀土绿色循环经济体系建设取得新突破。稀土永磁领域高性能烧结钕铁硼磁体关键技术达到国际先进水平，江西金力永磁科技股份有限公司成为国内风力发电机用磁钢主要供应商；钕铁硼废料回收领域"绿色短流程再生烧结钕铁硼稀土永磁材料"达到国际先进水平，成为国家绿色集成制造示范项目；催化领域稀土添加剂产品占据国内大断面球墨铸铁专业市场80%。稀土磁性材料产能产量占全国20%，位居全国第二。

> #### 中国稀土集团落户赣州
>
> 　　2021年12月23日，中国稀土集团有限公司正式成立并入驻赣州。中国稀土集团是由中国铝业集团有限公司、中国五矿集团有限公司、赣州稀土集团有限公司为实现稀土资源优势互补、稀土产业协同发展，引入中国钢研科技集团有限公司、中国有研科技集团有限公司等两家稀土科技研发型企业，按照市场化、法治化原则组建的大型稀土企业集团。组建后的中国稀土集团属于国务院国资委直接监管的股权多元化中央企业。组建中国稀土集团，是遵循稀土产业历史发展规律的必然要求，是稀土行业绿色发展转型的迫切需要，是稀土产业实现高质量发展的客观需要。
>
> 　　在新发展格局下，稀土企业集团化经营、集约化发展，有利于加大科研投入，集成创新资源，提升稀土新工艺、新技术、新材料的研发应用能力，进一步畅通稀土产业链上下游以及不同领域之间的沟通衔接，更好地保障传统产业提质升级和战略性新兴产业发展。中国稀土集团有限公司成立后，聚焦稀土的科技研发、勘探开发、分离冶炼、精深加工、下游应用、成套装备、产业孵化、技术咨询服务、进出口及贸易业务，致力打造一流的稀土企业集团。集团坚持

在前端开采冶炼上做"减法",推行总量控制、绿色开采、节约利用;在稀土后端深加工应用上做"加法",不断延伸产业链、提高附加值;在科技创新上做"乘法",集成创新资源、加快成果转化;在环保历史遗留问题上做"除法",生态与产业并重,推动矿区生态环境持续向好,努力打造集稀土矿山开采、冶炼分离、综合利用、产品贸易、深加工应用、研发为一体的全产业链条。

2022年5月24日,在定南县岭北镇三丘田稀土矿山现场,赣南稀土矿山升级改造复产活动正式启动。这是中国稀土集团与江西深化央地合作、推进稀土产业转型升级发展的有力举措,标志着赣南稀土矿山升级改造复产按下"启动键"。

中国稀土集团

2022年7月29日,中国稀土集团与赣县区人民政府、赣州高新技术产业开发区管理委员会共同推进"中国稀金谷"建设合作备忘录签约仪式在集团公司总部举行。签约仪式是贯彻落实《国务院关于新时代支持革命老区振兴发展的指导意见》和《国家发展改革委关于印发〈赣州革命老区高质量发展示范区建设方案〉的通知》的重要举措。各方将充分发挥各自在资源、市场、技术及区位、产业、政策等方面的优势,打造央地合作新典范,不断提高稀土开发利用的技术水平,实现稀土产业绿色、可持续发展,共同推动"中国稀金谷"建设,将"中国稀金谷"打造成为国内领先、世界一流的稀土稀有金属高新技术产业集聚区。

中国稀土集团2022年1—8月实现营业收入172亿元,同比增长33%;净利润8.39亿元,同比增长77%;上缴税金10.17亿元,同比增长89%。集团优化产品特色发展,高纯产品及特色产品占比增加5%;创建了稀土行业首个国家级专精特新"小巨人"企业。

（三）潜心自主攻坚，下游关键技术实现新突破

中国科学院赣江创新研究院落户赣州，聚焦稀土领域开展战略性、基础性、应用性研究，破解稀土产业发展"卡脖子"技术。加快国家稀土功能材料创新中心、省级以上稀土产业工程技术研究中心、企业技术中心、重点实验室等平台建设，积极培育创新主体，激发企业创新活力，推动产品向高精尖发展，产业向专新特迈进。近年来，赣州市稀土企业获得发明专利授权346项，其中2020年新增发明专利授权110项，70家稀土企业被认定为国家高新技术企业。

赣州高性能稀土永磁等高端材料以及重要元器件等下游高附加值产品生产技术有望从跟跑变为并跑。中国稀土集团与中国中车股份有限公司合作的稀土永磁特种电机项目填补了国内空白，睿宁高新技术材料（赣州）有限公司的集成电路芯片制造用大规格稀土金属及合金靶材制造的关键技术和工艺达到可替代进口产品的国际领先水平，江西理工大学建成全球首条磁浮空轨试验线，能很好适用高寒、荒漠等特殊场合。

中国科学院赣江创新研究院落户赣州

中国科学院赣江创新研究院（以下简称赣江创新院）由中国科学院与江西省人民政府共同出资创建，于2020年7月由中央编办批准成立，是江西省第一个中国科学院直属科研机构，也是中国科学院全面贯彻落实"率先行动"计划以来新增的第一个研究机构。

自2020年10月10日揭牌成立以来，在"边建设、边运行、边产出、边完善"原则指导下，努力搭建"资源—材料—器件—装备"全链条贯通、多学科交融的基础研发平台，以此为基础努力争取牵头筹建全国重点实验室等国家级创新平台。赣江创新院面向关键金属资源领域国家和产业发展重大需求，开展使命驱动的定向性基础研究、应用基础研究、关键技术攻关与验证，构建全链条创新体系，建成集创新研究、人才培养、重大应用于一体的新型研发机构，实现关键金属资源产业绿色发展和高端应用方面的提升跨越，发挥国有科研机构的骨干与引领作用。赣江创新院已成立资源与生态环境研究所、材料与化学研究所、材料与物理研究所、系统工程与装备研究所、高温材料工程技术中心等研究单元，建有1个省级重点实验室。汇聚科技人才200余人，招收研究生400余名。

赣江创新院落户两年来，稀土领域科研成果频出。2022年6月28日，稀土重点实验室获得中国科学院正式批复；2022年1月1日，"再生稀土永磁材料的研究与开发"3 000吨/年生产线在江西赣州试生产成功；2022年5月12日，铁氧体永磁材料万吨级生产线在赣江虔东磁业有限公司完成建设并一次性开车成功；含磷羧酸萃取分离钇工艺属国内外首创（已通过外部专家科技成果评价），实现了从以跟踪为主向并跑和领跑的突破性转变，拟建设4 000吨/年生产线等。

中国科学院赣江创新研究院

二、推进钨产业绿色转型

钨被誉为"工业牙齿"，其制出的钨钢、硬质合金、钨基合金、钨化合物被广泛应用于冶金、航空航天、船舶、机械电子、汽车、石化和军工领域，是工业生产中不可或缺的重要功能性材料。中国钨储量占全球的1/3，居世界首位，主要集中在湖南、江西、甘肃、广西、福建、河南、云南和广东8省区。赣州是中国钨资源发现地和产业发源地，到2022年，钨矿开发历史已有115年，是全球重要的钨资源远景分布区。赣州黑钨资源储量丰富，易采易冶，杂质含量少，品质优良。作为钨精矿产量占全国产量近 40% 的地区，赣州素有"世界钨都"的美誉。同时，赣州还是中国钨原料集散地、钨冶炼加工主产区、钨硬质合金及刀钻具产品生产基地。

赣州钨矿开采历史及产业链图

1907 年，德国传教士在大余县西华山发现了钨矿。

1914 年，相继在崇义县中梢、全南县大吉山发现了大型钨矿，由此揭开了中国钨矿开采的历史。

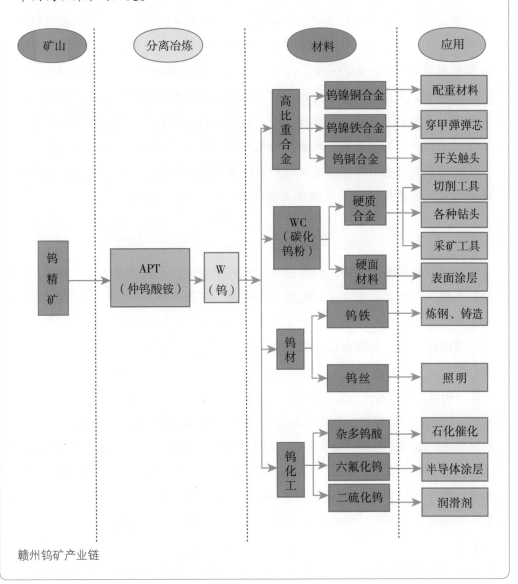

赣州钨矿产业链

　　第二次国内革命战争时期，中华钨矿公司采钨砂近 8 000 吨，换回大量急需的药品、食盐和武器，为粉碎敌人对苏区的围剿和经济封锁起到了重要作用。

　　1949 年后，赣州成立了 9 个国有统配矿山、16 个地方国营矿山和 20 多个集体坑口，成为世界上最主要的钨原料产地。以大余为主产区的赣州钨矿用于偿还苏联外债达 75 亿元人民币，换回大量粮食等物资，为我国度过"三年困难时期"作出了巨大贡献。

　　赣州已发现的钨矿山有大吉山钨矿、西华山钨矿、岿美山钨矿、盘古山钨矿、铁山垅钨矿、画眉坳钨矿、漂塘钨矿、荡坪钨矿、下垅钨矿等，探明钨储量的矿区 106 处，累计储量 117 万吨，钨保有储量居全国第二位，而高品质的黑钨矿保有储量居全国第一位，总储量占全国同类产品的 70%、世界的 60%。

　　近年来，赣州抓住国家对稀土钨等实行保护性开采契机，围绕"打造具有国际影响力的钨产业集群"目标，抢占创新驱动制高点，推进钨产业加速向深加工及应用产品延伸发展，形成了特色鲜明、链条完整的钨产业体系，探索出一条具有赣州特色的钨资源大市向产业强市转变的新路子。2021 年，赣州市共有规模以上钨企业 98 家，实现营业收入 205.46 亿元，利润 11.7 亿元。

　　实施领军企业提升计划。积极引导一批钨企业退出、转产或关闭，提高了冶炼产能集中度，产能向龙头企业、优势企业集聚。在现有基础较好、研发能力较强的钨企业中培育打造一批龙头领军企业，推动领军企业积极与国内外科研机构、高等院校开展协同创新，共同承接国家科技创新任务，加大培育和建设钨产业高新技术企业力度。

　　着力构建产业发展平台。支持建立多层次的钨产业研发平台，依托国内外科研机构及服务钨企业的高新技术公共创新服务平台，创建赣州市国家级钨新材料及应用产业研发平台，推动钨产业研发平台开展钨产业核心关键技术研究并承担更多国家重大课题。鼓励企业与国内外科研机构、高校院所合作组建研发机构，不断完善研究、开发和试验条件。组建钨产业创新联盟，鼓励龙头骨干企业联合省内外企业、高校和科研院所等组建科技协同创新体，联合攻克制约钨产业发展的共性技术、关键技术和核心技术。

　　推动行业智能化升级。引导钨矿山企业实施技改升级，对部分钨矿山开采技术、选矿设备进行了改造，提升了开采自动化程度。赣州市好朋友科技公司研发了我国第一台图像智能选矿机，用机械设备代替人工选矿，脉石分选合格率达98.6%，废石分选合格率达98.1%，小时处理能力提高了10%。在冶炼环节，采用数字化、智能化的工艺设备，减少"三废"产生，提高废水循环使用次数和废渣的综合利用水平。启动了崇义章源钨业股份有限公司智能化钨粉生产线、江西翔鹭钨业有限公司APT智能化生产线等一批现代装备和先进技术项目，赣州钨产业迈上了数字化、网络化、智能化发展之路。

加快全产业链研发攻关。提升前端采选冶及环境保护技术，支持开展钨资源高效分选与回收、钨矿山采空区复杂地压灾害与安全环境控制技术、钨矿矿井通风与除尘理论技术、钨开发过程废水零排放技术、重金属污染土壤生物修复技术及矿集区废弃地生态复垦技术研究，为钨矿山的安全生产、环境保护和生态修复提供技术支撑。提升中端过程技术，探索钨冶炼绿色生产关键技术，实现黑钨资源的绿色高效生产以及能耗低的新黑白钨冶炼工艺；通过提升装备水平，不断创新工艺，开发工艺流程短、回收率高、晶粒度易于控制、绿色环保的废旧硬质合金回收新技术，全面提高回收料的质量和水平，大幅度降低对原生资源的消耗，实现回收料在低、中、高档硬质合金产品的应用。提升后端产品技术，支持研发喷雾转化法、等离子体法、粉末球化技术和高温技术等，向节能、高效、少污染方向发展，为大幅度提高粉末质量和扩大粉末应用领域提供技术支撑；支持涂层硬质合金刀钻具涂层技术，研究新的涂层物质，大幅度提高切削刀具性能和寿命，提升钨产品的附加值等。

赣州钨产业集群企业有200余家，其中规模以上企业98家，形成了集采掘、选矿、APT、钨粉、碳化钨粉、硬质合金、棒材（盾构）、资源综合利用于一体的完整产业链，在冶炼分离、钨精深加工及新材料领域具有较好基础。赣州市钨冶炼水平位于行业前列，特别是采用黑白钨混合矿、杂质含量高的低度钨矿、高钼低度白钨矿为原料生产APT，实现了综合利用的冶炼技术突破，产品质量达到国标特级品标准，且金属回收率、物料、能源消耗指标居全国先进水平。特别是赣州华兴钨制品有限公司、崇义章源钨业股份有限公司等企业生产的多种晶型仲钨酸铵和超细仲钨酸铵产品质量极好，均受到市场欢迎。赣州市培育形成了崇义章源钨业股份有限公司、赣州市海盛钨钼集团有限公司、江西翔鹭钨业有限公司、江钨世泰科钨品有限公司、赣州澳克泰工具技术有限公司、赣州海盛硬质合金有限公司、京瓷精密工具（赣州）有限公司等一批钨各环节龙头企业，主要产品质量标准已达到国际先进水平，远销韩国、日本及欧美等国家和地区，其中崇义章源钨业股份有限公司为主板上市企业。

江钨产业园项目

江西钨业控股集团有限公司（以下简称江钨控股集团）是集采选、冶炼、加工、科研、贸易于一体的国内外知名的省属国有大型稀有金属企业集团。江钨控股集团以位于赣州市迎宾大道、马房下和水西工业园等城区16家企业搬迁改造升级为契机建设江钨产业园。江钨产业园建设是江钨控股集团"十四五"规划的重头戏，也是江钨控股集团着力调整和优化产业结构布局，大力促进产业全面绿色转型升级和一体化集群化发展的重大举措。

高质量高标准建设江钨产业园，是江钨控股集团联手赣州市政府认真贯彻落实习近平总书记视察江西重要讲话精神，坚定不移实施工业强省战略，矢志不渝重塑"江西制造"辉煌，加快改造提升优化传统产业，着力推进传统产业向中高端迈进的重大举措。企地联手，密切合作，以建设江钨产业园为契机，致力以一流产业造就一流企业，以一流企业成就一流城市，全力配合美丽幸福赣州建设，为推动江西省高质量跨越式发展、谱写全面建设社会主义现代化国家江西篇章作贡献。

江钨产业园规划在赣州高新技术产业开发区和赣州经济技术开发区建设两个园区。其中，在赣州高新技术产业开发区园区着力打造钨、永磁电机、新能源材料等战略性新兴产业基地，重点布局建设钨、钴冶炼及深加工、铜材加工和稀土永磁电机项目，建设科技研发中心；在赣州经济技术开发区园区重点布局建设高性能稀土磁性材料、机械加工项目。江钨产业园总投资100亿元，建设用地1 500亩，属于省政府重点推进项目。作为"中国稀金谷"重点布局推

江钨产业园规划效果图

进的有色金属产业项目，江钨产业园引进国内外先进的工艺技术和装备，全力推动向高端化、智能化、数字化、绿色低碳化转型，着力打造钨、稀土永磁电机、新能源材料等战略性新兴产业基地，重点布局建设年产1万吨钨粉和8 000吨碳化钨粉、2万吨APT（全新工艺）和5 000吨AMT（偏钨酸盐）、

2 000吨高性能硬质合金、5 000吨废钨回收循环利用、年产8 000吨稀土金属及合金、10万台稀土永磁电机、年产2万吨金属钴镍新材料、2万吨三元前驱体、年产30万吨再生铜杆加工等项目。产业园项目建成达产达标后可实现年营业收入350亿元，年利税30亿元，安排社会就业2 500余人，具有良好的经济效益和社会效益。

江钨产业园将全力打造成为与赣州"世界钨都"、江钨"百年老店"地位相匹配的稀有金属高新技术产业园区，全面提升江钨控股集团的核心竞争力和行业影响力，发挥在稀有金属产业的龙头引领带动作用，为赣州工业倍增升级发展作出更大的贡献。

三、推进家居产业高质量发展

南康家具产业起步于20世纪90年代初，历经近30年的发展形成了集加工制造、销售流通、专业配套、家具基地等于一体的全产业链集群，是全国最大的实木家具制造基地。南康区在无林木资源、无市场条件、无交通优势的情况下，创造了"无中生有"的产业发展奇迹。现代家居产业成为赣州"1+5+N"产业集群中的核心"1"。2021年，赣州现代家居产业集群营收达2 300亿元，明确到2023年集群产值达到5 000亿元。

家具产业发展历程及产业链图

萌芽孕育阶段（1980—1992年）。改革开放初期，南康一批富余劳动力南下赴广东打工，其中大量手艺人去往顺德水藤的家具厂打工。这批手艺人积累了资金、技术和管理经验，返乡后成为南康家具产业的先行者。

引导培育阶段（1993—2005年）。1993年第一家返乡创办的家具厂在南康设立，标志着南康家具产业破土发芽，实现了"从无到有"的突破。政府通过投资、政策导向等方式，引导大量到广东家具厂打工的南康人返乡创业，2005

年南康家具产业产值突破 10 亿元，成为南康最具活力和发展潜力的支柱产业。

　　发展壮大阶段（2006—2012 年）。"小散乱"是南康家具产业引导培育发展阶段突出的特征，同时产品低端化、同质化、环境污染等问题严重，产业发展甚至一度陷入"水货"家具的低谷，产品销路不畅，迫使南康家具产业开始了第一次转型升级。在数量上，到 2012 年底，家具企业从 600 多家发展到 6 000 多家，产业产值突破百亿元；在质量上，经过"水货家具"挫折期的教训，许多南康家具老板意识到品质的重要性，开始积极引进国外优质设备、成品家具和高质量人才，从以杂木为主材转变为以橡胶木为主材，南康家具的品质迅速提升，南康家具开始走上品牌之路。

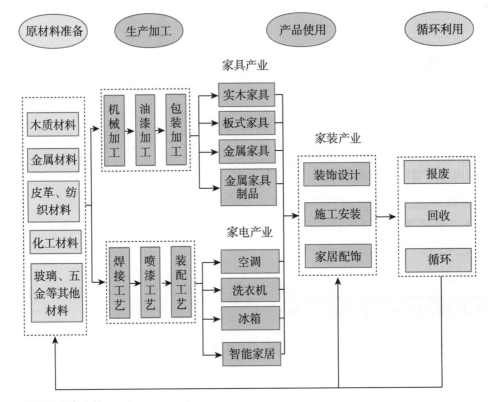

南康家具产业链

　　转型跨越发展阶段（2013 年至今）。经过前一阶段的发展，南康家具产业实现了"从小到大、从弱到强"的转变。2013 年以来，抢抓国务院在《关于支持赣南等原中央苏区振兴发展的若干意见》中明确指出支持南康家具产业加快产业转型升级的政策机遇，积极对接"一带一路"国家战略，主动适应经济发展新常态，推进供给侧结构性改革，南康家具转型升级全面提速，产业整体呈现"破茧成蝶"的跃变发展态势。

赣州始终坚持以习近平生态文明思想为指导，落户了中国科学院院士团队废弃物资源化实验基地，建成家具危险废物暂存点 1 800 多个，建成家具集聚区污水处理厂 9 个，推行家具企业环保管家模式等，全力推进家居产业绿色高质量发展。赣州建设了产业生态良好的家居小镇，连续举办九届家具产业博览会，依托赣州国际陆港实现了"木材买全球、家具卖全球"，建成美克美家、大自然家居等重点龙头企业项目和世界 500 强企业格力电器赣州智能制造基地项目，家居产业迈向"家具＋家电＋家装"融合发展的时代。

深植产业绿色设计理念。为解决家具产业附加值不高、原创性不足问题，南康区高标准打造了江西省首个家具工业设计中心，已有 40 多家沿海一线设计机构签约入驻设计中心，让家具企业在家门口就可以找到设计服务，解决了南康家具长期以来设计要依靠深圳的问题。为解决家具从图纸设计到样品出样耗时长、专业打样师稀缺以及打样成本高等问题，在龙回工业园建立了首家大型网红家具打样中心——分寸制造所，不仅节约打样成本、缩短打样时间，还可针对现有工艺水平、生产设备性能等提供定制化服务。不断加大家居产品研发的力度，加强对家居产品的设计创新，同时注重对新材料、新产品、新设备等的使用和尝试，在家居的设计中采用新材料和新工艺，使用环保型的材料，深入绿色设计理念。通过智能服务设计，延长家具产品的全生命周期，实现产品生命力的延伸。尽量减少能源、资源消耗，考虑资源的再生，注意对无毒、无害装修材料的开发利用。室内选材考虑防火、防尘、防蛀、防污染等问题，重视家居功能设计和研究，注意对多功能环境、绿色环境、健康环境、生态环境的设计和研究。

引领产业转型升级。强化家具制造挥发性有机物（VOCs）治理，注重臭氧与 $PM_{2.5}$ 协同控制，对南康区 VOCs 进行走航源解析。编制专项整治工作方案，成立 16 个部门，18 个乡（镇、街道）为成员的工作专班，形成家具 VOCs 问题防治定期调度机制。推动固定污染源的排污许可证核发全覆盖。南康区完成任务数 6 218 家，占赣州市总任务数的 1/3 以上。加快推进排污许可证后整改，集中对赣州市正浩锡业有

限公司等 23 个高排放项目摸排核查，对南康经济开发区、13 个家具集聚区及区外家具企业分类施策，启动环评改革试点。南康的家居产业循环经济产值已突破百亿元大关，成功获批省级园区循环化改造试点，正处于大有可为的重大机遇期，为扭转"大量生产、大量消耗、大量排放"的传统生产生活方式开展有益探索。推进绿色技术创新和环保试点工程。完善工业园区污水集中收集处置体系，建成龙华等 9 个工业园和家具集聚区污水处理厂项目，推动工业园污水处理厂二期建设及一期提标改造。引领家具涂装变革，推广示范博士家居水性漆、粉末喷涂和汇有美 LED 无溶剂光固化漆技术替代传统油性漆工艺，实施共享喷涂重塑生产流程，提升涂料重复利用率，减少喷漆污染。促进工业废物向宝藏转换。贯彻加快技术革新推进无害化处置的方针，破解"垃圾围城"困境。上市公司汇森家居国际集团有限公司新增布局成品废旧家具、废旧模板、废旧包装箱集中处置生产线，提取分离木质纤维制造复合板材。总投资 12 亿元的南康生活垃圾焚烧发电项目破土动工，预计日处理生活垃圾 2 000 吨 / 天，年发电 3.4 亿千瓦·时，让垃圾"变废为宝"。大力推动家具企业"升企入规"，按照"众创业、个升企、企入规、规转股、扶上市、育龙头、聚集群"思路，结合本地区情和产业特点，解放思想、大胆创新，打出"拆建转管"组合拳，出台了 6 个方面、18 条优惠政策和倒逼措施，在江西省率先大规模启动"个转企、小升规"工作，以"入园必入规"为总要求，以土地为杠杆、以税收为标尺、以入园进区为抓手，推动企业入规、入园、入标准厂房。大拆开路，为家居产业发展腾空间优环境。南康区委、区政府狠下一条心，以破竹之势推进大拆，坚决向落后产能和污染企业"开战"，"转企升规"启动后至 2021 年末，累计拆除污染企业厂棚 2 000 多万平方米，推进 1 200 多万平方米标准厂房建设，全区规模以上家具企业 518 家，占全区规模以上企业总数 87.5%。

打造产业数字化模式。赣州利用区块链、5G、大数据等数字技术，全力建设家居产业智联网、国际木材集散中心、创新设计中心、共享智能备料中心、共享喷涂中心、销售物流中心等"一网五中心"，打造了独具特色、省内领先的赣州产业数字化模式，推动全市家具企业数字化转型和智能化升级。组建了江西省内第一个现代家具产业链科技创新联合体；依托家居小镇，汇集 350 多家设计公司 1 300 多名设计人才和酷家乐、三维家等线上设计平台，2021 年实现产品设计 1.2 万件。2021 年家具类专利授权达 4 867 项，发明类专利 80 项。赣州家居产业已经逐步向着智能互联网方向发展，通过对"5G+ 人工智能 + 区块链 + 工业互联网"等信息化技术的运用，逐步形成了中国第一个家居产业智能互联网。通过打造家具产业智联网使产业进行优化分工重组，形成家具集"消费需求—家具方案设计—原材料采购—制造加工—物流运输—线上线下销售"于一体的全业态链网络互通体系。

赣州现代家居产业"一网五中心"

依托甘中学博士专家团队的"三元群智"技术，赣州打造了以工业互联网、区块链和5G技术为支撑，以智能云MES（制造执行系统）作为枢纽的"数字大脑+实体中心"发展模式，将产业数字化落实到产业链各个实体环节，建设了国际木材交易中心、创新设计中心、共享智能备料中心、共享喷涂中心、销售物流中心五大实体中心，从产业资源整合、产业链协作分工、规范化智能制造、个性化产品定制全面发力，构建起了现代家居产业生态闭环，在全国传统产业数字化浪潮中探索出了一条示范路径。

国际木材交易中心。以区块链为核心，内含交易中心、仓储建设、服务大楼等，项目分为两期，其中一期工程投资大约为5.5亿元，于2021年投入使用，平台已入驻35家具备海外采购能力的一线木材经销商，汇聚了来自50多个国家的100多种优质木材，为赣州家居产业材料供应提供了更坚实的保障。

创新设计中心。从设计出发，依托南康家居小镇，打造了全省首个县一级的省级工业设计基地，采用柔性政策，引进了美克美家、大自然家居两个国家级工业（家具）设计中心，汇集了350多家设计公司、1 300多名设计人才，为南康企业提供超前化、个性化、定制化设计。

共享智能备料中心。投资3.5亿元，是全亚洲最大的橡胶木备料所在地。以智能共享为核心的实木家具共享智能备料中心和零部件生产基地，解决了木材原料加工损耗大、人工成本高、效率低的问题。通过共享智能备料，使木材开料率整体提升30%，出材率提升到90%，让企业资金占用减少50%。通过零部件生产基地，使家具生产像"造汽车"一样在流水线上标准化

南康共享智能备料中心

生产，实现规模化生产。到 2021 年底，该中心已经为 112 家家具制造公司进行服务。

共享喷涂中心。通过国际首创的 3 秒光固化涂装、3D 扫描人工智能编程技术降低成本，提升了数十倍效率，实现了水性漆综合涂装成本不高于油性漆，让中小企业也用得起、用得上，推动南康家具由"千家万户分散喷涂"到"共享集中喷涂"转变，实现了家具喷涂的绿色环保、智能生产、平台共享三大变革。

销售物流中心。以电商销售为核心的销售物流中心，打造了天猫南康电商总部基地和全国首个家具电商淘宝直播产业带，构建了"线下直播、线上接单、网红带货"的家具电商销售新模式。同时引进亚马逊、阿里巴巴等全球知名跨境电商平台，建成了全国最大的跨境电商产业园。与拼多多深入合作，通过"反向定制、品销合一"+"智能制造"模式，着力孵化 20 个 10 亿元级家具品牌。目前，南康已有 4 000 多家企业"触电上网"。

集群产值实现了从"百亿"到"千亿"的巨大跨越。2012 年，南康家具企业已经上万家，产值近百亿元。但是因为粗放发展，不仅资源、环保承载都接近极限，安全、消防事故更是高发频发，整个产业危机四伏。南康牢固树立新发展理念，狠下决心推进产业转型升级，通过搭平台、育集群，拆转建、促转型、重创新、塑品牌等一系列措施，持续推进"个转企、小升规、规改股、股上市、强龙头、育集群"，打造国内家具制造平台最完善、链条最齐全、成本最低廉的产业基地，推动产业集群产值从 2012 年的刚过百亿元，到 2016 年突破千亿元大关，再到 2020 年达到 2 000 亿元，成为全省传统产业转型升级的标杆，更成为全国最大的家具生产制造基地，被誉为"中国实木家居之都"。

研发设计实现了从"无"到"有"，从"模仿"到"原创"的巨大转变。高标准规划建设全国唯一以家居命名的家居小镇。短时间内迅速集聚了研发、设计、品牌、销售等高端要素、高端人才，被业内誉为"天下家居第一镇"。依托家居小镇打造设计村，先后引进南京林业大学、赣南师范大学、西班牙瓦伦西亚设计学院等 10 多家院校，意大利、西班牙、北京、上海、广州、深圳等地 200 余家国际国内优秀设计机构和酷家乐、三维家等线上设计平台落户小镇，打造了集创客空间、线上平台、产学研实训中心、设计师之家、设计作品打样、设计成果展示等功能于一体的全省首个家居工业设计中心。小镇设计中心（江西省赣璞设计公司）获批成为国家级工业设计中心，引进了大自然家居、美克美家2个国家级工业（家具）设计中心。

品牌建设实现了从"贴牌"到"品牌"的巨大提升。加强品牌建设，家具产业有效注册商标达12 970件，2021年有效期内家具江西名牌产品数量达78个，数量位列全省第一。全力打造"南康家具"区域品牌，成为全国第一个以县级行政区划地名命名的工业集体商标。以此为契机，不断提升"南康家具"品牌市场美誉度，设立南康家具品牌联盟，200多家家具企业主动加入，与红星美凯龙、月星、居然之家三大顶级渠道商合作，大力实施"百城千店"计划，先后签约进驻南京、长沙、成都等35个城市高端家具卖场，签约品牌馆40家，开设连锁专卖店400余家。"南康家具"区域品牌影响力迅速提升，2022年，在中国品牌建设促进会主导的中国品牌价值评价活动中，"南康家具"品牌价值超700亿元，居全国家具产业带首位。

销售模式实现了从"单一内贸"到"买全球、卖全球"、从"线下"到"线上线下"双驱动的全面转变。依托赣州国际陆港，推动50多个国家和地区的木材进入南康，家具销往100多个国家和地区，开辟了南康家具"买全球、卖全球"的新模式、新通道。2021年4月正式开通运营"赣深组合港"，在全国首创"跨省、跨关区、跨陆海港"通关新模式，进一步畅通了内陆江西对外开放的出海口，全市家具出口额实现69.7亿元，增长20.5%。抢抓电商风口机遇，在打造天猫和京东两个全国最大的线上线下家具体验馆的基础上，通过"电商平台＋电商直播"，构建了"线下直播、线上接单、网红带货"的家具电商销售新模式。2021年南康家具电商交易额突破700亿元，南康区列"2022年度县市电商竞争力百佳样本"第十五位、全省第一位，被商务部评为全国十强"国家电子商务示范基地"。

发展模式实现了从"家具"到"家具＋家电＋家装"泛家居的融合发展。2020年，仅用两个多月的时间，完成与世界500强企业——格力电器的洽谈、签约和开工建设，开启了南康在赣州乃至江西率先有世界500强制造企业的历史。在格力电器的示范引领下，位于大湾区的大自然家居等上市企业争相到赣州投资，推动家具从"单一产品"向"全屋定制"、"家具"向"家居"转变，开启了"家具＋家电＋家装"融合发展的"三核时代"。同时，聚焦实木、软体、金属、板式、办公、酒店、智能家居等细分领域，持续补链延链强链，加速推动南康家具由单一实木向多品类、多材质、定制化发展。截至2022年12月，软体家居已取得突破性进展，龙华软体家居产业园入驻软体家居企业20余家，集聚效应凸显。

格力集团推进家居智能化生产

格力是赣州对接融入大湾区引进的第一家世界500强制造企业。2020年7月10日落户赣粤产业合作区的格力电器（赣州）智能制造基地。作为家电行业领跑者，格力电器一直秉承自主创新理念，下大力气进行研发创新，实现了诸多原创性、引领性科技攻关，同时在标准制定国际舞台不断输出"中国智慧"，用实际行动打造"中国智造"示范样板。

在省委、省政府和市委、市政府的高位推动下，南康区担当实干、快速行动，推动格力电器（赣州）智能制造基地呈现"三快"的特点：签约落地快，项目从洽谈、签约到开工建设仅用了75天时间，开启了世界500强制造企业投资赣州的崭新篇章；园区成型快，一个月内完成2 000多亩征地拆迁，39天完成"七通一平"；产业集聚快，在格力项目的龙头引领下，江西艾柯新材料有限公司、港利制冷配件有限公司等首批8家上下游配套企业落户南康，将快速构建家电产业链，助推南康家具由"单核时代"迈向"家电＋家具＋家装"融合发展"三核时代"，打造5 000亿元现代家居产业集群、具有全球影响力的"家居制造之都"。

项目建设坚持"高标准起步、高效率推进、高质量达标"的理念，从总装车间打下第一根桩到第一台空调下线仅用12个月，跑出了"格力效率"和"赣州速度"。

格力智能家居在智能家居系统、智能家居网络、智能语音交互、智能场景方案、智能产品技术等方面进行了深入布局，推出了一系列智能家居产品，并自主创造了物联网平台、智慧决策系统、G-Voice语音交互系统、智慧视觉系统、G-OS物联操作系统、G-Learning舒适节能算法等智能物联技术，为消费者打造万物互联的高质量生活。格力在智能家居领域布局了智能连接、智能感知、智能交互、智能云平台、智慧

格力智能制造生产基地项目

能源、人工智能在内的六大技术，并具有"格力+"App、智能语音空调、物联手机、智能门锁、魔方精灵五大控制入口，可以覆盖全系格力智能产品。

目前，格力智能家居已经成为南康打造5 000亿元现代家居产业集群的"新引擎"。格力电器强大的自主研发能力，带来了先进的生产理念和制造技术，以"实体工厂+数字云平台"的模式，打造家电行业工业4.0样板工厂，为赣州市制造业的智能化升级提供了示范和标杆。

四、推进园区绿色循环发展

赣州以绿色产业为导向，以建设"资源节约型、环境友好型和低碳经济型的生态工业示范园区"为目标，全力推进绿色低碳发展，形成低投入、低消耗、低排放和高效率的经济发展模式。全市已建立起以园区为空间载体的工业发展体系，现有省级及以上开发区19家，占全省98家园区的近1/5。其中，国家级经济技术开发区3家，国家级高新技术产业开发区1家。在全省开发区2021年度争先创优综合考评中，赣州市15家开发区实现了进位赶超。其中，赣州经济技术开发区列第二位、章贡高新技术产业园区列第七位、龙南经济技术开发区列第十一位、瑞金经济技术开发区列第十六位、赣州高新技术产业开发区列第十八位。由于山多平地少，随着经济社会发展，赣州工业用地越来越紧张。为破解难题，赣州鼓励创新推进"腾笼换鸟"专项行动，努力探索促进工业园区土地节约集约化利用新路子。

龙南市"腾笼换鸟"引"众鸟高飞"

2021年底，龙南市强力推进"腾笼换鸟"专项行动，截至2022年12月，集中腾退企业54家，盘活工业用地3 000余亩、厂房80万平方米。截至2022年12月，腾退出的土地和厂房已引进40多家企业落户，腾换土地亩均产值、亩均税收由腾换前的37.96万元、0.93万元增长至1 280.17万元、34.41万元。

1. 全覆盖"拉网"，六类企业建档销号。一是组建工作专班。成立"腾笼

换鸟"专项行动指挥部，龙南市主要领导担任总指挥长，下设办公室、调查认定组、测绘评估组、法律服务组、疑难杂症研判组、法纪监督组等8个职能组。组建13个集中腾换工作组，县处级领导担任组长，抽调多部门骨干集中攻坚、挂图作战。指挥部通过每日通报、每周调度、每月约谈等方式，推动腾换工作快速有序推进。二是科学摸排评估。组织专人专班对园区企业及用地情况调查摸底、研判分析，按照亩均产值、亩均税收、人均产值、人均税收等10余项指标，确定闲置土地、低效用地、改变土地用途、低效产出、未履约、未许可等6类企业为腾换对象，共梳理出90家需腾换企业，建立腾笼项目库和企业台账，做到了底数清、任务明。三是因企因事施策。实行销号机制，对需腾换企业采取"一企一策"方式，主动上门对接推进。组织开展宣传动员，让每家企业知晓腾换政策；组织摸排企业负责人社会关系，多维度论证、全方位推进；组织专业团队对照每家企业招商引资合同、土地出让合同等梳理政策补贴享受情况；组织专业测绘评估人员对厂房、办公楼等资产进行测绘、评估。针对闲置用地原因复杂、沉淀问题较多的企业，由疑难杂症研判组组织法律专家，集中研判解决一些无政策规定、无先例的难点问题。各腾换工作组在充分沟通基础上，明确腾换路径、时间节点，引导企业按程序签订腾退协议。

2. 多路径"腾笼"，五种模式盘活资源。一是市场腾换。坚持市场化主导，将需要腾换的园区土地推向市场，由符合产业规划且有意愿入驻的企业进行收购兼并。新入驻企业经研判同意准入后，与需腾换企业进行衔接，双方自行协商交易价格。由政府出台相关产权交易、土地价格、税收优惠等奖励政策支持市场化腾换，并依法快速协助双方完成转让、过户等手续。截至2022年12月，通过市场化腾换的企业达41家，占完成腾换企业数量的59%。二是司法拍卖。政府与法院建立"腾笼换鸟"企业处置联动机制，重点协调解决税收优惠、债务处理、产权纠纷等重点难点问题。对一些存在债务、产权纠纷、未履约合同问题又不支持腾换的企业，通过司法途径解决。对被司法拍卖的企业地块，科学设置竞买人资质门槛，项目准入实施双重审核，引进符合要求的招商项目参与竞拍。三是异地搬挪。对不符合园区产业发展规划但运行良好的企业，采取土地等面积异地置换方式进行腾换，由政府先行征收企业土地、厂房，再帮助企业选址搬迁。四是政府回收。发挥政府推动引导作用，采取政府回购方式高效率"腾笼"。对已停产、半停产且未有新项目入驻的"僵尸企业",先按程序依法依规依合同收回土地、厂房等资产,后续招引项目进行"换鸟"。将能耗高、污染大、环境差、产出低的租赁厂房企业移出龙南经济技术开发区,由政府给予搬迁补偿进行清退。五是效益提升。实施低效企业提升专项行动,通过反向倒逼,促进低效企业提升效益。对亩均税收万元以下企业逐户实施促履约工作,督促低效企业签订承诺书,确保达到合同约定的亩均产值和亩均税收。未达到合同或承诺书约定的将被列入需腾换企业。目前,促履约的43家低效企业已全部签订承诺书。

3.高质量"换鸟",四项举措升级产业。一是瞄准目标招大引强。按照"高大上""链群配"要求,围绕电子信息和新材料双首位产业,紧盯三类重点项目(科技含量高、规模大、上档次项目,"单打冠军"、细分市场龙头项目,符合产业链条、产业集群、产业配套项目),大力实施产业链招商、资本招商、以商招商,推动产业发展纵向成链、横向成群。目前,龙南市"腾笼"后引进的企业全部符合"高大上""链群配"的招引标准。二是设立门槛择商选资。专门研究出台"换鸟"项目入园标准,建立项目会商研判机制,提高闲置和低效土地约束门槛,从过去的"小散乱污"转向"专精特新",真正把有限资源配置给大项目、好项目。尤其对拟入驻省级化工园区(化工集中区)的项目,在确保环保、安全生产两条底线的基础上,必须满足"高税收、投资大、头部项目、产业关联度高"四大条件才予准入。同时,对"换鸟"项目资金实力、产业技术含量和发展前景、土地节约集约利用水平进行联合会审,坚决避免土地二次闲置低效。三是架起桥梁精准承接。建立信息共享机制,公开腾换清单,主动将腾换企业土地和厂房信息提供给意向企业,实现信息精准共享。按照腾换企业的产业类型、项目特点、供地面积、厂房状况等进行分类,积极引进有意向入驻的优质企业,协助企业根据自身发展需要匹配合适的腾换土地,实现资源精准配置。在"腾笼换鸟"过程中,主动提供优质服务,为腾换双方消除对接障碍,让企业办理腾换业务时"容易办、方便办,最高效、最放心",全力打造"龙易办"营商品牌,实现服务精准推送。四是引资入股抱团发展。树立"以亩产论英雄"的导向,倒逼亩均税收万元以下企业转型升级,抢抓市场机遇,变被动腾换为主动引进战略合作伙伴,或通过股权转让等方式提升地块产出效益。对符合产业规划且有合作意愿的腾换项目,政府协助双方完成股权合作,注入新动能,引导企业抱团转产。

（一）绿色园区建设

2016 年，为贯彻落实《绿色制造工程实施指南（2016—2020 年）》，加快推进绿色制造，工业和信息化部着手开展绿色制造体系建设，并发布了《工业和信息化部办公厅关于开展绿色制造体系建设的通知》，提出建设绿色工厂、绿色产品、绿色园区、绿色供应链。

绿色园区的总体建设思路：从国家级和省级产业园区中选择一批工业基础好、基础设施完善、绿色水平高的园区，加强土地节约集约化利用水平，推动基础设施的共建共享，在园区层级加强余热余压废热资源的回收利用和水资源循环利用，建设园区智能微电网，促进园区内企业废物资源交换利用，补全完善园区内产业的绿色链条，推进园区信息、技术服务平台建设，推动园区内企业开发绿色产品、主导产业创建绿色工厂、龙头企业建设绿色供应链，实现园区整体的绿色发展。截至 2021 年年底，工业和信息化部已批准国家级绿色园区 6 批共计 169 家。赣州经济技术开发区、龙南经济技术开发区、瑞金经济技术开发区、章贡高新技术产业园区获批国家级绿色园区，安远工业园、上犹工业园等 7 家获批省级绿色园区。

赣州经济技术开发区建设国家级绿色园区

赣州经济技术开发区成立于 1990 年，2010 年被批准为国家级经济技术开发区，2019 年获批国家级绿色园区，24 个评价指标中有 22 个指标得分等于或优于绿色园区评价要求引领值。

1. 推动能源绿色低碳转型，持续推进能效提升。积极利用本地水电资源，持续推进天然气燃煤替代，大力推进集聚区分布式光伏发电项目和低碳交通转型，推动园区能源绿色低碳发展。从控制燃煤总量入手，加快推进清洁能源替代工程，全面禁止使用高污染燃料。结合行业综合整治行动，淘汰园区燃煤小锅炉，实施"煤改气""煤改电"工程，全面实施节能改造。赣州经济技术开发区以提高能源利用效率为核心，抓好工业企业节能降耗，抓好重点工业领域、重点用能企业、重点节能项目等三大节能重点，组织开展企业节能低碳行动。提高电机系统效率，推广变频调速、永磁调速等先进电机调速技术；优化电机系统的运行和控制，推广节能变压器，发展智能电网；推行节能技术改造，实施合同能源管理等节能新机制，推进新技术、新工艺和新产品的应用。重点推进新能源汽车、电子信息、有色金属、建材、食品加工等行业节能减排和技术进步。加强能源计量统计和节能管理。着力推动园区公共机构能源资源计量工作，建立园区公共机构能源资源消费数据统计制度，完善能耗统计台账，加大各级公共机构报送数据审核检查力度。利用惩罚性电价、差别化电价、能耗能量替代等经济政策手段，引导企业自主开展节能降耗、清洁生产、合同能源管理等工作，加大企业参与节能降耗力度。

2.强化资源高效利用，提升资源产出率。强化土地集约节约利用。赣州经济技术开发区在全省率先实施"先租后让"方式供地，减轻了企业投资资金压力，实现了土地快速产生效益。强化水资源节约利用。按照减量化、再利用、资源化的要求，建立赣州经济技术开发区水资源循环利用体系，提高水资源利用效率，减少废污水排放。全面开展节水型园区的创建工作，实施节水技术改造。如赣州稀土集团有限公司等多家稀土萃取分离企业采取碱皂化而未用氨皂化，克服了大量排放含氨废水的缺点，提升了后续废水处理回用效益。强化稀土等矿产资源高值化利用。深入开展园区内稀土冶炼分离生产企业专项整治，大力地推进稀土产业深度转型，通过产学研结合推动稀土深加工，充分挖掘稀土资源高附加值。已形成地质勘探、矿山采选、冶炼分离、深加工及应用、产品检测、研发设计为一体的完整稀土产业体系，带动着更多优质稀土企业朝规模化、集群化、专业化、高端化方向发展。

3.推进基础设施绿色化，提升绿色承载力。加强园区绿色基础设施建设。赣州经济技术开发区坚持高起点规划、高标准建设、高速度推进、高质量发展的要求，加快推进基础设施绿色化发展，连续开展"基础设施完善年""投资环境优化年"等活动，通过不断完善基础设施，持续提升全区基础设施承载能力。大力推广绿色建筑。紧紧围绕全市建筑节能规划和绿色建筑工作计划，制定并下发了《关于加快推进全区绿色建筑发展的实施意见》等多项文件，将工作逐层分解、细化任务、压实责任，通过层层传导，将各项任务逐步落到实处。

4.积极培育壮大新动能，推动产业绿色化转型。统筹空间布局，高起点建设新兴产业承接平台。紧紧围绕新能源汽车和电子信息产业，规划了35.2平方

公里的赣州新能源汽车科技城和32.5平方公里的电子信息产业园,下大力气筑牢产业承接平台。大力发展高新技术产业和现代装备制造业,集中力量发展新能源汽车、电子信息、稀土钨新材料等战略性新兴产业,淘汰建材行业中的落后产能,关停生铁粗钢生产企业。优先发展新能源汽车及其配套、电子信息等主导产业,重点发展有色金属、食品加工、轻纺等产业,构建以低碳排放为特征的新兴产业体系。对江西稀有金属钨业控股集团有限公司、孚能科技(赣州)股份有限公司、江西金力永磁科技股份有限公司、赣州富尔特电子股份有限公司、江西荧光磁业股份有限公司、赣州澳克泰工具技术有限公司、金信诺光纤光缆(赣州)有限公司等重点企业实施技术改造,每年减少碳排放50万吨。全面推进绿色制造体系建设。制定实施《赣州经济技术开发区工业绿色发展"十三五"规划》,以江西金力永磁科技股份有限公司、江西荧光磁业股份有限公司、赣州富尔特电子股份有限公司等企业为重点,大力发展高效永磁电机等节能环保、绿色低碳产业,推广节能降耗、清洁生产、资源综合利用技术,积极开发高附加值、低消耗、低排放工业产品。积极培育绿色制造新兴企业,加快创建一批绿色设计产品、绿色工厂,制定一项绿色体系标准,逐步构建绿色制造体系,实现园区整体绿色发展。认真组织实施好赣州富尔特电子股份有限公司等绿色制造系统集成项目。

5. 加强园区生态环境建设,持续改善环境质量。夯实举措,坚决打赢蓝天保卫战。大力推进实施《赣州经济技术开发区空气质量提升整改攻坚行动方案》,开展工业企业废气综合治理,深入推进VOCs排查治理,巩固干洗行业、加油站VOCs治理成果的同时,全面开展辖区汽修店和医药、包装等五大行业VOCs摸底排查工作。全面查摆,着力打好碧水保卫战。有序推进全区水污染防治各项重点任务和重点项目。开展加油站地下油罐改造、饮用水水源地环境保护、城市黑臭水体排查等专项行动。规范管理,扎实推进净土保卫战。开展了土壤重金属污染排查,进行涉重金属污染物排放企业大排查,规范危险废物管理,开展固体废物培训。

6. 强化创新引领,提升运行管理绿色化水平。超前规划,引领园区绿色发展。早在2010年,赣州经济技术开发区就开始组织编制了《赣州经济技术开发区国家生态工业示范园区建设规划》,统筹部署园区节能减排、绿色发展各项工作。创建国家级绿色园区期间，园区致力于进一步规范内部运行，优化政务服务环境，引领园区绿色可持续发展。赣州经济技术开发区先后高质量地完成了总体发展规划、园区绿色发展规划、新能源汽车产业集群发展推进工作方案、电子信息产业集群发展推进工作方案、"主攻工业、三年再翻番"实施方案等顶层设计工作，明确园区发展方向，为绿色园区创建工作奠定了良好的基础。

（二）园区循环化改造

2012年，国家发展改革委、财政部出台《关于推进园区循环化改造的意见》，提出要将园区循环化改造列为国家"十二五"规划纲要循环经济重点工程，同时指出，推进园区循环化改造，就是推进现有的各类园区（包括经济技术开发区、高新技术产业开发区、保税区、出口加工区以及各类专业园区等）按照循环经济减量化、再利用、资源化原则，优化空间布局，调整产业结构，突破循环经济关键链接技术，合理延伸产业链并循环链接，搭建基础设施和公共服务平台，创新组织形式和管理机制，实现园区资源高效、循环利用和废物零排放，不断增强园区可持续发展能力。自2012年起实施园区循环化改造以来，全国先后有223家工业园区列入了国家级循环经济试点单位。

赣州高度重视园区循环化改造工作，赣州经济技术开发区、崇义产业园、信丰高新技术产业园区、寻乌产业园、南康经济开发区、会昌工业园区、于都工业园区、大余工业园区等17家园区获批省级循环化改造园区，实现了省级以上园区绿色化、循环化改造全覆盖。

南康经济开发区推进省级园区循环化改造试点建设

2019年南康经济开发区列入省级园区循环化改造试点，围绕家具制造产业、矿产品加工、战略性新兴产业，推广先进工艺技术，综合开发利用资源，园区循环化改造进展良好，为南康区高质量发展奠定了坚实基础。

一、引导关联产业向互通共享延伸

赣州市开源科技有限公司主营业务突破百亿元大关，成为赣州市首家营收超百亿元的民营企业。赣州国鼎建材有限公司、赣州隆祥汇建设工程有限公司入驻龙华工业园，回收园区大宗固废及废气余热，扩大绿色建材产业规模。瀚蓝（赣州）城市环境服务有限公司建成全市第二家小微产废单位危险废物集中收集转运暂存库，破解家具制造中废弃油漆桶等物资处置难、监管难问题。

二、突出关键环节，实现废弃物资源综合利用

1. 变生产环节废弃材料为宝。以家具制造的剩余物木屑、刨花、木粉等为原材料，生产刨花板、中纤板和生物质颗粒燃料，实现源头减量化和资源化。2019年赣州爱格森人造板有限公司、赣州市大旺人造板有限公司、赣州市南康区华洲木业有限公司等企业主营业务收入过亿元，形成了在全国实木家具基地上再造板式家具龙头企业的地位格局。

2. 变消费环节废弃物品为宝。赣州汇明木业有限公司利用废旧成品家具、废旧模板、废旧包装箱等含有木质纤维废弃材料为原料生产人造板，破解废旧家具处理难问题。

3. 变营林防治环节疫木为宝。鼓励企业开发新工艺，积极投身松材线虫病整治，以松材线虫病疫区原材生产合格环保板材，实现社会公益和经济效益双赢。

三、聚焦"三废"治理，打造绿色循环化园区

1. 引进科学技术，严控空气污染。开展家具喷漆专项整治，实现园区废气环保设备应装尽装。会同北京首都创业集团股份有限公司、福建龙净环保股份有限公司探索家具企业VOCs处理工艺和模式，初步确立家具企业废气集中收储处理方案。以博士家居、科维共享喷涂中心为示范带动，采用水性漆、粉末喷涂等先进工艺，相对于传统涂装，不仅提升涂料的材料利用率，从源头解决VOCs的污染，也逐步解决家具分散喷涂造成的不规范处理问题，已与宜家、欧派、松堡王国等国内外知名家具企业建立投产合作。

2. 加强水质保护，严控水污染。实施水资源循环利用工程，在龙华等9个工业园和家具集聚区，建设家具集聚区污水处理厂PPP（政府和社会资本合作）项目，投资1.83亿元，总处理规模18 000吨/日，进一步完善工业园区污水集中收集、集中处理与回收利用体系；有序推动13个圩镇污水处理项目、城镇污

水处理厂二期和提标改造建设项目，有效提升城区及乡镇污水收集处理能力。

3. 加强固废处置，严控固废污染。针对家具制造产生的大量废油漆渣、废油漆桶收集处置难的问题现状，引入赣州创泰环保科技有限公司、瀚蓝环境股份有限公司建设家具生产类危险废物收贮中心及废油漆桶综合利用项目，已建成 1 770 个家具危险废物暂存点，签订 1 337 份危险废物转运协议，遏制了家具行业固废无序管理的形势。实现园区固废处置的减量化、无害化。

4. 发力智慧监测，建立生态质量大数据网络。与航天云网合作建设智慧园区管理平台，启动园区一体化环境监测平台建设，开展污染源在线全过程监控，已进入运行阶段，以环保手段倒逼工业企业达标排放和循环利用。

四、大力发展"新基建"，推进传统制造数字化升级

1. 瞄准 5G 时代，举南康区之力打造家具产业智联网。应用人工智能、VR/AR（虚拟现实/增强现实）、智能云 MES 和区块链技术，建设共享智能备料中心，项目将建成亚洲单体最大的橡胶木备料工厂。据初步测算，共享智能备料中心的推广将使南康家具产业链的生产效率提高 50%，助推南康家具的产业价值再提高 30%。

2. 对接融合开放，与知名企业开展更高层次战略合作。2020 年以来，先后与月星集团有限公司、美克美家签订合作框架协议，建设家具智能制造生产基地；省委副书记为南康家具站台，力促格力电器落地江西（南康）粤港澳高新产业区，带动家具和家居产业融合发展。

五、培育绿色低碳循环经济

1. 深耕工业园区主战场。推动龙华工业园向大宗固体废弃物综合利用基地发展，发挥区域性降碳支撑效应。启动赣粤产业合作区热电联产项目前期工作，满足园区进驻企业用热需求。对照省定目标任务，部署赣州经济技术开发区屋顶光伏建设三年行动。

2. 释放制造企业新活力。加大支持重点企业节能技改力度，争取把格力电器列入国家重大项目能耗单列。推动赣州市南康区嘉业建材有限公司、赣州市南康区新宝新型建材有限公司等企业开展清洁生产审核；鼓励赣州爱康光电科技有限公司、江西汇有美智能涂装科技有限公司等一批企业申报省级绿色工厂；引导江西基拓电气股份有限公司、江西正皓瑞森精密智能制造有限公司、赣州

市南康区城发家具产业智能制造有限责任公司等绿色企业股改,扩大直接融资规模。

3.决战交通运输第一线。积极实施"安全低碳高效运输"交通强国建设试点项目,创新公铁多式联运新模式。推动中欧班列市场化运营,加快申报中欧班列集结中心,发展"跨境电商＋中欧班列＋海外仓"新模式,协调赣州国际陆港加快发行绿色项目收益债。

第三节 ○ 做强做优服务低碳化

推动服务业高质量发展,有利于降低资源和能源消耗强度,促进经济绿色低碳循环与高质量发展。随着服务业在赣州市产业结构占比持续提升,做强做优生态服务业对于赣州市产业生态化具有重要意义。

党的十八大以来,赣州服务业发展取得了长足进步,产业结构占比持续提升,成为全市主要税收来源。促进经济结构战略性调整和经济发展方式转变,构建服务业与制造业、产业与城市协调发展的现代产业体系,成为以消费拉动、金融支撑、文旅牵引、科技驱动为特征的产业发展新格局。章贡区杉杉奥特莱斯国际产品交易中心等一批服务业项目建成投运,江南宋城等项目工程加速推进,赣州市获批全国普惠金融改革试验区、跨境电商综合试验区、居家和社区养老服务改革等试点。工业设计、大数据、互联网金融、区块链等服务业新产业、新技术、新业态培育成效明显。

一、发展"生态＋文旅"产业

赣州依托良好的生态环境和浓厚的文化底蕴,坚持保护与开发有机结合的原则,大力发展以文化旅游为代表的生态经济,加快大余丫山、安远三百山、上犹阳明湖、崇义上堡梯田等生态旅游资源开发利用，建成一批森林康养林、森林康养基地，推动旅游开发与生态保护共赢发展，实现绿色与红色交相辉映、绿色与古色相得益彰。

实施项目带动战略。出台《赣州市旅游产业高质量发展三年行动计划（2021—2023年）》《赣州市全域旅游发展总体规划（2021—2035年）》《赣州市"十四五"文化和旅游发展规划》等文旅规划体系，确定了"一核三区"全域旅游发展格局。大力整合全市丰富的自然生态资源、红色文化资源等，以旅游产品为依托，推进龙南市虔心小镇、石城县森林温泉小镇等一批重大文旅项目建设，提升改造三百山、丫山、阳明山、通天寨、翠微峰、南武当山、阳明湖、罗汉岩、汉仙岩、青龙岩等项目，形成了一批生态休闲"氧吧"景区。

推进生态景区建设。在全市推广A级景区、生态旅游示范区、A级乡村旅游点等标准，引导和鼓励各地充分挖掘生态旅游资源，积极创建品牌，规范服务，提升景区品质。截至2022年12月，我市成功创建国家A级景区57家，其中5A级景区2家，安远三百山于2022年7月获评国家5A级旅游景区，4A级景区33家，4A级景区实现县县全覆盖；省A级乡村旅游点82家，其中5A级4家，4A级29家；省级生态旅游示范区9家（石城赣江源自然保护区、龙南虔心小镇、瑞金罗汉岩、崇义阳明山、安远三百山、大余丫山、龙南南武当山、崇义君子谷、全南天龙山景区），国家级旅游度假区1家（大余丫山旅游度假区），省级旅游度假区5家（安远东江源旅游度假区、石城通天寨旅游度假区、龙南虔心生态康养旅游度假区、会昌汉仙温泉旅游度假区、阳明湖旅游度假区），国家级全域旅游示范区1个（石城县），省级全域旅游示范区8个，省级"风景独好"旅游名县1个，省级旅游风情小镇7个，省级低碳旅游示范景区5个。

完善旅游要素配套。赣州围绕吃、住、行、游、购、娱等旅游要素，不断优化提升旅游配套环境。目前赣州市已有星级旅游饭店86家，其中5星级3家，四星级36家；各个县（市、区）均创排了特色演艺节目；开设了"赣州礼物""天工开物"等文创体验店；发行赣州旅游年卡10万余张。旅游安全保障升级，在全国设区市中率先实现"旅游空中免费救援"，建设赣州市旅游产业运行监测和应急指挥平台，完成全市4A级以上旅游景区闸机客流、视频监控系统的建设、数据汇集。

推进生态文明进景区。运用科技手段，提升生态文明建设科技水平。从2017年开始，深入推进智慧旅游建设，发行赣州旅游年卡，逐步实现电子门票，减少纸质门票。在全市各大星级酒店、商务型酒店、A级旅游景区、乡村旅游点、机场等涉外服务窗口统一放置赣州智慧旅游触摸双屏一体机，为游客提供景区购票、土特产在线购买、

景区一键导览、旅行社产品在线报名等服务，切实减少纸质材料的使用。赣州扎实推进"厕所革命"，2015年以来累计建设A级以上标准旅游厕所776座，基本覆盖全市主要旅游景点和乡村旅游点。另外，赣州利用重要节日加强景区生态文明宣传，通过"3·15"消费者权益日、"5·19"中国旅游日等契机，组织开展景区生态文明宣传活动、志愿服务活动。赣州还结合创建国家文明城市、国家卫生城市工作，组织了景区开展文明旅游宣传活动，发放文明旅游、生态环保等相关宣传资料。

加强生态旅游宣传。针对国内外市场，赣州在德国汉堡市举办了"世界橙乡·生态家园"城市旅游推介会，设立"赣州市旅游推广驿站"，促进赣州与汉堡乃至中德两国在旅游产业方面的合作；赣州还开展了"包机、专列、直通车游赣州"、"赣南脐橙采摘旅游季"、赣州旅游风光全球航拍摄影大赛等宣传推广活动，在深圳、广州、香港、台湾、厦门、南昌等地实施"引客入赣"工程。同时，赣州市配套启动了旅游精品线路策划项目，打造了"初心路""客家情""阳明游"三条精品旅游线路。赣州发挥自媒体优势，江西赣州文旅微博粉丝突破55万人、江西赣州文旅抖音号粉丝突破18万人，赣州文化旅游网络传播力、影响力全面提升。

会（昌）寻（乌）安（远）生态经济区建设

会昌县、寻乌县、安远县，是国家扶贫开发重点县、东江源头县、省生态文明示范县，森林覆盖率高、生态环境优越、生态地位特殊。会寻安区域环境优越，发展生态旅游具有得天独厚的优势。大力推进发展"生态＋旅游"，对建设会寻安生态经济区具有重要意义。

充分整合三县丰富的红色、古色、绿色旅游资源，围绕"红色养心、绿色养生、特色养魂"的3大优势资源布局全域旅游，全面推动旅游景区"整、转、创"工程，加强吃、住、行、游、购、娱等基础设施和配套设施建设，打造高品质旅游线路和高等级旅游品牌，形成统一旅游主题，实现区域内旅游全域布局、全景打造、全业融合、全民参与的全域旅游发展新格局。推进"旅游＋农业"，建设一批休闲农业示范基地，打造集循环农业、创意农业、农事体验为一体的田园综合体。推进"旅游＋文化"，加快红色旅游与观光旅游、休闲度假旅游、绿色生态旅游、景区特色演艺等旅游形式融合，推动红色旅游由旧址参观的单一模式向融体验休闲、教育培训为一体的复合模式转变。

　　会昌县以汉仙岩、汉仙温泉为核心的南部康养旅游区，以独好园、西北街为核心的中部红色旅游区，以和君小镇、小密花乡为核心的北部教育研学旅游区已经形成，构建了以八仙文化、戏剧文化、红色文化、儒家文化等为内涵且极具特点的旅游产品体系。全县拥有国家森林公园、国

会昌县汉仙岩旅游景区

家风景名胜区、国家水利风景区、国家湿地公园、全国爱国主义教育基地、全国少数民族特色村寨、国家级文物保护单位各 1 个，省级旅游风情小镇、省级生态旅游示范乡镇、省级旅游度假区各 1 个，国家级 4A 级旅游景区 2 个、国家级 3A 级旅游景区 2 个、江西省 3A 级以上乡村旅游点 3 个。2021 年，全县共接待游客达 944.78 万人次，同比增长 43.96%，实现旅游综合收入 78.35 亿元，同比增长 57.77%。旅游业已成为推动县域经济高质量发展的重要引擎。

寻乌县青龙岩灵石温泉

　　寻乌上甲生态旅游景区是全国山水林田湖草生态保护修复的试验田和样板区，通过"三同治"的治理模式，让曾经的废弃矿山变成了风貌独特的生态旅游胜地，实现"废弃矿山"重现"绿水青山"，变成"金山银山"；寻乌县青龙岩景区，石岩绮丽，石窟玲珑，风景奇特，特别是灵石温泉最是让游客流连忘返；项山甑是赣南第二高峰，登高望远，云海绵延，席地俯瞰，如诗美景尽收眼底；寻乌还有云雾缥缈的云盖崬，禅钟长鸣的仙人桥，养生健身的河角温泉，惊险刺激的石崆寨漂流。近年来，寻乌先后创建各类旅游品牌 14 个，特别是 2020 年青龙岩旅游度假区评为国家 4A 级景区、花开了生态景区评为省 4A 级乡村旅游点，实现了高等级景区零的突破。

安远县三百山景区

安远县牵头成立赣州会寻安生态经济区旅游联盟，三百山于2022年7月成功创建国家5A级旅游景区。2021年全县旅游接待人数521.6万人次，旅游总收入41.7亿元，分别增长6.2%、11.8%。安远县连续获评"全国生态文明先进县""全省首批生态文明先行示范县""省级森林城市""全省首批有机产品认证示范创建区""省级卫生县城""省级文明县城""中国天然氧吧""中国最美生态文化旅游名县"等称号。三百山景区先后获评国家5A级旅游景区、"国家森林公园"、"省级生态旅游示范区"、"首批全国保护母亲河行动"生态教育示范基地、"省级生态文明示范基地"、"首批省级森林康养基地"、"江西避暑旅游目的地"、"全省优秀旅游景区"等荣誉称号。全县累计创建国家级生态乡镇2个、国家级生态村1个、省级生态乡镇11个、省级生态村8个、市级生态村26个。

二、发展"生态+体育"产业

近年来，依托良好生态优势，赣州大力实施全民健身行动，扎实推进健身场地设施建设，广泛开展体育赛事活动，持续提升全民健身公共服务水平，全市体育影响力排行稳居全省前列，"我运动，我快乐"的活力场景随处可见。高标准创建好全国足球改革试验区和全国全民运动健身模范市，"生态+体育"产业开创了新局面。

体育设施日益完善。大力推动公共体育基础设施建设，乡村、社区、公园等城乡公共体育设施得到持续改善，县级均实现"两馆一场"。在全省率先编制完成《赣州市体育发展"十四五"规划》和《赣州市体育产业发展"十四五"规划》，科学合理规划建设贴近社区（村庄）、方便可达的全民健身中心、多功能运动场、体育公园、健身步道、健身广场、小型足球场，以及冰雪、水上、山地、航空等户外运动健身设施，充分利用城市"金边银角"、公园、绿地的空闲地、边角地建设标准或非标准的公共体育设施，打通公共体育服务的"最后一公里"。"十三五"时期，全市争取并获得上级扶持公共体育基础设施建设项目1 300多个，资金逾5亿元，拉动地方投入近30亿元，投入建设资金超过前30年的总和。全市建成或正在建设的大中型体育场馆共120个，均具备承接省级以上单项体育赛事的条件，建有篮球场5 783块、社会足球场211块、羽毛球场（馆）3 101块、社区（行政村）体育设施3 590个（实现社区体育设施全覆盖）、村级农民体育健身工程2 994个，投资36亿元的赣州市全民健身中心体育场主体建筑已完成，实现城市社区"十五分钟健身圈"和行政村健身设施全覆盖。全市人均体育场地面积较"十二五"时期翻了一番。

服务体系逐步健全。赣州深入实施体育社会组织活力提升工程，提升体育社会组织运行效率。全市现有各级体育社会组织达478个，涵盖了足球、广场舞、健身气功、马术等各项传统及现代体育项目，全市体育社会组织实现党组织全覆盖。同时，不断加强社会体育指导员队伍建设，打造一支多元化、年轻化、专业化的社会体育指导员队伍，形成了"周周有活动，月月有赛事，节庆有亮点"的新格局。数据显示，赣州有影响、有规模的全民健身赛事活动逐年增多，年均举办（承办）高水平体育赛事活动500余场，服务健身人群超千万人次。全市经常参加体育锻炼人数比例达39%，国民体质测定标准的合格率达93%，各项指标均位居全省前列。2022年5月，崇义县获评全国全民运动健身模范县。

竞技体育提速发展。足球正成为赣州一张熠熠闪光的体育名片。2022年6月，赣州出台《赣州创建全国足球改革试验区实施方案》，争做江西乃至全国足球改革发展的排头兵。截至2022年12月，赣州加快建设"一中心、八基地"（以定南国家青少年足球训练中心为龙头，布局于都、瑞金、信丰、兴国、章贡、安远、寻乌、崇义等8个青少年足球训练基地），构建起"政府引导、学校主体、社会参与"的校园足球发展格局。全市共新增社会足球场地24块，校园足球场地62块。新增足球教练员554人，裁判员312人，轮训足球老师583人，足球专（兼）职老师220人。通过学校4点半延时服务，实现足球项目进校园全覆盖。

定南县深化足球融合发展

定南县抓住全国足球改革试验的契机，坚持足球搭台、文旅唱戏，积极探索和实践"足球＋文旅""足球＋乡村振兴"等跨界融合发展文章，培育打造足

球全产业链发展格局，推动县域经济高质量发展。

为推进足球教育，定南县首先全力保证小学阶段每周开设不少于 2 个课时，初中、高中阶段每周不少于 1 个课时的足球体育课要求，利用暑期校园托管服务，开办足球兴趣班，进一步普及巩固青少年学生足球运动。其次，抓好抓实青训，依靠专业教练团队，培训本土教练员 20 人，招聘足球（体育）专业教师 17 人，继续招募选拔足球后备人才，扩大选材面，提升各年龄段竞技水平。积极筹划承办市级以上赛事，承办"体院杯""体校杯""北体青训杯"等国家级青少年赛事，备战省运会、"足校联盟杯"青少年足球联赛和 2022 年青少年足球精英邀请赛等赛事。再次，与广东华京体育文化产业发展有限公司达成国家青少年足球训练中心投资、运营合作协议，重点打造足球集训赛事、足球运动康复、足球文创科创、足球文化旅游、足球综艺娱乐五大产业体系，引进足球产业龙头企业江西伟成鑫新材料有限公司，发展足球材料制造，带动足球制造产业发展。最后，依托国家青少年足球训练中心，创建定南足球场馆预约平台，平台功能包括场馆介绍、场馆预约、在线支付、参赛报名、预约赛事、个人中心等方面。大力发展赛事经济，助推大健康产业、旅游康养产业成为县域经济新的增长点。

定南县国家足球训练中心

攀岩运动蔚然成风，是赣州大力推动"生态＋体教融合"和"一县一品"的生动缩影。赣州积极推动竞技体育进校园，持续推进"一校多品"建设，做强做优攀岩、足球、游泳、射击、冰雪等项目，全市青少年竞技体育实力持续提升。成功打造了于都、定南等体教融合发展示范县，创建国家级青少年体育俱乐部 14 个、省级青少年体育俱乐部 7 个、省级单项训练基地 6 个。

全南县发展"生态＋攀岩"运动产业

全南县地处江西省最南端，素有"江西南大门"之称。全南是国家重点生态功能区，森林覆盖率达 83.39%，全年空气质量优良率达 99% 以上，境内水质常年保持在Ⅲ类以上。依托良好生态环境，利用全南籍世界速度攀岩冠军钟齐鑫资源优势，全南大力发展"生态＋攀岩"运动产业。中国（全南）攀岩小镇是国家 4A 级旅游景区，是全南县全面对接融入粤港澳大湾区、落实全市"一核三区"旅游发展布局，打造的全省首家集专业攀岩培训、攀岩比赛、攀岩旅游于一体的全业态攀岩赛事基地、群众性的攀岩运动普及基地、面向大湾区的攀岩旅游重要打卡地。

全南县攀岩小镇

1. 依托"小生态",建设攀岩小镇景区。攀岩小镇位于全南江禾田园综合体。全南江禾田园综合体是一个集现代农业、观光旅游、新农村建设于一体的三产融合、城乡统筹的田园综合体。在全南江禾田园综合体的基础上,借助攀岩世界冠军家乡这一金字招牌,全南累计投入16亿元,高品质打造了中国(全南)攀岩小镇,2021年接待游客20万人次。攀岩小镇景区获得"赣州市高层次人才疗养基地""抖音网红特色民宿"荣誉称号。

2. 构造"大生态",融合攀岩旅游多业态。以攀岩为主题,开展攀岩教育、攀岩培训、攀岩集训、攀岩赛事、攀岩体验、攀岩旅游等系列活动。建有四大板块11个子项目,配套吃、住、行、游、购、娱等要素,涵盖水上运动、户外拓展等60多种业态,一站式提供攀岩运动、乡村旅游、农业休闲、教育研学、户外拓展、餐饮住宿等体验服务。同时,精心策划推出绿色康养、客瑶文化、生态休闲、运动健康4条主题精品旅游线路,获评全省全域旅游示范区。

3. 建立"生态圈",打造康养旅游目的地。康养旅游和体育相融相促、相伴相生,"康养旅游+体育"已然成为休闲新潮流、生活新方式。近年来,全南以承办国家、省、市大型体育赛事为契机,将旅游融入赛事,以赛事宣传旅游,大力做好"康养旅游+体育"融合文章,着力打造粤港澳大湾区旅游康养目的地,建有生态工程项目14个。

借力体育赛事的影响力,努力把攀岩体验、攀岩赛事、攀岩旅游打造成为全南的新名片、靓丽的新形象,全南旅游产业的发展优势和辐射带动效应进一步凸显,持续叫响了"绝美全南更胜画"旅游品牌。

"生态+体育"产业多点发力。赣州依托群众体育、竞技体育的良好发展态势,着力走好"生态+体育"产业融合发展之路,积极走"体育+文化""体育+旅游""体育+红色""体育+休闲""体育+康养"等融合之路,将自行车赛道、健身步道、健身路径、各类球场等体育元素有机融合,构建集旅游、休闲、观光、健身于一体的新型体育产业,运动休闲、体育培训、体育旅游等业态稳步发展,逐渐成为新的经济增长点。大余丫山旅游度假区获评中国体育旅游精品景区,丫山运动休闲特色小镇获评国家运动休闲特色小镇,大余县黄龙镇大龙村被国家发展改革委列为乡村旅游发展典型案例;瑞金市红区运动休闲旅游线路、崇义客家梯田露营线路获评全国精品体育旅游线路；上犹环鄱阳湖国际自行车大赛被评为全国精品赛事；赣县帆船小镇、宁都梅江运动小镇、定南足球小镇等被列入市政府扶持特色小镇创建名单。同时，章贡区游泳、山地自行车项目，南康区乒乓球项目，崇义县户外运动项目，石城县陆地冰球项目，上犹县自行车、龙舟项目等"一县一品"发展也初见成效。

赣县区帆船小镇

依托区域优势和山水自然资源，赣县区将旅游产业与水上运动有机融合，构建集旅游、休闲、观光、健身于一体的新型体育产业。

积极引进赣州虔尚汇帆船运动俱乐部，打造了一个集水上体育运动、旅游观光、休闲娱乐、拓展培训为一体的大型水上运动基地。该基地被称为是中国第二家内河帆船基地、江西首家帆船基地、赣州国防教育拓展训练基地、赣县区水上运动中心等。

通过与旅游产业结合，赣县区形成了以帆船运动为主，集户外拓展、观光旅游、餐饮住宿于一体的"体育旅游"休闲模式。湖江虔尚汇帆船小镇作为江西首家帆船运动基地，已成功申报市级帆船特色小镇。

中国·大湖江帆船特色小镇

三、发展"生态＋康养"产业

赣州大力推进生态康养产业的发展，建设特色生态康养宜居地，满足人民群众多样化的健康需求，全方位全周期保障人民健康，助推服务产业的发展，助力乡村振兴。

依托良好生态优势，赣州紧紧围绕打造"全国知名的养生养老示范基地"总目标和"善孝苏区·康养赣南"的康养品牌，先行先试，积极推进医养康养相结合的养老服务体系建设，2016年6月赣州市被列为第一批国家级医养结合试点单位，2016年8月开始推进康养产业建设，2017年11月赣州市被列为第二批全国居家和社区养老服务改革试点地区，2019年5月赣州市被列为第二批国家安宁疗护试点单位。

章贡区五龙客家风情园：客家文化传承地 精准医养旅居城

章贡五龙客家风情园（一）

五龙客家风情园位于赣州市章贡区沙河镇沙河大道18号，是淦龙集团有限公司的旅游业项目。五龙客家风情园占地2 000余亩，其中湖面300余亩，绿林1 000余亩，集世界客家围屋之大成，将世界上最具代表性的四栋围屋按1∶1

比例建设，景区植被覆盖率高、空气质量佳、地表水质优、负氧离子含量高、噪声低。五龙客家风情园已建设成一个以生态为主题、客家为品牌、龙文化为底蕴，集中医疗养、中医科普、养生养老、医养度假、休闲娱乐、运动健身、婚庆演艺、农业观光、户外素质拓展、研学基地等的多功能于一体的国家4A级旅游景区。截止到2022年，五龙客家风情园荣获"江西省著名商标"称号，同时还获得"江西省现代服务业龙头企业""江西省首批乡村休闲文化旅游示范点""江西省文化产业示范基地""全国休闲农业与乡村旅游五星级园区""全国休闲农业与乡村旅游示范点""全国青少年农业科普示范基地"等多项荣誉称号。

章贡五龙客家风情园（二）

谋划产业发展思路。印发《赣州市建设区域性医疗养老中心实施方案》，明确打造区域性医疗中心、区域性养生养老示范中心、区域性康养旅游中心，把赣州建设成为在赣粤闽湘四省边际城市有较大竞争力、吸引力、辐射力的区域性医疗养老中心。将健康养老产业建设纳入现代服务业攻坚战中，并成立了健康养老产业推进小组。2021年12月印发了《赣州市"十四五"卫生健康事业发展规划》，明确打造区域性康养中心和面向粤港澳大湾区健康养老"后花园"。

做好产业规划布局。在康养产业中实行"东南西北中"发展战略布局，着力将市中心城区打造成为健康养老产业的引领示范区；东部片区的瑞金市、石城县、会昌县、安远县重点发展富硒温泉养生、康体旅游等产业；南部片区的龙南市、全南县、定南县、寻乌县重点发展候鸟式养老、度假养老等产业，打造赣州健康养老产业对接粤港澳大湾区的"桥头堡"；西部片区的大余县、上犹县、崇义县、信丰县重点发展生态康养、疗养休闲等产业，打造赣州生态健康养老基础；北部片区的宁都县、兴国县、于都县重点发展养生养老、健康医疗、休闲度假等产业，打造赣州富硒田园休闲养老产业体验区。

推进产业融合发展。大力推进健康养老新业态，依托生态优势、温泉资源、美丽乡村和客家风情，赣州市大力发展医疗养老、农业康养、旅游康养、健身（体育）康养、森林康养、温泉康养、康养地产等健康养老核心产业，催生健康养老新产业、新业态、新模式，打响赣南康养品牌。2020年江西森林旅游节在赣州召开，全市现有森林康养（体验、养生）基地12处，其中省级森林康养（体验、养生）基地11处，国家级1处；成功争取国家康复辅助器具产业综合创新试点，打造了全国首个以"智能助残、智慧养老"为主题的智能设备制造全产业链项目，推动了康复辅助器具在养老领域的深度融合。

强推重大项目建设。赣州将各地健康养老产业重点项目纳入市六大攻坚战中现代服务业攻坚调度，每月调度一次，每季度召开一次现场调度会。年底召开流动现场会。章贡区高端养老、信丰县中西医康养、上犹南湖国际康养旅游度假区、安远三百山桃源居、寻乌县东江源温泉小镇、南康区康养中心、瑞金市红都康养中心等一批项目建成投入使用。

推进产业平台建设。以赣州青峰药谷为中心，重点围绕"医、药、养、游"四大要素，搭建了集研发生产、医贸物流、医疗服务、药材种植、健康旅游于一体的产业体系，建设了产学研紧密结合的多功能产业园区，实现以医药为核心的产业园由单一医药研发制造向医药、医疗、养老服务一体化方向升级。赣州生物健康产业园区平台

建设日臻完善，布局了医药科创中心、中试平台、冷链物流中心、融资路演中心、赣南生物医药产业研究院等平台，赣南医学院、江西理工大学、赣南师范大学在药谷设立实践基地。

提高医疗服务水平。赣州市直医院充分利用医学专家委员会等资源，主动与广东等地一流医院沟通对接，先后与广东省人民医院、中山大学第一附属医院等26家医院建立了合作关系，实现了市直（驻市）医疗机构对接一流医院全覆盖。先后与南方医科大学南方医院、广东省人民医院合作共建国家区域医疗中心，成为全省唯一建设两个国家区域医疗中心的设区市。

大（余）上（犹）崇（义）幸福产业示范区

大上崇幸福产业示范区处于赣州西部，属亚热带湿润季风气候，热量丰富，降水量充沛，有丰富的物种资源、矿产资源、水资源和自然景观资源。示范区地处江西省重点林区，自然景观独特，生态环境优越，森林、温泉、高山、水面、中医药等资源丰富，还有丰富的人文资源，具有发展高端康养产业和特色休闲康养的基础和潜力。

推进全域康养产业发展。围绕区域性医疗养老中心建设，以服务粤港澳大湾区和周边城市群高端市场为目标，充分利用生态优势，大力发展森林康养、温泉康养、康养地产等康养核心产业，培育形成"食养、药养、水养、体养、文养、气养"等一批类型丰富、优势明显、吸引力强的特色养生品牌和养生项目。以养老旅游、康养旅游为突破口，吸引游客前来开展候鸟式、互换式、度假式、疗养式旅游，着力发展银发经济。对接"保险—养老"模式，积极争取养老独角兽企业在示范区布局康养产业。以推进居家和社区养老服务设施完备、供给多元、管理规范、快捷方便为目标，实现城镇和农村养老服务覆盖率达100%。

打造国家森林康养基地。以优质森林资源为依托，积极发展适合不同人群需要的自然、饮食、益智、延年、健身、休憩等森林康养旅游产品，支持建设一批疗养院、森林氧吧、避暑山庄等养生设施。挖掘和打造一批以"赣南长寿之地"为主题的森林康养旅游地，培育中国长寿之乡（村）特色品牌。充分发挥黄金养生海拔（800～1 200米）优势，建设一批高山养生村落，加大国家森林康养基地宣传力度。

建设温泉康养度假基地。发挥丰富的地热资源优势，将温泉资源与养生、保健、体验、游乐等有机结合，开发建设和提升改造一批品牌温泉养生旅游度假区、温泉小镇，打造滨水温泉、芳香温泉、城市温泉、"八仙文化"温泉等"一泉一品"特色鲜明、品质卓越的项目品牌，建设一批集休闲、水疗、保健养生于一体的温泉康养度假基地。

创建中医药康养示范基地。加强中医药特色健康养生服务建设，形成以养生基地、疗养康复基地和中医门诊为核心的中医药健康养生服务基地。依托厚实的中医药传统文化，推动中医药健康服务与示范区重点生态旅游资源有机结合，开发传统健身方法，形成

大余县大龙山生态康养基地

有特色的中医药健康旅游服务和体验区。遵循"生产、生态、生活、生命"四生共融理念，发展"旅游＋中医药"，努力建设全国中医药健康旅游示范基地。

完善康养产业链条。通过技术引进、自主培育等方式积极培育养生食品、保健品、饮品等健康食品产业集群和诊疗器械、康复产品、保健器具、可穿戴产品等康复产品制造产业集群。加强健康技术、产品、服务融合创新，形成产业集群优势互补、错位发展合力，发挥大健康高新技术制造产业科技综合示范作用，推进"智能助残、智慧养老"为主题的智能设备制造全产业链项目。推动康复辅助器具在养老领域的深度融合，并与本地康养企业、医药相关高等院校或职业学校合作，形成较为完善的产学研合作体系。依托赣州国际陆港中欧、中亚班列等国际物流通道，加大智能康养产品对外出口。

上犹县阳明湖京明度假村森林康养基地

第四章

增进赣南苏区生态惠民新福祉

习近平总书记强调:"生态环境是关系党的使命宗旨的重大政治问题,也是关系民生的重大社会问题。"生态环境没有替代品,用之不觉,失之难存。随着经济社会发展和人民生活水平不断提高,生态环境在群众生活幸福指数中的地位不断凸显,环境问题日益成为重要的民生问题。从提出"良好生态环境是最公平的公共产品,是最普惠的民生福祉",到指出"发展经济是为了民生,保护生态环境同样也是为了民生",再到强调"环境就是民生,青山就是美丽,蓝天也是幸福",习近平生态文明思想聚焦人民群众感受最直接、要求最迫切的突出环境问题,积极回应人民群众日益增长的优美生态环境需要。

赣州始终把生态惠民放在优先位置,积极回应人民群众所想、所盼、所急,集中力量攻克群众身边的突出生态环境问题,环保设施短板加快补齐,人居环境全面改善,老区人民呼吸上了新鲜的空气、喝上干净的水、吃上放心的食物、生活在宜居的环境中,切实感受到生态文明建设带来的实实在在的环境效益,人民群众生态环境获得感、幸福感、安全感不断提升。同时,依托良好的生态环境、丰富的山水资源大力实施生态扶贫,创新生态扶贫机制,探索出了一条生态与民生、增绿与增收互促双赢的生态脱贫之路。

大余全域旅游绘百里画卷

第一节 ○ 生态扶贫理念扎根赣南苏区

赣州是全国较大的集中连片特困地区，全市有 11 个罗霄山区集中连片特困地区县，占江西省贫困县总数的 45.8%，有省级贫困村 932 个，是全省乃至全国脱贫攻坚的主战场之一。

统计数据显示，2010 年赣州市贫困人口达 215.46 万人，贫困发生率为 29.95%（见表 4-1）。2014 年建档立卡时，全市贫困县 11 个，占江西省贫困县总数的 45.8%，贫困人口 114.31 万人，贫困发生率为 14.83%。2020 年 6 月底，赣州 11 个贫困县（市、区）、1 023 个贫困村全部实现脱贫摘帽。2015 年到 2019 年全市农村居民人均可支配收入从 7 787 元增长到 11 941 元，同比增长率分别为 12.4%、11.3%、10.9% 和 10.8%。2019 年 5 月，习近平总书记在赣州考察时就着重肯定赣州的脱贫攻坚成果，并指出赣南苏区脱贫攻坚取得决定性胜利。

表 4-1 赣州市 2010—2019 年赣州市贫困人口情况

年份	贫困人口（万人）	贫困发生率（%）
2010	215.46	29.95
2011	194.88	26.71
2012	172.60	23.45
2013	139.50	18.75
2014	114.31	14.83
2015	65.19	9.40
2016	51.18	6.60
2017	34.99	4.31
2018	18.86	2.45
2019	2.82	0.37

赣州将生态文明建设与脱贫攻坚深度融合，坚持扶贫开发与生态保护并重，积极开展生态工程建设、大力发展生态产业、创新生态扶贫方式、加大生态补偿力度等，做足做好"生态＋扶贫"文章，切实加大对贫困乡村、贫困人口的扶持力度，使贫困人口从生态保护与修复中得到更多实惠，实现生态改善和减贫脱贫双赢。

生态扶贫的上犹实践

2017年，上犹县被列为全省生态扶贫试验区建设试点，作为国家扶贫开发重点县、罗霄山区集中连片特困地区扶贫攻坚县，上犹县有着良好的生态资源，空气质量始终保持在优等，水质均达到Ⅱ类以上。上犹县坚持绿水青山就是金山银山发展理念，充分利用生态优势，坚持保护与修复、发展、脱贫相结合，纵深推进生态扶贫战略，努力将生态优势转化为经济发展内生动力，让躺在大山中的"生态宝贝"变贫困户口袋中的"金宝贝"，让广大人民群众共享生态文明建设成果。2019年6月，上犹县顺利实现脱贫摘帽。

大力发展生态工业。重点培育以物理加工为主，对水质、空气、土壤没有污染的玻璃纤维新型复合材料和精密模具及数控机床两个工业主导产业，着力推动工业产业转型升级。同时，在贫困村兴办扶贫车间，带动精准扶贫对象家门口就业，闯出一条工业发展与扶贫攻坚同步发展的新路子。2017年新落户和投产的光电科技产业园，一头连着高科技，另一头连着贫困户，产业园落户18家企业，帮助2 300多人实现就业，其中园区内的扶贫车间链接140名贫困户就业，在全县各乡村孵化出71个工业扶贫车间，链接贫困户2 530人。

大力发展生态旅游。紧紧围绕生态休闲度假区的定位，依托优美生态环境、独特区位优势及深厚文化底蕴，使乡村变景区、农户变商户、土特产品变旅游商品，走出一条以旅带农、兴旅富农的旅游扶贫新路，直接带动贫困户48户160人，实现家庭年户均收入15 000多元。乡村旅游已成为老百姓脱贫致富奔小康的"幸福引擎"。

大力发展生态农业。深入推进农业生产标准化、产品品牌化、基地景区化，推动农业和生态旅游融合发展。上犹县推进茶叶产业提质扩面，对茶叶基地建设、专营店建设、品牌创建、科技创新等方面予以政策扶持，被中国茶叶流通协会授予"2019中国十大生态产茶县"荣誉称号。全县1万多户农户直接或间接参与茶叶产业发展，茶叶产业有效带动该县贫困户增收，实现户均增收1 500元。加大资金扶持力度，促进油茶产业改造提升。全县有2 900多户贫困户经营油茶直接受益，另外还有相当一部分贫困户在油茶企业和油茶基地务工，依靠油茶产业取得收入，实现脱贫增收。

公益岗位稳定增收。建立建档立卡贫困户护林员队伍，建档立卡贫困人口

生态护林员人数逐年递增，由 2016 年的 131 名增至 2020 年的 396 名。安排贫困人口就近护林，有效推动贫困人口脱贫。在村一级设立各类生态扶贫就业专岗（如地质灾害安全员、河道水库管理员、生态环境监督员、山林防火护林员、乡风文明监督员、社会治安维稳员、农村气象信息员、食品安全监督员、卫生监督保洁工、乡村道路养护工、乡村中小学清洁工、农村就业扶贫专干等），实现生态文明建设触角向村组延伸。

项目链接惠及民生。健全引导贫困户全过程参与项目建设的利益链接机制，通过加强项目劳务报酬管理、探索资产收益扶贫模式、土地林地折价入股项目等方式，推动贫困户收入稳定持续增长、生产生活条件持续改善。其中，小流域综合治理项目直接链接 12 名贫困户参与项目建设，人均增收 5 000 元；山水林田湖草综合治理项目直接链接 20 名贫困户参与项目建设，人均月工资 1 600元；低质低效林改造项目，带动项目区林农投工投劳参与项目建设。

上犹茶叶产业有效带动该县贫困户增收

一、参与生态工程建设增加劳务报酬

赣州高度重视生态系统特别是生态脆弱地区的生态修复工作，出台一系列生态保护与修复、推进环境综合治理等方面相关政策，着力提高贫困地区生态环境容量，将低质低效林改造、山水林田湖草综合治理、小流域治理等补助资金安排向贫困县倾斜。健全引导贫困户全过程参与项目建设的利益链接机制，通过加强项目劳务报酬管理、探索资产收益扶贫模式、土地林地折价入股项目等方式，如鼓励造林大户、公司企业、国有林场按照自主自愿的原则承租贫困户林地，或贫困户以林地入股，使贫困户增加财产性收益；鼓励吸纳贫困户参与低质低效林改造的整地、造林、抚育、管护等工作，增加贫困户投工投劳收入，并将贫困户的参与比例纳入低质低效林改造考评内容等，推动贫困户收入稳定持续增长、生产生活条件持续改善。据初步统计，全市通过实施生态工程项目，辐射带动 26 万余名脱贫人口持续增收。

会昌县："公司（大户）+ 农户" 的合作造林模式

　　会昌县是江西省重点林业县，也是国家扶贫开发重点县、罗霄山区集中连片特困地区县。林改以来，该县涌出一批造林公司和造林大户，掀起一场轰轰烈烈的造林热潮。但会昌县存在造林公司、造林大户有资金、有技术却无林地造林，而山区林农手上有林地却缺资金、缺技术没办法造林导致出现新的低质低效林的现状。一边是无林地可造，一边却是林地荒弃。为有效解决林业发展瓶颈以及林农脱贫问题，会昌县开始探索并尝试开展合作造林推进脱贫攻坚步伐。

　　根据《会昌县 2016—2018 年生态保护精准脱贫攻坚实施方案》《关于推进造林合作扶贫及林木确权方案》等文件，会昌县对全县 19 个乡（镇）可进行合作造林的林地进行全面摸底，确定 "公司（大户）+ 农户" 的合作造林模式。即由公司（大户）与林农签订股份合作造林协议，大力推进合作造林工作。在合作造林中，贫困户只负责提供林地及管护，投资资金、造林及以后的经营管理全部由公司负责。扣除采伐经营成本、割脂工资成本、税费后，公司与贫困户按 7:3 的比例分配收益。同时，公司在造林后第二年开始，连续三年每年每亩先预付 300 元收益计 900 元 / 亩。预

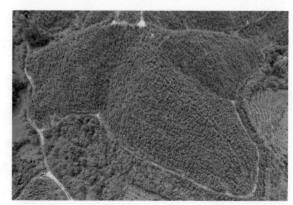
会昌县合作造林基地

付收益按实际造林面积于每年 12 月预付，预付收益部分在乙方今后的分配比例收益中先行抵扣。也就是说贫困户不仅可以实现增收，而且提供林地就可以入股三成，还可以提前享受收益。

全县已完成合作造林签约任务 19 120 亩，贫困户签约面积 2 177 亩，签约贫困户 73 户。采伐现有林木按 875 元/亩计算，项目造林劳务费按 500 元/亩计算。签约贫困户按每年每亩先预付 300 元收益，可带动 7 000 余人脱贫，脱贫成效显著。

二、发展生态产业增加经营性收入和财产性收入

产业是脱贫之基、富民之本、致富之源，一个地方要发展，就必须要有产业支撑。发展产业的最终目标在于"以产兴农、以产富农"，通过生态产业助力脱贫是贫困地区最直接有效的办法。赣州坚持将政府与市场相结合、外部帮扶与激发贫困群众内生动力相结合，既有立竿见影的措施，更有可持续的制度安排，并在实践中不断创新、深化产业扶贫各项支持机制。坚持把贫困户嵌入产业链上，推广"企业+合作社+贫困户""公司+基地+中介+贫困户""公司+贫困户""互联网+特色农产品"等经营模式，通过有效利益联结，引导和扶持贫困户发展特色种养产业。赣州积极推进贫困户的土地和林地直接流转、入社托管、作价入股、资金入股，参与产业发展，从中获得收益。通过经营性收益联结、工资性收益联结、生产性收益联结、政策性收益联结、资产性收益联结等途径，把有产业发展意愿的贫困户联结进去、带动起来。

廖奶奶咸鸭蛋变脱贫"金蛋"

瑞金市壬田镇廖奶奶咸鸭蛋专业合作社成立于 2015 年 12 月，采取"电商+合作社+贫困户"的产业发展模式，在合作社与贫困户之间建立了紧密的利益联结机制，按照"统一品牌、统一品种、统一方法、统一技术、统一收购、统一销售"的"六统一"原则，形成了咸鸭蛋村镇化产业。

合作社成立时吸收社员 32 户，其中贫困户 28 户。合作社的模式是生产销售全包，前期向农户免费提供鸭苗，中期帮助指导养鸭技术，后期对鸭蛋进行高于市场收购价的回购。鸭蛋的"生产线"遍布周围各个角落，有村民培育鸭苗，有村民养殖成鸭，有村民进合作社腌制鸭蛋，有村民包装销售鸭蛋……

廖秀英同志获"全国脱贫攻坚奖奋进奖"

合作社墙上挂着与合作社相关的村民名单，上面有密密麻麻数百个名字。他们不少人曾是贫困户，近几年依靠廖奶奶咸鸭蛋的产业链，或者养鸭供蛋，或者进社务工，或者参与入股，如今已全部脱贫。

合作社创始人——89 岁的廖秀英奶奶，先后于 2016 年 10 月荣获首届"全国脱贫攻坚奖奋进奖"、2017 年 3 月获得"全国三八红旗手"、2017 年"江西省十大新闻人物"、2017 年"赣州农村电商脱贫十佳先进个人"、2017 年 3 月阿里巴巴公益评选的首届"逆境阳光 MODEL 妈妈"等荣誉称号。2018 年 3 月，以廖奶奶咸鸭蛋为代表的瑞金咸鸭蛋，被正式批准为国家地理标志产品。2019 年 10 月 16 日，廖奶奶咸鸭蛋脱贫案例入选全球减贫案例征集活动 110 个最佳案例。

除传统农业升级助力脱贫外，赣州还通过发展新型生态产业助力脱贫攻坚。其中，光伏产业作为国家确定的十大精准扶贫产业之一，具有投入少、见效快、可持续等优点。因此，赣州抢抓机遇，立足当地光照充足优势，积极拓展思路，大力发展光伏扶贫产业，壮大村集体经济，开发公益性岗位，为贫困群众增收致富拓宽渠道，形成直接精准到村、收益长期稳定、村民获得感强、可以复制推广的扶贫模式。

石城县：光伏点亮脱贫路

石城县是罗霄山区集中连片特困县，全县有建档立卡贫困人口 12 470 户 49 820 人，贫困发生率高达 18%。贫困人口中因病因残致贫占 48%，大部分为弱劳动

力，脱贫内生动力不足。石城县太阳能资源丰富，年日照小时数为1 920小时，年太阳辐射量达到4 736.6兆焦／平方米，位列江西省第一。为此，石城县充分发挥资源优势，把光伏产业作为产业扶贫的重要支柱，积极探索"生态＋光伏"产业模式，为全县精准扶贫注入活力。石城县改革创新筹资方式与收益分配模式，将光伏扶贫电站收益作为村级资产收益，变"输血"为"造血"，达到带动村集体经济收入提升、弱劳动力贫困家庭收入提升、群众脱贫致富内生动力提升的良好效果，实现"两创新三提升"。

创新筹资方式。解放思想，借力而行，破解项目资金难题，采取"企业控股、石城资本金入股、银行贷款"的模式，引进苏州协鑫新能源投资有限公司作为开发运营合作伙伴，投资4.5亿元实施60兆瓦集中式光伏扶贫电站项目；以石城县赣江源农业发展有限公司为业主，采取"公司＋银行＋贫困户"的形式，投资3.96亿元实施88个共计56.54兆瓦村级联村光伏扶贫电站项目。通过择优引进合作方及降低银行融资成本，解决项目建设资金问题。

创新分配模式。石城县专门出台《石城县光伏扶贫收益分配方案》，明确企业将受益资金转入县光伏扶贫基金专户，县财政再按贫困户数将受益资金划归村集体。然后，由村集体统筹分配，用于公益性岗位人员工资、产业发展奖励、乡风文明奖励、爱心超市运营、深度贫困人群保障等支出，贫困群众可通过劳务付出、文明表现从中受益，强化光伏产业增收的长效性。

上述两个项目均于2017年6月30日前建成并网发电。2018年、2019年，企业共划拨光伏扶贫收益资金2 875.7万元，每村年平均增加村集体经济收入12万元左右；2020年收益达2 100万元。全县因光伏收益设置的公益性岗位达1 191个，全部安排贫困户中的弱劳动力到岗就业，实现每户年均增收8 500多元；同时，为162户深度贫困家庭每户发放补助资金1.62万元。

光伏发电——青山披金甲

向全县 132 个村（居民委员会）划拨爱心超市运营资金近 400 万元。贫困群众通过发展产业、开展环境整治等活动赢取积分，并根据积分在爱心超市领取生产生活用品，脱贫致富的内生动力得到激发，群众满意度也提高了。

三、设立生态公益性岗位增加稳定工资性收入

习近平总书记指出："一人就业，全家脱贫，增加就业是最有效最直接的脱贫方式。"打赢脱贫攻坚战，就业很重要。授人以鱼不如授人以渔，赣州各地根据实际情况，有针对性地开发生态公益岗位，安排符合条件的贫困劳动力实现家门口就业，为贫困人员包括弱劳动力贫困人员提供就业机会。自 2016 年以来，赣州市积极争取国家和江西省在建档立卡贫困人口生态护林员指标安排上给予重点倾斜，连续 3 年增加赣州市的生态护林员指标，其中仅 2019 年就增加 3 677 名，总数达 11 165 名。按照每个生态护林员每年人均 1 万元的标准落实补助资金，直接辐射带动 3 万余名贫困人口增收脱贫，实现"一人护林，全家脱贫"。此外，赣州鼓励贫困家庭劳动力参与水利工程建设就业，优先聘用有能力的贫困劳动力担任村级水管员、河堤巡护员、河湖管理员等公益性管护岗位。

南康区：一人护林，全家脱贫

南康区位于赣州市西部，全区共有 48 个贫困村，建档立卡贫困人口 24 524 户 90 697 人，南康区委、区政府因势利导，区林业局积极作为，大力推行生态护林员制度，积极沟通协调，争取上级在生态护林员名额安排上向南康区倾斜，自 2016 年之后的 4 年共为南康区争取到生态护林员名额 1 750 个。

从 2017 年 5 月起，每年安排 380 万元本级财政资金选聘生态护林员，3 年共增加生态护林员公益性岗位 1 140 个，全部安排给建档立卡贫困户。该做法得到国家、江西省、赣州市林业部门的好评。

2016 年至 2019 年，南康区依托中央财政并通过该区本级财政，共安排生

态护林员资金 2 890 万元，安排生态护林员公益性岗位 2 890 个，安排贫困人员就业 2 890 人次，带动 1 047 户贫困户先后脱贫，占全区贫困户数量的 4.3%，截至 2019 年底，被选聘为生态护林员且已脱贫的 1 047 户贫困户无一返贫，真正实现"生态补偿脱贫一批"的目标，为南康区脱贫摘帽作出重要贡献。

南康区护林员护林

四、探索生态保护补偿增加转移性收入

2016 年 4 月，国务院办公厅《关于健全生态保护补偿机制的意见》文件中指出，生态保护补偿资金、国家重大生态工程项目和资金，需按照精准扶贫、精准脱贫的要求向贫困地区倾斜，向建档立卡贫困人口倾斜，推进生态惠民。

生态移民＋精准扶贫。为保护饮用水水源地水质，改变周边村民生产资源匮乏、贫困面广等现状，赣州市以建立东江流域横向生态补偿机制为着力点，将生态补偿资金重点实施源区生态移民工程，按住房补助 1.69 万元／人的标准，对东江源区周边 781 户村民实施移民搬迁，实现源区生态保护和居民生产生活条件改善双赢。同时，按每人每年 1 000 元发放产业发展补助资金，为贫困户脱贫致富提供有力保障。

生态公益林补偿＋精准扶贫。将贫困村天然起源的林分优先纳入国家天然林保护工程范畴，并在尊重群众意愿的基础上，对协议停止商业性采伐的天然林按国家有关政策给予补偿。通过积极争取中央和江西省的生态公益林补偿资金，切实加强生态公益林管护，辐射带动 10 万名以上贫困人口获得长期稳定的收益。

寻乌县：流域生态补偿，增加转移性收入

东江是流域沿岸及珠三角、香港等地的重要饮用水源，其水质好坏事关香港的繁荣稳定和珠三角的可持续发展，是名副其实的"政治水""生命水"和

"经济水"，在我国生态安全战略格局中有着非常重要的地位。寻乌作为东江流域面积最大的源区县，2016—2022年累计获得生态补偿资金12.94亿元，将补偿资金重点用于生态移民、农村环境整治、稀土废弃矿山治理等方面，助推精准扶贫取得显著成效。

净水是寻乌县作为东江源区县的首要使命。寻乌县做实河长制升级优化工作，创建具有寻乌特色的河道管理养护长效机制。通过"河权到户"改革，激发群众参与治水的积极性，实现政府和群众双赢，侵占河道、乱倒垃圾等现象得到有效遏制；实施水质提升工程，比如，寻乌县留车镇建设水质提升工程，总投资3 000万元，来源于2020年度东江流域横向生态补偿广东资金。结合美丽乡村设计理念，在项目北区重点以水平潜流湿地为核心着力强化水质提升功能，在南区配套表流湿地，深度净化水质，确保项目出水稳定达到地表水Ⅲ类标准；与此同时，为了考虑圩镇居民人与自然的和谐相处关系，辅以亲水生活休闲功能，在湿地植被选择上，考虑"功能＋美观"双重效果，通过专业的设计及搭配，整个湿地建成后既具备处理水质功效，又凸显"环境美"的功能。

寻乌县有效实施东江流域上下游横向生态补偿工程项目30余个，对东江源头保护区内的村组开展生态移民。2017年，安排补偿资金6 400万元用于饮用水源保护区17个村民小组515户进行整体搬迁。按每人每年1 000元连续5年发放产业发展补助资金，帮助移民户通过租用山林、土地发展产业，并开展"一对一"培训，确保有劳动能力的移民户实现就业，让群众"搬得出、稳得住、能致富"。

2018年，寻乌县安排补偿资金1 057万元用于农村生活污水和垃圾收集处理，推进城乡环卫全域一体化第三方治理，使农村的垃圾、生活污水、畜禽养殖污染得到有效整治，提高群众生活质量，改善农村生态环境。在对废弃的稀土进行土壤改良后，采取整地挖穴、回填容土、下足基肥的方法，引导贫困群众在适宜地块种植柑橘、脐橙、油茶、百香果、竹柏等经济林木增加收入，提升综合治理效益，实现生态治理与脱贫攻坚双向共赢。

第二节 ∘ 坚决打好污染防治保卫战

　　赣州围绕改善环境质量，破难题、攻难关，解决一批突出的环境问题，全市生态环境质量不断巩固提升。2022年12月，市中心城区$PM_{2.5}$平均浓度为20微克/立方米，同比下降9.1%，空气质量优良率高达99.5%，$PM_{2.5}$年均浓度和空气质量优良率指标实现全省"双第一"，空气质量稳居全省前列，基本无空气污染，空气质量指数在50以下；19个纳入考核的县（市、区）$PM_{2.5}$平均浓度达到国家二级标准。26个国考断面水质优良比例为100%，73个省考断面水质优良比例97.3%，赣江干流4个断面继续稳定保持Ⅱ类水质，县级及以上城市集中式饮用水水源地水质达标率为100%，实施监测的196个农村"千吨万人"集中式饮用水水源地水质达标率为98.98%，水质综合指数位列全省第三；全市重点建设用地安全利用率达到100%，受污染耕地安全利用率达到97.95%。

一、打好蓝天保卫战

　　大力实施打赢蓝天保卫战行动计划，调整优化产业结构、能源结构、运输结构，强化区域联防联控和重污染天气应对，进一步明显降低$PM_{2.5}$浓度，减少重污染天数，改善大气环境质量，增强人民的蓝天幸福感。

　　坚持系统化管控，持续打出"组合拳"。以"控煤、减排、降尘、管车、禁燃禁放、治油烟"为重点，赣州大力开展大气污染综合治理行动。控煤方面，实施能耗总量和强度双控制度，严控增量，保持煤炭消费总量逐年下降，对10蒸吨/小时及以下燃煤锅炉全面清零。减排方面，实施两个燃煤机组超低排放改造，突出混凝土企业、独立水泥粉磨企业、砖瓦窑企业等三大行业大气污染问题整治，完成78个工业炉窑整治项目，全市工业企业治污水平进一步提升。降尘方面，紧盯扬尘污染治理，严格实施建设工地扬尘污染快速处置、开复工审查以及渣土运输公司化运营制度，实行中心城区裸土全覆盖，渣土车一律采用轻量化全密闭环保运输车，并全部安装定位系统，纳入数字城市管理平台实时监控、调度，持续开展洗城行动，每月洗城不少于3次，严管扬尘污染。管车方面，持续打好柴油货车污染治理攻坚战，黑烟车抓拍系统累计抓拍黑烟车辆2 990辆，联合执法查处3 575辆超标柴油货车。禁燃禁放方面，出台烟花爆竹禁燃禁放相关规定，全市各地城区全面实施烟花爆竹禁燃禁放，严厉打击秸秆、杂草焚烧现象。治油烟方面，14 000 余家餐饮服务企业全部安装油烟净化设施并保持稳定运行。

坚持精细化治理，持续优化"作战图"。一是精于分级分类。对 21 家省市重点 VOCs 企业治理成效进行评估，制定臭氧污染精细化管控方案，开展大气污染源清单更新及臭氧来源解析工作，精准确定工业源、尾气源等污染源占比。二是精于人防技防。已建成 110 套环境空气监测微站和 13 套乡镇空气自动监测站，707 套施工现场远程视频监控系统，121 套油烟在线监测系统，8 套高空瞭望系统，18 套黑烟车、遥感电子抓拍系统，能够快速锁定污染源，并及时、精准、有效加以处置。三是精于协调协同。健全会商面商工作机制，共商污染天气预警方案和对策，实现五区"一体化"、部门"协同化"、上下"联动化"，并有力健全"事前、事中、事后"管控机制，实现污染天气、污染种类精准预报，管控建议分时段、分区域提出，责任部门、街道（乡镇）网格员快速响应。

坚持严苛化监管，持续形成"强高压"。一是严格巡查督查。在建立市、县、乡、村四级巡查队伍的基础上专门成立扬尘、油烟等大气专职巡查组，形成巡查强大工作合力，推动问题及时整改，并围绕应急管控要求强化应急督查巡查，确保管控措施、管控要求落实落细。二是严格跟踪督办。对巡查发现的问题线索，及时转办、立行立改，对问题突出的，印发整改清单并做好进展跟踪、重点督办工作，对整改不力的，涉及失职失责的移交纪检监察部门依法处理，全市累计整改问题 400 余个，督办盯办重点问题 42 个。三是严格通报考核。针对各县（市、区）的 $PM_{2.5}$ 浓度，实行"日发布、周提醒、月通报"排名考核机制，营造进位赶超良好氛围，并对空气质量反弹严重、大气污染综合治理重点任务推进不力的进行预警提醒；严格实行"红黑榜"制度，曝光"黑榜"工地、"黑榜"餐饮企业，并纳入重点监管名单，形成有力震慑。

于都县：积极推进扬尘治理 还百姓一片蓝天

近年来，于都县始终把施工扬尘治理作为提高城区文明施工管理水平、促进城市环境空气质量持续改善、提升居民生活水平的一项重要任务来抓，建立健全责任机制，严格执行国家和行业标准，加大巡查整治力度，不断提高治理水平。

于都县积极推进扬尘治理

实行网格化管理。于都县把城区建筑工地划分为8大网格，每个网格由住房和城乡建设局班子成员担任网格长，并由住房和城乡建设局、城市管理局联合组成一个机动工作组。工作组建立管理微信群，要求网格长每天必须在群里上传工作动态，及时发现问题、解决问题。

实行部门联合审批。对新开工项目的土石方工程渣土运输实行业主申报，住房和城乡建设、城市管理、自然资源等部门对运输方式、运输路线、倾倒地点进行联合审批。在渣土运输车辆方面，全县已全面推行"国五新型环保车辆"，全县7家渣土运输公司共购买环保车辆162辆。在弃土区建设方面，全县一共建设5个弃土区，总面积900多亩，最大的弃土区面积达360亩。

全面推行信息化监管。全县所有在建工地都建立扬尘在线监测系统，每天实时对工地扬尘PM$_{2.5}$值进行动态监测；所有在建工地都建立扬尘治理视频监测系统，监管部门可以随时随地通过手机App对工地落实扬尘治理措施情况进行监督。

高标准落实六个百分百。严格对照《江西省建筑施工扬尘检查标准》，规范各工地的扬尘治理措施。建筑工地围挡方面，主推6米硬质围挡、2.5米砌墙实体围挡、2.5米钢结构装配式围挡，全县建筑工地根据不同需求实行围挡作业、封闭施工，围挡率达100%。防尘抑尘洒水方面，各工地都安装喷淋系统，每个工地进出口都设置雾炮机，严格按照规范进行使用，针对作业扬尘较大的区域采取洒水作业。渣土车辆密闭运输方面，全县162辆新型环保车实现对车辆运营状况的实时监控，电动折叠式篷布顶盖＋后门板双密封结构，实现车厢全封闭、无抛洒。物料裸土、暂不用地绿化方面，各建筑工地全部用绿网进行覆盖。出入车辆冲洗和施工现场道路硬化方面，驶出车辆冲洗率、施工现场道路硬化率均达到100%。

二、打好碧水保卫战

实施水污染防治行动计划，坚持污染减排和生态扩容两手发力，赣州采取高密度排查调查、高标准整改整治、高强度督查督办、高质量落实落地等超常规举措，完成赣江干流（赣州段）24项水生态环境问题整治，赣江干流（赣州段）4个断面水质达到Ⅱ类，东江流域出境断面水质达标率为100%。大力开展"清河行动"，建立了全市乡镇主要河流跨界断面水质监测考核机制，织密水质监测网，国控断面水质优良率达100%，县级及以上城市集中式饮用水水源水质优良率达100%，消除城市黑臭水体，确保人民群众喝上安全稳定优质的放心水。

> **上犹县：举全县之力打好治水"组合拳"**
>
> 上犹是赣江源头水源涵养区，上犹江是赣江也是长江水系的重要补给区，是赣江流域上游的一个重要饮用水源区，对赣江流域及长江中下游的生态系统都具有明显的水量调节作用。上犹县以上犹江为核心，以生态红线为自律准绳，大力开展生态环境治理和水上秩序整治工作，逐步改善流域水质。
>
> 抓好四项工作。一是指导南河所有自然村建设小型污水处理厂，或者安装单户污水处理设备，确保生活污水100%达标处理；二是出台专门政策，整合全县多个部门、乡镇力量引导渔民上岸经营，经营多年的水上餐馆全部搬迁上岸；三是在对原有景区运营船只进行全面升级改造的基础上，将库区机动渔船数量大幅核减，大大减少油污排放；四是开展沿湖13公里岸线护坡改造，同时把南河湖、阳明湖周边5公里范围全部划为畜禽禁养区，拆除区域内的所有畜禽养殖栏舍。在阳明湖、南河湖周边，确保做到"不养一头猪、不流进一滴污水、不砍一棵树、不占一寸湖"。
>
> 做到三个禁止。一是禁排，所有的工业污水、四湖两岸（阳明湖、南河湖、仙人湖、罗边湖，上犹江两岸）沿线的生活污水禁止直接排放，关停排放不达标企业137家；二是禁养，划定畜禽养殖的禁养区、限养区、可少量养殖区，已经清理整治禁养区、限养区畜禽规模养殖，拆除区域内所有畜禽养殖栏舍；三是禁捕，为增强水体自我净化能力，上犹县每年在上犹江主要区域开展人工

增殖放流活动。在南河湖、阳明湖开展网箱养鱼整治工作，鼓励"人放天养"。严厉打击毒鱼、电鱼、非法网具捕鱼等行为。

推进三项治理。一是开展山水林田湖草综合治理。完成低质低效林改造6.8万亩，建设生态岸线13公里。成功申报国家水土保持工程建设以奖代补试点县，连续3年安排资金1 000万元，2017年至2022年累计综合治理水土流失面积252.42平方公里。二是开展水体污染治理。县城、工业园区污水处理实现全覆盖，所有建制镇均建设污水集中处理设施，农户采取单户式处理模式，建设小型生活污水处理设施。三是开展农村生活垃圾治理。全面规范完善农村生活垃圾治理基础设施建设，建立户分类、村收集、乡转运、县处理的农村生活垃圾治理体系，每个村小组有1名保洁员（全县2 449个村民小组，安排2 500名保洁员），实现农村垃圾治理全覆盖，在江西省率先通过省级验收。

通过以上"净水"行动，上犹江流域全线水质得到全方位保护，2020—2022年，上犹出境断面水质全年稳定在Ⅱ类及以上，达标率为100%，水质综合指数在全省99个县（市、区）位列前四，在赣州市位列第一。

阳明湖

加强入河排污口排查整治。坚持精准治污、科学治污、依法治污，以改善水生态环境质量为核心，加强入河排污口监督管理，开展入河排污口排查溯源工作，完成赣江流域入河排污口排查工作。列出排污口整治清单，封堵、取缔非法入河排污口，规范入河排污口管理，有效管控入河污染物排放。

狠抓工业污染防治。强化矿山污染治理，加强稀土矿山巡查监管，加强龙南市、定南县稀土尾水处理站运行管理，做到应收尽收，达到设计日处理能力最大负荷运行，进一步削减该流域氨氮浓度，坚决消灭劣V类水。同时，在全市范围内开展工业污水污染问题大排查，共排查364家企业，并对排查问题进行整改。

持续提升饮用水安全保障水平。出台《赣州市饮用水水源保护条例》并组织编制《赣州市中心城区饮用水水源地安全保障规划》，建立饮用水水源水质定期公开制度，推进饮用水水源地保护区划定，有力保障饮用水安全。全市26个县级及以上城市集中式饮用水水源地、253个农村乡镇（含村级"千吨万人""百吨千人"）集中式饮用水水源地均完成保护区划定，并获省政府批复。在县级及以上城市集中式饮用水水源地取水口上游设置了预警监控断面，每月监测水质，及时掌握饮用水水质情况。同时，不断完善视频监控体系，大部分县级及以上城市集中式饮用水水源取水口安装视频监控设备，实现全程监控。每年开展集中式饮用水水源地环境保护状况综合评估，2020年以来全市地级城市和县级城市饮用水水源地环境保护状况综合评估均达标。

兴国县开展保护城区饮用水源专项行动

为进一步提升集中式饮用水水源水质、保障城乡居民饮用水安全，2022年7月8日起，兴国县生态环境局、水利局、公安局、农业农村局、交通运输局，长冈乡、鼎龙乡、东村乡、江背镇合力开展保护长冈水库城区集中供水饮用水源地安全专项行动。

参加行动的各单位抽调20人分成5个行动小组，分片区排查和整治饮用水水源保护区内的排污口、违法建设项目、非法垂钓、网箱养鱼等环境违法问题及其他可能污染饮用水水体的活动行为，并组织大量人力清理库区垃圾及整治上游支流污染源和投放鱼苗以及落实点对点宣传。

兴国县开展水源地保护执法行动

> 　　各行动小组群策群力、昼夜奋战，两天时间内，清理垃圾 1.2 万斤，驱离钓鱼人员 12 人、竹排捕鱼 8 艘，收缴钓具 25 套、地笼网 31 组，劝离游泳人员 16 人，投放鲢鱼和鳙鱼 4.38 万斤。

　　全面消除城市黑臭水体。印发《城市黑臭水体整治工作指南》，积极开展黑臭水体整治工作，全市 5 个黑臭水体完成整治，黑臭水体消除比例 100%。同时，印发《赣州市城市建成区黑臭水体水环境质量监测方案（试行）》，进一步规范城市建成区黑臭水体监测工作，按季度监测已消除黑臭水体水质，防止问题反弹，确保"长制久清"。

三、打好净土保卫战

　　守护一方净土，全面实施土壤污染防治行动计划，建立健全土壤污染防治体系，突出重点区域、行业和污染物，有效管控农用地和城市建设用地土壤环境风险，全市重点建设用地安全利用率、受污染耕地安全利用率分别达到 100%、95%，为人居环境安全提供有力保障。

　　重点加强土壤污染源头预防。深入开展农用地土壤镉等重金属污染源头防治行动，对全市重有色金属、石煤、硫铁矿等矿区，以及安全利用类和严格管控类耕地集中区域周边的矿区进行全面梳理，165 个矿区、尾矿库纳入首批矿区历史遗留固体废物排查清单。加强土壤重点企业监管力度，建立土壤环境重点监管企业名单并动态更新，向社会公示 73 家土壤环境重点监管企业名单，督促重点监管单位持续开展土壤污染隐患排查和整治，履行土壤污染防治义务。

　　全力提升受污染耕地安全利用水平。实施分类管控，按照耕地土壤环境质量类别划分成果，实现全面分类管控，细化分解落实工作任务。深度开展校地合作，引进西北农林大学技术力量，强化技术支撑，探索耕地土壤污染防治技术的赣南模式。特别是针对赣南脐橙，开展脐橙品质与土壤质量相关性的分析，掌握一手资料，科学规划产业布局。强化调研指导，成立赣州市专家组，广泛开展耕地污染治理效果跟踪调查指导，巩固受污染耕地安全利用成果，全市受污染耕地安全利用率达 95%。

　　有效保障重点建设用地安全利用。对建设用地土壤污染风险进行全面的排查，督促土地使用人开展土壤污染状况调查和风险评估。同时，建立信息共享机制，生态环境、自然资源、住房和城乡建设等部门共享已关停企业信息和土地收储情况，重点关注辖区内有土壤污染风险的建设用地地块和用途变更为住宅、公共管理与公共服务用地地块信息。

安远县：多措并举整治土壤污染

近年来，安远县围绕"摸清底数，预防污染，严控风险，扩大修复"的总体思路，开展农用地污染防治、建设用地污染防治、危险废物处置、城镇生活垃圾处理等专项行动，着力推进土壤污染防治，确保土壤环境质量和人居环境安全。

农用地污染防治。开展耕地土壤环境质量类别划分，形成清单；组织开展受污染耕地安全利用和严格管控工作，完成省下达的受污染耕地安全利用和严格管控任务。

建设用地污染防治。完成重点行业企业用地土壤污染状况调查，动态更新疑似污染地块名单，动态更新新建建设用地土壤污染风险管控和修复名录，加强暂不开发利用污染地块环境风险管控。

强化固体（危险）废物管理。动态更新危险废物重点企业监管名单，完善全县危险废物管理信息系统，实现危险废物全过程信息跟踪和可溯源。加大环境执法力度，严厉打击非法转移、倾倒、填埋危险废物，以及无经营许可证从事危险废物收集、贮存、利用、处置等环境违法行为。加强医疗废物监管，落实医疗废物防治相关规定，确保医疗废物收集、运送、贮存、处置等各环节的环境安全，同时健全医疗废物台账管理，完善医疗废物收集和处置体系，因地制宜推进城乡医疗废物安全处置，全面提升医疗废物处置水平。坚决禁止"洋垃圾"进入，继续推进长江经济带等重要流域、区域固体废物排查整治行动，全面排查江河湖库水域岸线非法倾倒、堆放生活垃圾、医疗废物等固体废物的违法问题，严厉打击固体废物非法倾倒行为。

推进城镇及农村生活垃圾治理。推进城乡环卫一体化，加快餐厨废弃物资源化利用和无害化处理。完善垃圾填埋场污染防治设施建设，强化对垃圾填埋场的运营监管。加快非正规垃圾堆放点整治及乡镇垃圾中转站建设。

持续推进稀土矿山修复治理。严厉打击非法开采稀土行为，发现一起打击一起。继续做好各责任稀土矿山的监管工作，历年已修复完成的废弃稀土矿山及时移交当地政府监管，并持续防治水土流失和环境污染，消除地质灾害隐患，改善矿山及周边生态环境。

2022年，全县治理轻中度受污染耕地面积4 003亩，通过实施受污染耕地安全利用项目，污染地块安全利用率达到93%以上，乡镇垃圾中转站已建成15个，未发现土壤环境高风险地块。

第三节 加快生态产品变现惠民

立足绿色生态这个最大财富、最大优势、最大品牌，赣州始终牢记习近平总书记视察江西和赣州时提出的"做好治山理水、显山露水的文章，走出一条经济发展和生态文明水平提高相辅相成、相得益彰的路子"的殷殷嘱托，率先出台建立健全生态产品价值实现机制行动方案，着力破解绿水青山度量难、抵押难、交易难和变现难问题，探索在产业化利用、价值化补偿、市场化交易等多点发力，加快建立健全生态环境保护者受益、使用者付费、破坏者赔偿的利益导向机制，不断畅通"绿水青山"和"金山银山"双向转化通道，让广大群众成为生态产品价值实现的参与者和受益者。上犹、石城、寻乌获评首批江西省生态产品价值实现机制示范基地，崇义入选江西省"湿地银行"建设试点，全南被授予"中国天然氧吧"称号。

一、生态产品经营开发持续变现

赣州积极搭建政府引导、企业和社会各界参与市场化运作的生态资源运营服务体系，推动绿色农产品、生态服务的资产化和挖掘农业的多种功能和价值，以创建国家农村产业融合发展示范园为平台和抓手，加强规划引领和政策支持，因地制宜发展连接城乡、打通工农、联农带农的多类型多业态产业，举办生态产品年度直播带货活动等，推动生态产品供需精准对接，打通生态资源转化的"最后一公里"。崇义建立三产融合示范园、服务站、农企利益联结服务点、电商营销平台，建成刺葡萄、南酸枣等院士工作站，大力推广"龙头企业＋基地＋个体"合作模式，实现产业发展关系链的强化和产业增收，让广大农民实实在在地享受产业发展带来的红利。农业发展供销体系见图4-1。

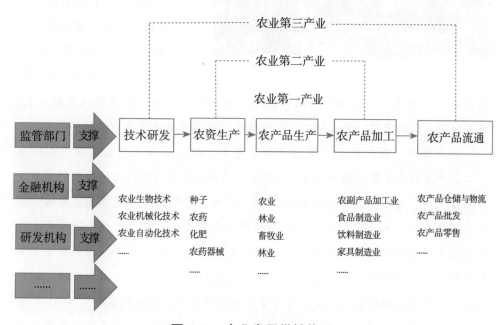

图4-1　农业发展供销体系

崇义县：南酸枣三产融合助力现代农业产业化

　　20世纪90年代初，经历"卖山砍树"阵痛的崇义，开始寻找生态效益、社会效益和经济效益的最佳结合点，思考培育发展绿色生态产业的转型之路。1992年，由落户崇义的江西齐云山食品有限公司首创研发生产的南酸枣糕面世，并迅速受到市场青睐，荣获"江西省优秀新产品"称号，南酸枣由此打开从深山绿谷走进千家万户的发展之路。近年来，崇义县围绕做强现代农业，积极探索产业发展新路子，使现代农业真正成为富民产业、富县产业。

　　龙头带动，筑牢产业发展关系链。推行"企业＋基地＋农户"模式，有效

南酸枣

衔接美丽宜居示范村建设，促进公司与生产基地、农户的有机联合。示范带动广大林农种植南酸枣树，向有需求的林农免费发放优选驯化南酸枣苗，派出林业科技推广服务团指导林农严格按照绿色食品原料栽培标准种植，确保果品质量。

科技引领，驱动产业发展创新链。坚持走产学研融合道路，通过与科研院校合作、聘请领域专家方式，将科技融入品种选育、食品加工、保健食品开发等南酸枣发展产业链。

制度保障，强化产业发展政策链。首先，制定出台《崇义县推进南酸枣一二三产业融合发展实施方案》，扶持江西齐云山食品有限公司国家级种质资源库续建工程，建设种质资源库科研大楼。其次，制定南酸枣发展优惠政策，稳定贫困户收入。加大对贫困户种植南酸枣的优惠力度，免费发放无性系苗木并提供苗木保价收购果实。最后，发放绿色金融补助，对符合条件的龙头企业和种植经营户，可享受《崇义县"产业融合发展信贷通"工作方案》中规定的优惠政策，经就业部门审批认定，还可享受贷款贴息等方面的政策。

完善基建，构建产业发展延伸链。加大资金投入，不断完善工业旅游基础设施建设。打造集产学研游为一体、总面积达562亩的葫芦洞南酸枣科技示范园区，累计吸引两万余人次到园区研学。按照国家工业旅游示范基地评价标准，推进观光工业配套设施建设，将齐云山酸枣糕制作工厂打造成以体验型为主的工业旅游景点，建设工业旅游观光车间，推进发展食品工业旅游、制造工艺体验、产品设计创意等新业态，积极创建省级工业旅游示范基地。

广搭平台，健全产业发展供销链。充分利用电视、手机报、微信公众号等多种媒介平台，通过政府宣传和企业宣传相结合的方式，积极对外开展宣传活动，以政府为主导，积极搭建南酸枣电商平台，推介崇义的特色南酸枣产品，形成品牌效应。拓展电商销售渠道，组建电子商务管理部，支持建设南酸枣"大数据＋电商物流"运营区，鼓励手工制作原生态枣糕上线交易，在各主流电商平台内均开设有齐云山官方自营店铺。扶持扩大齐云山新厂区仓储用地面积，完善配套仓储物流系统，建设齐云山仓储、运输、配送等综合服务功能的区域性物流园区和节点，进一步拓宽产业发展空间。

崇义历时 30 年，将曾经只能作为木材的树种变身为森林食品产业中的"摇钱树"。截至 2021 年底，该公司在崇义及周边县（市）建立野生优选南酸枣果园基地 2 000 余个，面积 3.5 万余亩，为农民发放酸枣苗 6 万余株，带动 5 200 户农民参与产业发展，每年给农民带来 6 000 余万元的收入。

二、生态产品品牌创建增值变现

赣州大力提升生态产品附加值，打造具有全国影响力的区域公用品牌。加快发展现代农业，全面启动全域绿色有机农产品基地创建，全省首个富硒产业标准化技术委员会获批筹建，建成富硒示范基地 110 个，有效期内"两品一标"（绿色食品、有机农产品和农产品地理标志）591 个。打造绿色生态品牌，以赣南特色农产品为重点，制定省级地方标准 100 余项，发布实施《江西绿色生态 赣南脐橙》《赣南高品质油茶籽油》等团体标准，推动"赣南脐橙""赣南茶油"双双荣登中国地理标志产品区域品牌百强榜，"赣南脐橙"连续 5 年居全国同类农产品区域品牌价值榜首，列入中欧地理标志协定首批"100+100"保护清单。于都县粮食收储公司的企业标准《富硒大米》（Q/SCGS 001S—2021）荣获 2021 年粮油产品企业标准"领跑者"称号。崇义县采取"总部直供、总部直营、旗舰加盟、线上推广、基地体验"等营销模式，倾心打造"崇水山田"区域公用品牌，推动绿色、有机、富硒的特色农产品走出赣州、走向全国。

崇义县：做强"崇水山田"区域品牌

崇义生态资源优势得天独厚，"九分山，半分田，半分水面、道路和庄园""好山好水好空气好梯田"是崇义的鲜明写照。为打通"绿水青山"与"金山银山"的双向转化通道，实现生态产品价值最大化，三产融合成为崇义农业

崇义县"崇水山田"区域品牌暨生态扶贫产品上市发布会

特色产业发展的新思路。助推产业兴旺、赋能生态产品、激活生态价值,"崇水山田"区域品牌在此背景下应运而生。

"崇水山田",山是阳明山、水是阳明湖、田是上堡梯田,代表的就是崇义的山水林田湖,以及这片山水林田湖上生产出来的生态物产。"崇水山田"生态物产以绿色、有机、富硒为导向,对产品质量严格检测把关。2021年以来,赤水仙高山茶、龙归绿茶、高山梯田米等6个产品通过富硒产品检测认定,崇义高山茶、上堡大米分别荣获中华品牌商标博览会金奖、第二届江西"生态鄱阳湖·绿色农产品"博览会产品金奖,全省首个南酸枣地方标准《地理标志产品 崇义南酸枣》正式发布实施。"崇水山田"实行双品牌运营,初步构建了区域品牌与企业品牌相结合的"1+N"母子品牌体系。经过精挑细选、优中选优,目前已经有高山茶、山茶油、梯田米、黄元米果、竹笋粉丝等35个本地名优产品纳入了"崇水山田"区域品牌。

在"崇水山田"品牌的带动下,全县受惠农民达6万余人,人均年增收近2 000元,生态产业对经济的贡献度超过60%,这也是崇义县践行绿水青山就是金山银山的重要实践,实现生态与经济发展双赢。

"崇水山田"物产馆

三、生态产品金融赋值拓展变现

赣州创新发展绿色金融,丰富绿色金融政策工具,支持银行机构创新金融产品,激活沉睡的生态资产，在探索创建林权小额循环贷款、林权抵押担保贷款和林权直接抵押贷款 3 种模式的基础上，银行和林业部门联手破瓶颈，充分发挥林权抵押贷款的功能和作用，创新林业新型贷款模式，促进林权抵押贷款的增量提质。崇义县率先制定赣州市首个绿色金融标准体系，建成全省首个绿色金融改革试点县，连续 3 年获评全省绿色金融先进县，出台绿色金融助推林业发展实施方案，组建林权收储服务中心，采取"政府＋协会"出资的方式，努力使崇义 175 万亩林木资源转化为经济资源，促进林权资产资本化。大力推广"农业产业振兴信贷通""小微信贷通""科贷通"等，创新"绿业贷""链养贷"等具有地方特色的绿色信贷产品，截至 2022 年三季度末，全市绿色贷款余额 410.13 亿元，同比增长 44.66%。鼓励金融机构积极创新绿色金融产品，开发特色农业气象指数、特色种植等绿色保险。引导采取租赁、承租倒包、林地托管、林地股份合作、"企业＋合作组织＋农户（家庭林场）＋基地"等多种形式，推进林地流转，推出"林权抵押"贷款、碳排放权质押贷款等贷款新模式，截至 2022 年 6 月，全市林权质押面积 544.51 万亩，贷款金额 85.5 亿元。崇义入选江西省"湿地银行"建设试点，成立全省首家湿地资源运营中心，获得全省首笔湿地经营权抵押贷款 1 000 万元，以"生态银行"探索点绿成金之路，切实做到"民生普惠"。

崇义县：打好"五张牌"助力湿地价值转化

崇义县以湿地资源运营中心为依托，全面发掘中心湿地资源收储、湿地价值评估、湿地投融资、湿地占补平衡指标交易、湿地科普宣教效能，充分利用县内现有 7 万余亩湿地，大力发展湿地经济，探索创新湿地生态修复、占补平衡指标交易以及湿地生态产品价值实现机制，在保护湿地资源和景观的同时，有序推进湿地资源和景观价值转化，全面释放湿地资源价值，把湿地资源变成致富基地，让湿地资源变成一座座"金矿"，实现湿地生态效益、经济效益和社会效益三叠加，助力乡村产业振兴，让企业和百姓实实在在感受到湿地资源带来的红利。

打好"数据牌"，夯实湿地资源运营底层基础。以第三次全国国土调查及年度国土变更调查数据为基础，组织开展湿地生态综合监测，与江西省林业局湿地资源运营信息化管理平台衔接，整合多方数据，组建湿地资源数据库和后备湿地资源数据库。以湿地生态综合监测成果为依据，全面掌握湿地生态状况和保护、利用情况等信息，对湿地空间位置、范围界线、面积、权属等信息进行

精准划分，确保湿地资源交易和管理更加畅通、高效。

打好"制度牌"，建立湿地资源运营长效机制。为充分发挥修复湿地、实现占补平衡和发展特色生态富民产业的功能，加强统筹联动，形成工作合力，崇义县湿地资源运营中心创新"1+2+3+4"工作运营机制（1个专班、2个方案、3个流程、4个岗位）。其中，"1个专班"是指成立1个由崇义县林业局、崇义县自然资源局、崇义县行政审批局、崇义县发展投资集团有限公司、九江银行等相关单位精干人员组成的专班，研究和协调解决湿地资源运营改革建设试点中的困难和问题。"2个方案"是指制定《崇义县湿地资源调查方案》，指导开展现有资源调查和后备资源摸排工作；制定《2021年中央财政湿地保护与恢复补助项目实施方案》，明确改革试点项目补助资金的实施内容。"3个流程"是指3个规范试点工作运行机制的具体工作流程，分别是湿地资源运营中心试点建设工作流程、湿地资源抵押贷款工作流程、湿地后备资源生态修复工作流程。"4个岗位"是指整合相关职能专门设立4个集中办公的工作岗位，分别是贷款审批岗，负责抵押贷款受理、审批；资源管理岗，负责湿地资源调查、后备资源摸排、生态修复、验收；资源运营岗，负责湿地资源运营宣传、对接省信息平台、收储交易；金融服务岗，负责提供湿地资源抵押贷款放贷服务。

打好"融资牌"，完善湿地运营投融资机制。利用湿地资源运营信息化管理平台，集中、公开展示湿地后备资源登记信息，建立湿地后备资源产权主体和湿地修复投资主体"握手"机制，有效解决投融资双方信息不对称的问题，营造高效、透明的湿地修复投融资环境。鼓励社会主体以提供贷款担保、入股、技术合作以及购买、租赁相关权益等方式参与湿地修复投资。积极推广政府与社会资本合作模式，鼓励"政银担""政银保""银行贷款＋风险保障补偿金""税融通"等合作模式，依法建立损失分担、风险补偿、担保增信等湿地修复投融资机制。

打好"政策牌"，推动湿地占补平衡指标交易。建立政策引导机制，鼓励湿地占用主体通过湿地资源运营中心购买与所占湿地面积和质量等级相当的湿地占补平衡指标。建立全县统一的湿地占补平衡指标基准价，鼓励市场竞争，允许湿地占补平衡指标所有者根据成本和市场竞争需要，在合理的价格区间内进行自主定价，同时扶持竞价、挂牌、拍卖、协议等多种交易方式，并允许转让湿地占补平衡指标。逐步建立健全市场风险管控机制，着力构建健康有序且富有活力的湿地占补平衡指标交易市场。

打好"资源牌"，发展湿地生态富民产业。崇义县国土总面积301万亩，其中林地面积269万亩，森林覆盖率高达88.3%，现有湿地7万余亩，

九江银行崇义支行发放湿地资源经营权抵押贷款

生态资源十分丰富。积极鼓励湿地产权主体在不改变湿地基本特征和生态功能的前提下，合理利用湿地的生物、景观、人文等资源，有序发展水生蔬菜和水生观赏植物种植、农牧渔复合经营、生态旅游、自然科普教育等湿地生态环境友好型产业，探索打造湿地资源可持续利用示范及湿地资源经营权抵押贷款，拓宽湿地资源变现路径。

通过打好"五张牌"，有效打通湿地修复和占补平衡指标交易渠道，使以往的被动治理变为现在的主动修复，为落实河湖长制、加强生态治理打下基础。崇义章源投资控股有限公司阳明湖渔业分公司以公司湿地资源资产进行抵押，获得全省首笔湿地经营权抵押贷款1 000万元，用于发展生态渔业和生态监测点等基础设施建设。湿地资源抵押贷款既解决企业担保难、融资难的问题，又盘活湿地资源，促进湿地生态产业化经营，实现湿地资源的价值转换，助力贫困区人民跳出贫困陷阱，一定程度上解决了生态贫困问题。

第四节 建设健康宜居美丽家园

赣州聚焦农村"厕所革命"、农村垃圾治理、农村污水治理、村容村貌提升、村庄长效管护等重点任务，动员各方力量、整合各种资源、强化各项举措，持续开展城

乡环境卫生整洁行动，加大农村人居环境治理力度，扮靓乡村颜值。开通广州、深圳至赣州旅游直通车，引进华强方特文化科技集团股份有限公司、华侨城集团有限公司、广东鼎龙实业集团有限公司等大湾区知名企业投资建设赣州方特东方欲晓主题公园、江南宋城历史文化旅游区、鼎龙十里桃江国际芳香森林度假区，致力于打造湾区优质生活圈，积极建设健康、宜居、美丽家园。

一、提升城乡人居环境

赣州坚持问题导向、强化智慧管理、建章立制管长效，扎实推进城乡环境综合整治工作，以圩镇建设为重点，完善道路、自来水、停车场等基础设施，推进农村基础设施提档升级。健全农贸市场、公共厕所、电商网点等公共服务设施，扎实开展农村人居环境整治提升，推动农村人居环境由基础整治向品质提升迈进，深入开展乡村治理体系建设试点示范工作，深化乡风文明行动，打造新时代"五美"乡村。

全南县："五抓五美"建家园

全南县把全域推进农村人居环境提升作为实施乡村振兴战略的关键举措，按照"五抓五美"工作思路，精心打造"整洁美丽，和谐宜居"的秀美家园，入选国务院表彰的"全国20个农村人居环境整治成效明显的激励县"，获评江西省农村人居环境整治工作先进县，城乡环境综合整治工作连续三年获评江西省先进、位居赣州市第一。

1.抓乡风，人人美。把提高群众素质、培育文明乡风作为关键，发挥群众主体作用，以人人美促进乡村美。第一，党建引领。在江西省率先创评乡村振兴模范党组织，推进"党建＋农村人居环境整治"，以党建质量提升促进环境整治增效。第二，破立并举。成立新农村建设理事会、乡村红白理事会，引导群众摒弃陈规陋习；开展"保护母亲河，争当河小青""爱全南，我跑捡"志愿活动，爱护环境、讲究卫生蔚为风尚。第三，道德养成。推进新时代文明实践中心（所、站）全覆盖，常态化开展文明实践活动，发布"道德先锋榜"，举办"文明新风进万家"活动，引导群众养成文明新风。

2.抓创建，家家美。以"五净一规范"（院内净、卧室净、厨房净、厕所净、个人卫生净、物品摆放规范）标准整治庭院，推动做到村庄内外、家里家外干净清爽。第一，干部"三包"加强指导。实行县领导包乡镇，乡镇领导包村，镇村干部、帮扶干部包户，构建县、乡、村三级联动工作格局。第二，党员"三包"先锋示范。开展农村党员"三比三看"（比环境卫生，看谁的效果好；比帮带农户情况，看谁的贡献大；比宣传教育，看谁的影响广）活动，党员包自家，创评美丽示范庭院；包亲属，确保家庭卫生达标；包邻里，指导家庭环境整治，实现"五净一规范"家家户户全覆盖。第三，门前"三包"全民参与。把"门前三包"纳入村规民约，建立积分兑换激励机制，定期组织开展"赣南新妇女运动""小手牵大手""美丽宜居乡村示范创评"等活动，实行每月"乡村振兴日"、每周"环境整治日"制度，以整治家庭"小环境"促进村庄"大治理"。

3.抓全域，处处美。系统推进农村人居环境整治，实现处处美、全域美。第一，全域规划。坚持把制定规划作为第一道工序，城乡融合、一体设计，做到规划一张图、建设一盘棋，不规划不设计、不设计不开工。第二，全域治理。着力推进村容村貌、垃圾治理、污水治理和"厕所革命"，统筹推进"六清二改一管护"（清垃圾、清塘沟、清废弃物、清乱堆乱放、清乱搭乱建、清残垣断壁，改美庭院、改好习惯，管护村庄环境）和农村房屋突出问题专项整治行动，拆除农村危旧"空心房"418万平方米，盘活闲置宅基地10余万平方米，改造小菜园、小花园、小果园40余处，实施城乡环卫市场化一体化，实现城乡垃圾"一扫到底"、日产日清。第三，全域提升。按照"五化"（规划全域化、设施齐全化、环境洁美化、乡风文明化、产业特色化）路径，建设南迳、陂头、龙源坝3个新型城镇化示范镇，改造提升4个美丽宜居示范乡镇。

4.抓长效，时时美。建立"五定包干"长效管护机制，压实乡镇、村组、第三方治理公司责任，确保时时美、长期美。第一，资金投入多元化。按照每个村不少于10万元的标准，通过争取一点、融资一点、拨付一点、整合一点、自筹一点、募捐一点，筹措农村人居环境长效管护资金。第二，环境监管常态化。建立定期督导机制，县委书记、县长定期对县领导挂点乡镇整治情况暗访督导，每季度召开一次人居环境整治流动现场会，促使环境整治常态长效。对

全南县金龙镇来龙村新屋仔美丽乡村

全南县金龙镇木金村木金坑美丽乡村

全县村庄分类管理、动态考核,用好"万村码上通"5G+长效管护平台,实现"线上"监督、"线下"整治,全员参与、全民监督。第三,乡村治理法治化。将乡镇、村组划分网格管理,推行圩镇治理社区化,成立城管分局,赋予执法权限,圩镇面貌、环境卫生和交通秩序全面改善。

5.抓融合,业业美。将产业发展与农村人居环境整治紧密融合,以优美人居环境促进产业发展升级、乡村功能品质提升。第一,与全域旅游相融合。以全域旅游理念推进农村人居环境整治,与全县4个核心景区和11个乡村旅游点建设呼应融合、一体推进,做到建设一个景点、联动一个片区,因地制宜解决宅基地资产"沉睡"问题,改造10余处乡村老屋,转变成为美丽民宿,推进"美丽成果"向"美丽经济"转化。第二,与现代农业相融合。结合环境整治完善农业生产基础设施,全力推进高山蔬菜、供港生猪、中草药等优势产业发展,实现环境整治与产业发展互促共进。第三,与完善功能相融合。加快城乡公共服务均等化,完善水、电、路、网等基础设施,推进义务教育薄弱学校改造与能力提升,强化乡村医疗机构一体化管理,提升群众生活品质。聚焦双"一号工程",以"美丽宜居与活力乡村(+民宿)"联动建设试点县为契机,完善文化体验、健康养生、创意民宿等新业态基础设施。

提高政治站位,系统谋划综合整治工作。赣州坚持把城乡环境综合整治作为重大民生工程来抓,市、县两级成立领导小组,设立工作机构,出台系列行动方案,全面落实"专职副书记和一名副县（市、区）长负责环境整治"要求，建立了一月一调度、流动现场会、明察暗访等调度推进机制。集中资源和资金，强力推进重点区域整治、专项环境整治、精细化提升整治、健全长效机制等，并将综合整治工作纳入市高质量发展考核和绩效考核。

坚持问题导向，精准施策确保取得实效。深入20个县（市、区）城区、圩镇和村庄，对全市城乡环境综合整治工作进行调研督导，及时掌握整治工作进展情况。压实整改主体责任，及时对督查督办问题整改情况进行跟踪，明确整改时限。赣州采取联合检查组与第三方暗访调查相结合的方式对全市20个县（市、区）的街道办（含城关镇）、乡镇、村庄环境综合整治工作成效进行年中（终）现场检查考评，分别对县（市、区）、街道办（含城关镇）和乡镇进行排名，并在全市范围内通报，排名后五名的县（市、区）接受电视媒体采访，进行公开表态。全市建成乡镇垃圾中转站229个、垃圾焚烧发电厂3个，梯次建成1 275个农村污水处理设施，1 204个村的生活污水得到处理，全市农村户用卫生厕所普及率达99.6%，累计建成"四好农村路"7 022公里、农村集中供水工程3 711处，基本建成"村收集、乡镇转运、区域处理"的城乡一体化生活垃圾转运处理体系，所有乡镇实现保洁全覆盖，生活垃圾实现日产日清，乡镇环境卫生治理水平全面提升，乡镇容貌秩序得到改善，环卫、市场、公厕等基础设施短板加快补齐，村庄环境长效管护长效机制正在加快建立。

定南县探索镇村生活污水处理新模式

定南县是国家重点生态功能区、东江源区县。2020年来，定南县为呵护东江源头一江清水，建设了7个集镇生活污水处理厂、21个行政村生活污水处理站，实现了集镇、中心村生活污水处理设施全覆盖。同时探索出了经济高效且适宜推广的"村镇智慧环保污水处理公园"农村生活污水处理新模式。

一、项目特色亮点

"零成本"运营。处理站采用的江西威典环保科技有限公司一体化处理设备能耗低，配套建设光伏发电站，完全能满足处理站所有设备运行，同时将余电并入电网，收益用于抵销污水处理系统的运营管理开支，使生活污水处理站基本实现"零成本"运营。以日处理量750吨（由3台250吨/天模块并联形成）的岿美山集镇污水处理站为例，主要运营成本（含用电、人工、耗材等）约为

375元/天，装机容量128千瓦的光伏发电站日均余电并网收入约290元（若光伏装机容量达到166千瓦，可实现零成本运行）。而同等级的一体化MBR（膜生物反应器）工艺成本则需要1.7元/吨，另外一体化MBR工艺成本更换膜组件年均费用还需8万元。

运维简单。一体化处理设备高度集成智能化，自控程度高，操作简单灵活。通过远程监控系统平台系统，管理人员可通过移动式控制终端进行操控，实时了解处理站的运行状况，实现"无人化"管理，有效提升运营效率和管理水平，有效解决农村生活污水处理设施建成后运维难，甚至无运维的问题。

功能多样。把自主研发的生活污水处理系统、乡村公园、光伏发电、互联网智慧管理、环保科普教育站整合为一体，将村镇生活污水处理设施打造成适合休闲游憩活动、传播生态文化知识、展示乡风文明的多功能乡村公园——村镇智慧环保污水处理公园。有效克服了一般环保设施重生态功能、轻社会功能和景观功能的弊端。

布局灵活。一体化处理设备采用模块化设计，标准化制造，集生化、沉淀、过滤、消毒、附属设备于一个集装箱内，占地少，对土地要求低，布局非常灵活。例如，日处理量750吨的龙塘集镇污水处理站，设备占地面积仅为267平方米；日处理量80吨的龙塘新村污水处理站，设备占地面积仅为45平方米。

二、取得成效

生态效益：项目所在地的生活污水得到了有效收集处理，处理后排放水质达一级A标准，治理效果好。

社会效益："村镇智慧环保污水处理公园"为周边群众提供了良好休闲游憩活动场所。

经济效益："村镇智慧环保污水处理公园"配套建设光伏发电站，能满足处理站运行，同时将余电上网产生收益，极大地节约了运行成本。

三、经验启示

运维简单是关键。传统的很多镇村生活污水处理项目重建设轻管理，且运维成本普遍较高，存在项目建成后无运维的现象。"村镇智慧环保污水处理公园"是农村生活污水处理新模式，具有运维简单、运行成本低等特点，解决了传统模式建后无法有效运行维护的难题，真正适宜农村推广应用。

多渠道解决资金是基础。项目建设离不开资金，定南县积极争取上级补助资金、东江流域上下游横向生态补偿资金、获取政策银行贷款等，同时，鼓励和引导社会资本参与生态环境治理工程，拓宽生态环境治理投融资渠道。通过EPC工程总承包模式，引进江西威典环保科技有限公司建设的"村镇智慧环保污水处理公园"项目，有力保障了农村生活污水处理设施建设运营资金。

强化智慧管理，稳步提升管理水平。依托云计算数据中心，赣州大力发展智慧城管、智慧交通、智慧环保、智慧社区，集成化打造"城市大脑"，特别是建成市县联动的全市一体化数字城管平台，实现建筑工地噪声扬尘、餐饮油烟在线监测，渣土运输车辆实时监控，市容秩序远程监管，静态停车智慧管理，并构建起"问题受理、任务派遣、整改反馈、情况复核"的全流程大数据管理系统，大大提升城市管理工作质量和效率。建设"万村码上通"5G+长效管护平台，市级村庄环境长效管护系统完成升级改造，全市所有村庄纳入长效管护系统进行动态监管。

建章立制抓长效，不断凝聚共建合力。加强"网格化"管理。压实市厅级"路长"、县市区"网格长"、乡镇（街道办）"片长"责任，层层传导压力。用好地方立法权。颁布实施《赣州市文明行为促进条例》《赣州市城市管理条例》《赣州市农村村民住房建设管理办法》等地方性法规，推动《赣州市生活垃圾管理办法》《赣州市物业管理条例》立法，将城乡环境整治纳入法治化轨道。动员全社会参与，通过开通"微城管"App、微信公众号，电视台开设"城乡环境整治在行动"专栏，开展"百万市民清洁赣州""全民卫生日""文明随手拍"等活动，营造共建共治共享的浓厚氛围。

二、融入湾区优质生活圈

赣州是江西对接融入大湾区的最前沿，也是大湾区联动内陆发展的腹地。近年来，赣州市立足打造对接融入粤港澳大湾区桥头堡战略定位，依托丰富的红色、古色、绿色资源，建设优质旅游项目，增强旅游服务体验，加强媒体宣传，促进旅游消费，实施引客入赣工程，建设大湾区旅游度假首选地、康养休闲胜地，高品质打造湾区优质生活圈后花园。2021年全市接待游客14 051.9万人次、同比增长3.63%，实现旅游收

入 1 528.8 亿元、同比增长 8.13%。2021 年 12 月 10 日赣深高铁正式开通，革命老区赣南正式融入粤港澳大湾区两小时黄金旅游圈。

建设优质项目。围绕粤港澳大湾区游客消费需求，打造首个以红色文化为主题的乐园——方特东方欲晓、首个红色实战演艺项目——《浴血瑞京》、工业与旅游融合项目——南康家居小镇、旅游与乡村振兴有机结合的会昌小密花乡、教育与旅游融合的会昌和君小镇等跨界融合新兴业态。

会昌县和君教育小镇

和君教育小镇坐落在红色名村梓坑村山谷及贡江两岸，是当年留守苏区中央机关的驻地，有十多个革命遗址，红色教育资源丰富，山清水秀，生态优美。和君教育小镇实体校园总体规划面积 9.98 平方公里，建设用地 3 000 亩，建设"一带、三轴、十三区"，总投资 50 亿元。

和君教育小镇一期工程，围绕和君职业学院的校舍和校园建设，已全面建成和投入使用约 10 万平方米建筑，包括耕读村（生活和商务区）、教学区和三度书院（学术区）三个建筑组团。和君职业学院于 2021 年 9 月顺利开学，现有在校学生 2 400 人，成为中国第一所建在革命老区红色名村里的高等职业教育院校。

和君教育小镇一期建成，2020 年被评为市级优秀特色小镇，成功列入省级特色小镇培育名单，并荣获世界顶级的 IFLA（国际风景园林师联合会）2021 年度亚太地区景观建筑优秀奖、中国风景园林学会科学技术奖等奖项。

一系列重要活动在和君教育小镇举行，2020 年江西省旅游产业发展大会、中国上市公司董秘论坛、全国证券投资高峰论坛，来自全国各地的各种会议、培训和游学活动等，纷至沓来。清华大学、华东师范大学、南昌大学等著名大学陆续在和君教育小镇建立研学实践基地。

安置区"梓坑家园"全面建成入住，村民安居乐业，"和君企业＋梓坑村"的乡村

会昌县和君教育小镇耕读村

振兴示范村模式初步形成，乡村振兴学院、"文家乐"主题民宿，接待运营近一年。

和君教育小镇的二期工程已经开工建设，包括和君职业学院校园二期、马术基地、董秘村、基金村、客家水街、西工田等6个建筑组团，以及政府相应配套的基础设施及民生工程项目14个。

依托温泉、森林等资源，建设全南鼎龙十里桃江国际芳香森林度假区、赣州天沐·阳明温泉度假小镇、汉仙盐浴温泉度假区、石城天沐温泉国际旅游度假区、石城森林温泉小镇等一批集休闲、康养、度假于一体的康养度假基地。安远三百山景区"饮水思源·溯源东江"旅游目的地，被授予"2020年度港澳青少年内地游学推荐产品"。

石城县：打造"中国温泉之城"

石城县是全国温泉资源最多的地区之一，全县已探明的温泉点有7个，其中6个温泉点水温均在46℃以上。全县已查明可采地热水资源储量13 777.74立方米/天，预计潜在资源储量可达15 000立方米/天。对各点采取水样分析，结果显示所采水样pH值普遍高于7.0，水质透明，氟、硫元素含量较高，具有很高的医疗价值。已勘查地热资源含矿物元素丰富，具有良好的治疗和保健作用，富含偏硅酸、硫、氟、氡等元素，具有多种理疗用途。全县已开发温泉项目有九寨温泉、花海温泉、森林温泉、天沐温泉。

规划先行，不断优化温泉旅游项目顶层设计。充分利用并严格执行已编制的《石城县温泉旅游专项规划》《石城县全域旅游规划》《石城县"十四五"文化和旅游发展规划》等规划，对全县温泉等旅

石城县九寨温泉（一）

石城县九寨温泉（二）

游资源进行科学布局和项目谋划。在项目规划上严格把控，谋求温泉旅游项目差异化发展，避免同质化竞争，将温泉资源与山地、花海、客家文化、乡村资源组合包装，规划建设峡谷温泉、花海温泉、围屋温泉、乡野温泉等各具特色的多功能复合型温泉体验项目，切实把石城温泉作为石城旅游产业升级、旅游产品更新换代的有力抓手。

强化IP，全力塑造"中国温泉之城"品牌形象。以品牌创建为引领，加强旅游品牌创建指导，推进一批温泉旅游项目创建A级景区、A级乡村旅游点、旅游风情小镇、省级旅游度假区等旅游品牌建设。重点推进九寨温泉、花海温泉创建3A级景区，森林温泉、天沐温泉创建旅游风情小镇和省级旅游度假区等旅游品牌。差异化开发建设各具特色的温泉康养项目，形成集聚效应，带动生态景观农业、休闲娱乐和旅游地产业整体发展，促进"旅游+"其他产业深度融合，着力打造两三个具有全省乃至全国影响力的温泉旅游品牌，唱响石城"中国温泉之城"品牌形象。

项目为王，大力开发温泉康养旅游。推进温泉康养与休闲度假相结合，加快九寨温泉、森林温泉、天沐温泉、花海温泉、都市温泉的建设；组建粤港澳大湾区旅游招商小分队，加大在粤港澳大湾区的项目推介力度，重点做好杨坊温泉、温寮温泉、沿沙温泉等项目的招商，引进一批实力强、知名度大的文旅企业来县投资。充分融入度假理念，全面提升景区品质和服务，做深、做足、做透休闲及康养文章。发挥温泉康疗、养生等功能，延长温泉旅游产业链。推进温泉泡浴保健养生与中医药、茶道等传统养生文化及瑜伽等外来文化相融合，丰富产品和服务业态。探索制定温泉疗养政策，推进相关制度创新。同时，推进医疗康养、运动康养、森林康养旅游发展，多形态全方位打造康养旅游目的地。

石城县温泉资源的挖掘，深入贯彻创新、协调、绿色、开放、共享新发展理念，助推旅游事业的快速发展，将石城从一个名不见经传的山区小县发展成为现在初具人气和热度的温泉旅游目的地，构建起"旅游兴旺引领，生态农业、低碳工业、现代服务业齐振兴"的发展新格局。依托独特温泉资源，大力推进花海温泉、九寨温泉、森林温泉、天沐温泉的建设，增强特色景区对外吸引力，带动周边景区的发展，以温泉康养产业优势为亮点，大力发展休闲、游憩、观光等产业，建成浪漫琴江画舫、灯彩观光游园、温泉夜游等项目，打造全域石城新颜值。大力发展"旅游＋温泉"产业，引导周边群众发展旅游延伸产业，参与温泉康养事业，增加就业岗位，扩宽谋生渠道，提升经济收入，促进旅游消费，推动县域经济发展。完善相关公共设施，切实有效地改善群众生活环境，提升人民群众的幸福指数，实现生态旅游共创共享。

精准引客入赣。为实现旅游市场无缝对接，抢抓赣深高铁开通机遇，开启"乐乘高铁·畅游赣州"系列推广活动，出台全国游客凭赣深高铁车票进入全市 4A 级以上旅游景区享受门票 5 折优惠政策，开展云游江西免费学子卡、旅游年卡等优惠活动。主动对接粤港澳大湾区客源市场。与旅行社合作开展"点对点"精准营销，组织团队游客到赣州旅游。出台《关于克服疫情影响全面激活旅游市场奖励措施》，重金奖励组织旅游专列、航空旅游、自驾旅游、大巴旅游、OTA（在线旅行社）平台收客到赣州旅游的旅行社，同时各县市区配套制定系列优惠政策，全面激活市场，拉动旅游消费，做大游客总量。开展旅游推介活动。抢抓赣深高铁开通机遇，在广州、深圳等客源城市举办"红土情深·嘉游赣"系列旅游推介活动，开展百趟专列进苏区、重走长征路采风等活动。印发《赣深高铁开通赣州文旅宣传方案》，在深圳北站举办"从深圳出发嘉游赣"赣深高铁首发仪式暨赣州旅游产品推介会、"红色故都·客家摇篮"赣州文旅号高铁冠名首发仪式。

加强媒体宣传。开展赣深高铁列车冠名，在赣深高铁沿线所有站点、江西、广东片区 112 组动车、广惠城际轻轨、广州深圳地铁、广州深圳珠海公交上投放赣州文化旅游宣传广告。在抖音 App 上线话题挑战赛，以抖音短视频大赛有奖激励（设置 10 万元现金奖励）的形式，推动创作乘着高铁游赣州短视频，相关视频播放量738.5 万余次，邀请粤港澳大湾区媒体达人、旅行商来赣州开展采风活动。特别是加强新媒体营销，推出"来赣州过客家年""来赣州乐享美好旅程"等热门话题，创新

形式开展文旅云上直播推介，先后开展赣州文旅（云上）全媒体推介、赣州旅游美食总动员直播（云上）推介、"潮起赣坊·粽情赣州"端午（云上）全媒体推介等活动，每场活动全网观看量都超过千万人次，面向全国游客推介赣州代表性景区景点、特色民宿和网红打卡地，实现"线上推介＋线下引流"，并摄制《赣州有戏》《我在赣州等你来》多条高质量的短视频，全网点赞量超过10万个，激发本地和周边游客群的出游热情。

促进旅游消费。赣州重磅出台旅游商贸消费优惠政策，市本级安排2 000万元，各县（市、区）配套，发放超过5 800万元的文旅消费券，引导带动游客在景区景点、住宿、餐饮、商超800余家企业进行消费，全面释放消费潜力。2021年国庆假期，赣州商圈热度增幅同比71%，在全国68个重点城市商圈中排名第一，央视三个栏目密集报道赣州市国庆假期繁荣景象。2022年春节期间，市本级开展"来赣州过客家年·千万消费券免费领"活动，发放价值2 000万元共10万份春节文旅商贸电子消费券，县级配套发放价值1 368.14万元的电子消费券。

瑞金市：奋力打造红色旅游目的地

瑞金是著名的红色故都、共和国摇篮、中央红军长征出发地，是全国爱国主义和革命传统教育基地，因厚重的红色底蕴而被大家所熟知。瑞金市依托丰富的旅游资源，大力发展红色旅游，荣获"全国红色旅游经典景区""全国十大红色景区""江西省红色旅游先进单位"等荣誉。

创新顶层设计，打造红色旅游龙头。为实现红色旅游加快发展，瑞金市从政策层面对旅游产业和红色教育培训进行规范、激励。研究制定《红色旅游高质量跨越式发展三年行动计划》《瑞金市促进红色培训发展三年工作计划》《关于提升改造我市红色演艺工作（三年计划）的实施方案》等多个文件。瑞金市每年设立文化和旅游发展专项资

浴血瑞京景区演艺现场（一）

金5 000万元，并按20%的比例逐步增加旅游产业发展引导资金，完善财政支持旅游业发展的相关政策，以最优惠的力度刺激旅游产业发展。

创新形式载体，红色培训"火"起来。2019—2020年，

浴血瑞京景区演艺现场（二）

瑞金市连续两年成功承办中国红色旅游博览会和全省旅游产业发展大会，创造瑞金经验。为加快红色培训和红色研学发展，瑞金市专门成立管理服务机构，通过招商引资启动可容纳1 000人以上的红色培训基地建设，开发一系列精品课程，培育一大批优秀的红色培训辅导员并推向市场。一系列的创新举措，催化红色培训的快速发展。目前，瑞金市已形成以瑞金干部学院、瑞金市委党校为龙头，62家红色教育培训机构共同发展的强大培训机构体系，创造性推出集培训、参与、体验于一体的红色培训模式。

创新品牌营销，多渠道"引客入赣"。为了加强红色旅游与时代特色的融合，打造红色旅游文化新形象，瑞金市策划组织红色文化旅游节、红都创意生活嘉年华，建设浴血瑞京景区、红都幸福花海、红源记忆教育培训基地等一批红色旅游项目。瑞金市还启动全国百趟红色旅游专列进瑞金活动，在产品开发、线路串联、宣传营销等方面多渠道打响瑞金的旅游品牌。为加强红色旅游城市旅游合作，瑞金倡导发起中央苏区"7+2"红色旅游联盟。

第五章

擦亮赣南苏区生态改革新名片

生态文明制度是生态文明建设的重要保障。开展生态文明体制改革，完善生态文明制度，是全面深化改革的重要组成部分，是建设美丽中国的坚强保障。党的十八大以来，习近平总书记多次强调，要深化生态文明体制改革，尽快把生态文明制度的"四梁八柱"建立起来，把生态文明建设纳入制度化、法治化轨道，先后明确指出"建设生态文明，重在建章立制""保护生态环境必须依靠制度、依靠法治"，强调要"加快制度创新，强化制度执行，让制度成为刚性的约束和不可触碰的高压线"。生态文明体制机制改革进入"快车道"，制度出台之密、措施力度之大、推进成效之好前所未有。

第一节　生态文明体制改革在赣南落地开花

党的十八届三中全会提出健全自然资源资产产权制度和用途管制制度、划定生态保护红线、实行资源有偿使用制度和生态补偿制度、改革生态环境保护管理体制，构筑了生态文明制度体系的"四梁"。2015 年 9 月，中共中央、国务院印发《生态文明体制改革总体方案》，搭建起生态文明制度体系的"八柱"。党的十九大、二十大均将完善生态文明制度体系纳入重要议题并对其作出前瞻部署。2020 年 3 月出台《关于构建现代环境治理体系的指导意见》。2012 年以来配套制定国家公园体制试点、生态保护补偿机制、能耗"双控"、生活垃圾分类制度、生产者责任延伸制度等一系列重要改革方案，建立健全中央生态环境保护督察、生态保护红线、生态环境分区管控、河湖长制、生态环境损害赔偿、排污许可等一系列重大制度，探索生态产品价值实现机制试点，制修订生态环境保护法律法规 30 余部，配套行政法规 100 余件和地方性法规 1 000 余件，管根本、管长远的生态文明制度体系基本形成。2017 年 9 月，中共中央办公厅、国务院办公厅印发《国家生态文明试验区（江西）实施方案》，将江西生态文明建设纳入国家部署，率先开展生态文明体制改革试验，着力打造美丽中国

会昌县汉仙岩

"江西样板"。截至 2020 年底，国家生态文明试验区重点改革任务全面完成，35 项生态文明领域改革成果和经验做法列入国家推广清单。建立自然资源管理、生态环境保护、绿色发展等领域政策机制 100 余件，率先出台生态文明建设促进条例，颁布河长制条例、林长制条例、大气污染防治条例、水资源条例等一批地方法规，生态文明制度体系基本建立。

赣州市委、市政府紧跟国家、省部署，第一时间出台《关于深入落实〈国家生态文明试验区（江西）实施方案〉的实施意见》，高位推进全市生态文明体制机制改革。市第五次党代会提出要完善生态文明制度，健全源头严防、过程控制、损害赔偿、责任追究的生态文明制度体系。市第六次党代会提出要健全生态保护制度，全面实施国土空间监测预警和绩效考核机制，强化领导干部自然资源资产离任审计、生态环境损害赔偿、生态环保执纪问责，打造河长制、湖长制、林长制升级版，深化生态环境保护综合执法改革，健全完善环保领域法规政策。同时，生态环境保护"党政同责、一岗双责"等机制的深入实施，饮用水水源保护条例、水土保持条例等地方法律的贯彻落实，赣州市政府向市人大报告生态文明建设情况、市法院向市人大常委会报告生态环境资源审判工作、市检察院向市人大常委会报告生态检察工作等机制的持续实施，生态系统保护和修复、环境治理和监管、资源高效利用、生态产品价值实现等制度的全面落地，标志着一系列生态文明体制改革上层设计在赣南落地生根、开花结果。

一、构建山水林田湖草沙系统保护与综合治理制度体系

（一）自然资源资产产权改革

2019 年 4 月，中共中央办公厅、国务院办公厅印发《关于统筹推进自然资源资产产权制度改革的指导意见》，为构建中国特色自然资源资产产权制度体系作出了顶层设计。2019 年 7 月，自然资源部等五部委印发《自然资源统一确权登记暂行办法》，部署对水流、森林、山岭、草原等自然资源的所有权和所有自然生态空间统一进行确权登记。2022 年 3 月，中共中央办公厅、国务院办公厅印发《全民所有自然资源资产所有权委托代理机制试点方案》，部署开展委托代理机制试点。江西率先出台《关于统筹推进全省自然资源资产产权制度改革的实施意见》，全面完成全民所有自然资源资产清查试点工作，相关试点经验和成效为国家技术规范的制定提供了实践经验。

1. 自然资源统一确权登记全面展开

按照国家和省改革部署，2021 年 2 月，赣州市政府印发《赣州市自然资源统一确权登记工作方案》，部署构建自然资源统一确权登记制度体系，推进自然资源确权登记法治化，推动建立归属清晰、权责明确、流转顺畅、保护严格、监管有效的自然资源资产产权制度。重点开展自然保护区（地）、江河湖泊、湿地、草原、森林等自然资源确权登记，开展探明储量的矿产资源确权登记。截至 2022 年 12 月底，全市已完成 671 个自然资源登记单元的首次登记通告及资料收集、分析及数据库建设；配合省自然资源厅完成了第一批次的赣江、桃江两条河流的自然资源统一确权登记工作；配合省自然资源厅全面开展 2022 年度自然资源数据库省级质检工作，全市 18 个县（市、区）均已向省质检中心提交数据。

2. 深化自然资源资产管理体制改革

按照自然资源资产管理体制改革部署，2018 年底组建赣州市自然资源局，为市政府工作部门。将市国土资源局（市不动产登记局）、市城乡规划局职责，市水利局水资源调查和确权登记管理职责，市林业局森林、湿地等资源调查管理职责，以及市矿产资源管理局相关行政职能整合，划入新组建的市自然资源局职能模块。章贡区、南康区、赣县区自然资源机构调整为市自然资源局的派出机构，不再保留市国土资源局（市不动产登记局）、市城乡规划局。县（市）矿产资源管理工作体制由市以下垂直管理调整为市、县（市）分级管理。新组建的市、县自然资源部门统一行使全民所有自然资源资产所有者职责、所有国土空间用途管制和生态保护修复职责，实现集"管地""画地""用地"于一身，有力地促进了多年来自然资源所有者管理不到位、国土空间规划重叠等问题的有效解决。

大余丫山风景名胜区

赣州是江西省 3 个全民所有自然资源资产所有权委托代理机制试点地区之一。2021 年 8 月，编制了《赣州市全民所有自然资源资产所有权委托代理机制试点实施方案》（以下简称《方案》）、《赣州市人民政府代理履行全民所有自然资源资产所有者职责的自然资源清单（试行）》（以下简称《清单》），并顺利通过自然资源部批复同意。2022 年 9 月，上述《方案》和《清单》在全省率先出台。《方案》明确，受自然资源部委托，赣州市政府代理履行赣州市行政辖区内除中央政府直接行使、省政府代理履职的自然资源资产外的全民所有土地、矿产、森林、草地、湿地、水资源以及自然保护地等所有者职责。市自然资源局负责统筹承担全民所有自然资源资产所有者职责管理事项，自然资源、林业、水利、农业农村等部门，按照"三定"职责承担相应自然资源资产部分所有者职责管理事项。编制市级自然资源清单并明确履职主体权责，将对看得准、有把握、分歧少、正在做的事项以及和市政府履职能力相适应的资源范围优先纳入资源清单，并明确了各资源管理部门权责。其中，市自然资源局具体承担土地、矿产、森林、湿地等自然资源的调查监测、确权登记、清查统计、收益统一核算、考核评价和资产报告等职责；承担土地、矿产资源资产的处置和配置，并承担中央、省政府行权的矿产资源中交由市级承担的部分职责；承担水资源的调查、确权登记、资产报告等职责。市林业局具体承担市属国有林场森林资源的监督管理、动态监测与评价、特许经营，湿地生态保护修复等职责。市水利局具体承担水资源开发利用和保护、监测和调查评价、有偿使用等职责。赣州全民所有自然资源资产所有权委托代理机制试点突出探索土地、矿产、湿地 3 类资源资产委托管理目标，重点在严格"净地"收储、储备土地开发管控和临时利用规划编制、摸清市本级未确定使用权人的存量国有土地纳入储备；推进"净矿"出让、开展过期矿业权公告废止、绿色矿业发展示范区建设、稀土资源战略储备制度研究、市场化方式推进矿山生态修复；开展湿地确权登记、湿地资源运营等 10 个方面的研究探索，推动形成一批可复制、可推广的试点成果，为全面落实统一行使所有者职责积累赣州经验、提供赣州智慧。

（二）完善国土空间开发保护制度

1.构建国土空间规划体系

国土空间规划是各类开发保护建设活动的基本依据。2019 年 5 月，中共中央、国务院印发《关于建立国土空间规划体系并监督实施的若干意见》，部署建立全国统一、权责清晰、科学高效的国土空间规划体系，要求各地自上而下编制各级国土空间规划。2019

年 11 月，江西省委、省政府印发《关于建立全省国土空间规划体系并监督实施的意见》，对全省国土空间规划体系构建作出总体性安排。2020 年 6 月，赣州市委、市政府出台《关于建立国土空间规划体系并监督实施的意见》，有序开启赣州国土空间规划工作。

云雾南武当山

建立健全市级国土空间规划委员会制度。赣州市政府出台《赣州市国土空间规划委员会工作规程》，成立了市政府主要领导挂帅的市国土空间规划委员会，建立健全国土空间规划委员会制度，推进形成科学、民主、公平、公正的国土空间规划协调议事机制。组建以来，市国土空间规划委员会召开了一系列会议，审议 30 余项国土空间规划领域重大事项，为推进国土空间规划发挥了重要作用。

全面推进国土空间总体规划编制。2022 年 10 月，形成了《赣州市国土空间总体规划（2021—2035 年）》文本、图集等规划上报成果和公示成果，系统谋划构建"一带四区多群"农业产业空间格局，建立"四屏、三区、三源、多廊"生态安全格局，"一主两副、两轴三带"的城镇空间结构。同时，完成全市"三区三线①"划定及成果上报，国土空间保护开发格局得到进一步统筹优化。

有序推进详细规划和专项规划编制工作。按照推进多中心、组团式发展的要求，在市级国土空间总体规划中将中心城区统筹划分城市组团，引领城市成片开发。南康区东山—南水控制性详细规划，赣县区梅林组团、储潭组团控制性详细规划，章贡区水西组团、罗边组团控制性详细规划先后获市政府批准实施，启动蓉江新区、赣州国际陆港等一批控制性详细规划修编工作。完成《赣州市"百里滨江生态绿廊"详细设计》《赣州市中

① 根据农业空间、生态空间、城镇空间三种类型的空间，分别划定对应的永久基本农田保护红线、生态保护红线、城镇开发边界三条控制线。

心城区城市"双修"专项规划》《赣州市中心城区地下管线综合规划》等重要专项规划编制工作，引领城市重要滨水空间营造，推动城市功能和生态修复，统筹布局城市地下空间开发利用。这些专项规划体现特定功能，成为全市详细规划的重要补充和支撑。

赣州市以"三区三线"划定促进城市发展方式转变

2021 年 7 月，国家将江西省确定为全国 5 个"三区三线"统筹划定试点省份之一。赣州市作为江西省第一批推进的设区市，坚决贯彻三轮试划各项要求，较好完成试点工作，为全国"三区三线"划定规则贡献了赣州智慧。2021 年 12 月，自然资源部陆昊部长专题到赣州召开"三区三线"试划工作调研座谈会，会上对赣州市有关经验做法给予了充分肯定。

赣州市以"三区三线"划定为契机，坚决守住耕地红线，协调空间矛盾冲突，实现"多规合一"，着力推动城市发展模式由粗放扩张式向内涵集约式转变。推动耕地保护责任落实，按照耕地和永久基本农田、生态保护红线、城镇开发边界的顺序划定落实三条控制线，优先落实耕地和永久基本农田保护任务控制数，带位置落实耕地保护任务，实现"数、线、图"一致。引领发展方式转变，以资源环境承载能力为硬约束，严格落实"城镇开发边界内建设用地增量规模上限不得超过现状城镇建设用地规模的 0.3 倍"要求，节约集约划定城镇开发边界，坚持走绿色集约发展之路。指导各地结合区域发展特征分析，合理确定城镇发展方向与空间布局。严把划定成果质量关，坚持唯一底图、强化市县联动，多次组织有关市直单位和技术力量对全市 20 个县（市、区）技术报告和矢量数据库进行审核，组织督导组赴各县（市、区）开展实地督导，确保划入的耕地为实有耕地，实现耕地落图、落位、落线。

2022 年 10 月，自然资源部已批准江西省"三区三线"划定成果。赣州市耕地保护任务为 536.86 万亩，永久基本农田保护任务为 469.02 万亩。全市划定生态保护红线面积 11 659.57 平方公里（1 748.94 万亩），占全市国土面积 29.62%。全市划定、划示城镇开发边界面积 1 008.25 平方公里。

打造全市国土空间基础信息平台和"一张图"实施监督系统。按照"市县统建"的方式，加快建设全市国土空间基础信息平台和"一张图"实施监督信息系统开发。

到 2022 年 10 月，已完成平台与系统六个主体功能模块建设，对接省自然资源厅获取了 100 余项基础数据及天地图服务，建成了合规性审查、规划条件管理等多个特色模块。其中，2022 年 4 月和 5 月，分别上线市级、县级平台和系统，平台与系统共纳入全市用户 941 个，基本实现了市县分级分层管理、成果及时汇交，推动市、县两级基础数据共享、自然资源系统业务融合，为全市统一的国土空间用途管制、实施建设项目规划许可、强化规划实施监督提供有力支撑。

乡、村规划编制水平得到显著提升。各县（市、区）有序开展乡镇国土空间规划编制，到 2022 年 10 月，全市新型城镇化示范乡镇、农村全域土地综合整治试点乡镇等形成规划初步成果的已有 69 个。各地充分衔接"十四五"规划实施和乡村振兴发展需求，科学制定村庄规划编制计划。在全市农村全域土地综合整治试点、历史文化名村、传统村落等 926 个重点村庄，先行启动"多规合一"实用性村庄规划，着力提升乡村规划的科学性、实用性和前瞻性。制定《赣州市村庄规划编制技术指南》，成立市级村镇规划技术服务组，指导各地高质量编制好实用性村庄规划。随着乡、村规划编制能力的显著提升，全市乡镇国土空间布局得到进一步优化，有力地促进了乡村振兴和美丽乡镇建设。

赣州市探索"五分法"实用性村庄规划编制

赣州市在推动"多规合一"村庄规划编制工作中，开展了基于第三次全国土地调查成果的实用性村庄规划编制研究，创新性提出"分级、分类、分版、分步、分层"的实用性村庄规划编制方法（"五分法"），为全国村庄规划编制提供赣州方案，经验做法受到《中国自然资源报》、自然资源部公众号、江西乡村振兴公众号宣传推广。

以管理实用为导向，"分级"实现村域空间的规划管控依据覆盖，探索在乡镇规划中实行村庄规划图则管理。以内容简化为导向，"分类"明确村庄规划编制内容，按照集聚提升、城郊融合、特色保护等基本类型，因地制宜确定编制组合内容。以成果简明为导向，"分版"编制村民公示版、评审论证版、报批备案版等面向不同需求的规划。以村民主体为导向，"分步"编制参与式村庄规划，做到编制前村民动员，编制中全程参与，编制后公示宣讲。以编管结合为导向，"分层"明确管控要求，在村域范围、村庄建设边界两个层次，"分层"编制、编管结合，明确村域、村庄建设边界的编制内容和管制要求。

2. "三线一单"管控

加强生态保护红线、环境质量底线、资源利用上线和生态环境准入清单管理（以下统称"三线一单"），建立和实施生态环境分区管控制度，是深入打好污染防治攻坚战、加强生态环境源头防控的重要举措。2020 年 8 月，江西省政府在全国较早发布《关于加快实施"三线一单"生态环境分区管控的意见》，提出将行政区域分为若干环境管控单元，根据环境管控单元特征提出针对性的生态环境准入清单。2020 年 12 月，赣州市政府印发实施《赣州市"三线一单"生态环境分区管控方案》，提出以生态保护红线、环境质量底线、资源利用上线为基础，通过划分环境综合管控单元，制定环境综合管控单元生态环境准入清单，把生态环境管控要求落实到具体管控单元，建立覆盖全市的生态环境分区管控体系。

按照管控方案，全市划定管控单元 232 个。在此基础上，赣州市先后出台《赣州市生态环境总体准入要求》《赣州市环境管控单元生态环境准入清单》《赣州市建设项目环境影响评价准入管理规定》等文件，作为全市建设项目环境影响评价准入管理的重要依据。依托"数字环保"，建立赣州市"三线一单"实施应用系统平台，将县（市、区）"三线一单"落实情况纳入全市生态环境系统目标管理考核，督促市、县两级环评审批部门严格执行"三线一单"有关规定，对不符合管控要求的建设项目坚决不予审批。全市划定生态保护红线面积达 11 659.57 平方公里，占全市国土面积 29.62%，是全国生态保护红线划定占比较高的设区市之一。

信丰县坚持以"三线一单"为引领推动产业发展升级

三线一单"是生态环境准入约束，更是绿色发展理念的集成。赣州市信丰县主动作为，从产业准入方面严格把控，紧盯减污降碳协同增效目标，严格落实"三线一单"管控要求，推动产业转型升级。

开展区域评估工作。对信丰县大唐工业园开展规划环境影响评价，将"三线一单"成果落实到规划环境影响评价报告中。同时坚持将"三线一单"成果融入国土空间规划及各级各部门的"十四五"规划编制中，要求规划编制须以"三线一单"生态环境分区管控要求为依据，并不得突破生态保护红线、环境质量底线、资源利用上线，不相符不适应的须做出调整，从宏观层面调控全县产业布局方向、资源开发强度，实现部门间政策的一致性。

落实选址管控要求。将"三线一单"管控要求作为建设项目选址选线、空间布局的指导性依据，如矿山开采项目、招商引资项目落地等均要求符合"三线一单"分区管控要求，避免和减少企业前期投资浪费，协同经济社会发展与生态环境保护，达到人与自然和谐共生的目标。2021—2022年，依据"三线一单"管控要求，否决了某公司水性光固化涂料投资项目、某公司铜冶炼加工项目、某公司废弃铝材回收冶炼加工项目、某公司废旧橡胶加工再生项目、某纸业公司搬迁项目、某公司植物纤维生态提取项目等6个项目选址方案，确保区域环境质量总体稳定。

严把项目准入关。通过"三线一单"强化空间保护硬约束，以建设项目环境影响评价文件的评估审批为抓手，严格落实"三线一单"管控要求，建设项目环境影响报告中必须有"三线一单"相符性分析内容，并重点审查；通过项目与"三线一单"的符合性分析，提前明确了项目在自然保护地、环境质量、资源利用和环境风险方面与区域生态环境的影响，预判了项目落地的生态环境合理性及相关污染防控要求，起到了源头严防作用。

（三）建立河长制体系

河湖管理保护是一项复杂的系统工程，涉及上下游、左右岸、不同行政区域和行业。由党政领导担任河长，有利于推动落实地方主体责任，协调整合各方力量，有力促进了水资源保护、水域岸线管理、水污染防治、水环境治理等工作。2016年12月，中共中央办公厅、国务院办公厅印发《关于全面推行河长制的意见》，全面推行河长制。2015年11月，江西省委办公厅、省政府办公厅印发《江西省实施"河长制"工作方案》。2017年5月，修订《江西省全面推进河长制工作方案》，出台《关于以推进流域生态综合治理为抓手打造河长制升级版的指导意见》。赣州是长江水系赣江和珠江水系东江、北江的三江源头，境内水系发达，河流众多，流域面积在10平方公里以上的河流有1 028条，总长度1.66万公里。2015年以来，出台《赣州市实施"河长制"管理工作方案》《赣州市全面推行河长制工作方案（修订）》《赣州市河长制升级版示范工程实施方案》《赣州市实施湖长制工作方案》《赣州市关于强化河湖长制建设幸

福河湖的实施意见》等文件，全力打造具有赣南特色的河长制工作体系。

健全完善组织体系。持续完善河长制组织体系和责任机制，形成各级河长上下联动、责任单位协调配合的管水治水新格局。各级党政主要领导分别担任各级总河长、副总河长，设市级总河长、副总河长，市级河长、县级河长、乡级河长、村级河长、巡查员或专管员、保洁员。市、县级总河湖长，副总河湖长及河湖长名单每年定期在市、县政府网站更新公示，在河流显要位置安装了河长制公示牌并接受社会各界监督，实现"亮码上岗"。

明确河湖保护职责。江西省委副书记、赣州市委书记、市级总河长率先垂范，带头巡河督导，深入一线发现问题、督促整改到位。赣州市长、市级副总河长及各位市级河长均根据职责开展了巡河工作，对发现的问题第一时间提出整改要求，确保巡河督导取得实效。各级河长及责任单位认真履行职责，常态化开展巡河并推进问题整治，有力保障了河流水生态环境安全。部门联治强协作。将河长制工作纳入县（市、区）高质量发展考核和市直有关责任单位年度绩效考评，将各级河湖长履职情况纳入领导干部年度考核述职内容。市级责任单位共同推进《赣州市赣江、东江流域生态环境专项整治工作方案》实施，强力开展赣江、东江生态环境整治及清河行动、消灭Ⅴ类水等多项行动。把河长制工作列入市级督查计划，密集调度督查河长制工作，对危害水环境的突出问题及时整改销号。

赣县金盘水库

创新河湖保护机制。常态化推进"河湖长＋警长＋检察长"协作机制。市河长办公室联合市人民检察院、市水利局在全市范围内开展了水行政执法及监督行动，公安机关会同农业农村、水利等部门开展了联合执法及巡逻工作，严厉打击涉河违法犯罪行为，督促依法行政，有效遏制各类涉河突出问题，实现了河湖管护工作的"长牙带电"，推动水生态环境质量持续向好。采用"河长制＋乡村振兴"模式，通过公益性岗位聘请建档立卡贫困人口担任河道保洁员或巡查员，助力河湖保护。加强河长制跨区域合作。在全省率先建立市、县两级跨界河湖联防联控协作机制，联合广东省韶关市和梅州市、福建省龙岩市、湖南省郴州市和吉安市制定了《跨区域河长制工作合作制度》，深化全流域协同管水护水工作体系。

加大社会参与力度。建立"河长制＋社会河长"模式，全市通过聘请"企业河长"和"民间河长"参与河湖保护。加强"河小青"志愿服务，组织机关、企事业单位及学校建立"河小青"志愿服务队参加河流保护志愿服务，构建全社会共同参与河长制工作的新局面。加强河湖保护宣传，结合"世界水日""中国水周""江西省河湖保护活动周"开展集中宣传，采取新兴媒体与传统媒体结合、线上与线下结合的形式，加大微信、抖音等新媒体和电视、报纸的宣传力度，开展了"我的家乡有条幸福河"摄影展，组织了"家乡的幸福河"中小学生征文大赛。加强学习培训工作。每年组织市、县河长办公室及市级有关责任单位开展河长制工作培训会，并开展河湖长制进党校及河长学习培训活动，推动河长及责任单位履行好河湖管护治理责任。通过系列的学习培训宣传，社会公众对河湖保护管理工作的责任意识和参与意识明显增强。

自2015年实施河长制工作以来，一大批涉河涉水问题得到及时有效地解决。全市水生态环境质量持续向好，87个重要水功能区水质达标率由2015年的93%上升到100%，赣江、东江出境断面水质达标率100%。河湖长制的广泛、深入实施，锚固了赣南绿色发展基底，厚植了赣南生态文明优势，全市水环境质量持续提升，确保了赣江"一江清水向北流"，东江、北江"两江清水往南送"，2019年、2020年蝉联全省水质指数第一，多项经验成为典型。

（四）健全生态系统保护和修复制度

1.创新水土保持机制

水土保持是改善和保护生态环境的一项紧迫而长期的战略任务。国家高度重视水土保持工作，及时修订《中华人民共和国水土保持法》，国务院批复实施《全国水土

保持规划（2015—2030 年）》，我国水土流失预防和治理取得显著成效。江西省政府制定《江西省水土保持规划（2016—2030 年）》，印发《江西省水土保持目标责任考核办法（试行）》，扎实推进水土流失防治工作。

20 世纪 80 年代以来，赣州市一直致力于水土保持的先行先试。2014 年 12 月，赣州市被水利部列为全国水土保持改革试验区以来，主动作为、改革创新、先行先试，法规制度体系建设不断完善，监督管理全面规范，水土流失治理提质增效，监测和信息化应用能力得到提升。2020 年 8 月，在全省率先颁布并实施《赣州市水土保持条例》。2021 年，赣州市入选全国水土保持高质量发展先行区建设试点。在建设全国水土保持改革试验区的基础上，按照水利部部署，着力深化体制机制改革，强化水土保持监督管理，为我国南方红壤地区全方位推进水土保持高质量发展创造一批可复制、可推广的新改革经验。

一是建立水土保持高质量发展目标责任制度。制定赣州市水土保持高质量发展目标责任考核办法，建立水土保持高质量发展考核评价指标体系。加大履职考核力度，加强考核过程管理，推动地方政府主体责任和相关部门职责落实、制度执行。

二是优化水土保持工程建设管理制度。细化完善水土保持工程建设管理制度，简化工程建设审批程序，优化工程建设管理业务流程。建立多元化、多渠道的水土保持投入机制。出台地方引导社会资本投入水土流失治理激励政策文件，明确以奖代补、先建后补、村民自建等方式的工程奖补范围、奖补标准及有关程序。明确工程管护长效机制，明确管护资金来源。探索水土流失生态治理与用地等挂钩的政策机制，建立崩岗治理、山地林果开发、废弃矿山治理奖励机制。推进小型水土保持工程管理改革，搞活经营权，落实管理权。创新生产建设项目监管制度，构建"监管制度与机制共建、区域监管与项目监管共抓、生产建设项目与农林开发统管、信用评价与社会监督并举"的完善监管体系。推进农林果开发项目水土保持"联审联验＋承诺"制度、全面推行区域水土保持评估制度。

三是建立健全部门协同联动长效工作机制。成立建设全国水土保持高质量发展先行区领导小组，由赣州市政府分管领导任组长，相关单位负责人为成员，领导小组下设办公室（设在赣州市水土保持中心）。建立健全部门协同联动常态化工作制度，制定部门联动工作方案，协同联动工作机制由市水土保持中心牵头，各相关成员单位间要坚持统筹规划，协调服务，资源共享，信息互通等原则，按照职责分工，切实履行职责，加强协调配合，认真落实联席会议议定事项，建立完善工作推进长效机制。加强成员单位之间的协作，落实水土保持联席会议制度和部门职责，细化年度目标任务；

县（市、区）要发挥乡镇、村委会基层组织作用，协同推进水土保持高质量发展先行区建设，形成各司其职、各负其责、各记其功、齐抓共管、运转高效的水土保持工作新格局。

四是完善工程质量考评机制。制定工程质量管理制度以及水土保持重点工程质量标准及考核评级办法。探索第三方工程质量评估机制，组织第三方对工程质量、安全生产、文明施工等进行全面、客观和科学的评估，促进工程建设质量标准化、示范化。制定水土保持高质量发展工作成效奖惩方案。结合各县水土保持高质量发展工作目标完成情况按考核等级实施以奖代补。实施水土保持工程任务完成、工程质量、预防监督、资金管理、档案管理等分项考评并制定以奖代补办法。

2.加强森林和湿地资源管护

按照"党政同责、属地负责、部门协同、源头治理、全域覆盖"的原则，建成覆盖市、县、乡、村、组的五级林长组织体系。全市共设立各级林长5.5万余名，其中市级总林长为市委主要领导、副总林长为市政府主要领导。建立完善"村级林长＋组级林长"和"乡镇监管员＋护林员"的"两长两员"森林资源源头管理架构，创新推进林长制队伍规范化、管理制度化、监管信息化建设，夯实了森林资源保护管理基础。探索开发了市级、县级林长制巡护信息系统和林长通App，专职护林员发现事件通过巡护App第一时间上报，监管员和有关执法部门第一时间处置，实现森林资源监管由面上宏观监管变为源头微观监管，由事后监管变为事前、事中监管，由被动监管变为主动监管，做到巡林有"踪"、护林有"眼"、管林有"据"。

章贡区：筑牢生态屏障 守护章贡绿肺

章贡区坚持生态优先，绿色发展，不断摸索和创新，从宣传、制度体系入手，自上而下，谋篇布局。2018年全面启动林长制工作以来，陆续获得国家、省、市认可，并作为全省学习参观点，陆续接待了国家林业和草原局管理干部学院进修班和来自四川、湖南等地的5批次林长制工作考察团。

1.以制度为准绳，健全体制机制。一是建立一套制度。出台《章贡区林长制实施方案》，建立健全区、镇、村、组四级林长制组织体系及四项配套制度，设立区级总林长1名，副总林长1名，区级林长8名，镇级林长、副林长54名，

章贡区森林资源监控中心在开展工作

村级林长208名，组级林长570名。逐步构建起由各级党政领导同志担任林长，全面负责相应行政区域内森林资源保护发展的管理机制。二是搭建一个平台。将有关单位纳入林长制成员单位，搭建一个协作平台，发挥林长办公室统筹协调作用，强化部门沟通协作，全面推进各项工作开展。三是建立绩效考核制度。在全市率先实施护林员工资绩效奖惩考核管理办法，依托护林员网格化管理体系，对护林员进行年终绩效考核，并对护林员考核结果为"优秀、良好、不合格"的结合绩效工资进行差异化发放。

2. 以职责为导向，强化责任担当。一是压实林长责任。以"林长要巡林、巡林要有效、效果要显著"为目标，出台《章贡区林长巡林实施方案》，建立林长责任区域森林资源清单，通过签发总林长令、呈送林长巡林提示函等方式，压实各级林长责任。二是切实履行监管员职责。各乡镇监管员按照森林资源管理各项规章制度做好对护林员日常管护工作的监管、检查，定期深入监管区，检查指导护林员各项制度措施的落实和执行情况，及时纠正护林员的违规行为。三是整合护林员队伍。大力推进专职护林员队伍改革，整合公益林护林员、村级防火员，择优选聘，打造了一支与现代林业发展相适应的高素质专职化护林员队伍，开展政策法规宣传，日常巡护、野外火源管理、森林病虫害监测等工作，并及时制止各类破坏森林资源行为，确保"山有人管、林有人护、事有人做、责有人担"。

3. 以创新为驱动，打造信息平台。章贡区为打破地域限制、提高林长工作效率，实行林业与信息技术有机结合，与互联网科技企业合作，首创章贡区林长制智慧综合管控平台。通过林业基础信息管理，让森林资源保护"抓得准"。该平台实现了林业基础信息"一张图"管理，林分因子、林权等业务信息全覆盖，让网格化管理更加清晰明了；通过林长通App，让森林资源保护"管得住"。护林员使用App巡山能够自动生成巡山轨迹、上报巡查信息和突发事件，监管员、执法工作人员能够对破坏林业资源的行为做到第一时间掌握、第一时间制止，把各类林业违法行为"扼杀在萌芽中"，各级林长也可通过手机App对护林员的巡查情况、监管范围内森林资源保护情况"了如指掌"。

4. 以执法为抓手，消除生态隐患。一是加大执法力度。结合"绿卫""护绿提质"等专项行动和森林督查工作，认真组织开展森林资源管理问题排查，加大对涉林违法图斑的案件查处，严厉打击破坏森林资源、非法占用自然保护区等涉林违法犯罪行为，做到发现一起、制止一起、查处一起，

章贡区火燃村林长制责任公示牌

保持高压态势，坚决做到"不姑息""零容忍"。二是强化防火执勤。各区级林长在防火重点期深入镇、村、组进行防火督导，并对护林员在岗在位、入户宣传情况进行随机抽查，构建起森林防火网格化管理工作体系，强化野外火源管控，严防森林火灾发生。

5. 以"林长＋示范基地"为模式，赋能林长制。在2018年建章立制的基础上，章贡区2019年起以"林长＋示范基地"的模式，赋能林长制取得新成效。油茶示范基地推动低产油茶改造升级，花卉示范基地创新花卉苗木生产经营模式，森林康养示范基地探索新兴林业产业发展新思路，乡村振兴示范基地打造依"林"提"振"、以"绿"促"兴"模板，林长制激发了经济发展新动能。

6. 以宣传为引领，营造浓厚氛围。章贡区通过深入林区悬挂横幅、发放宣传单和宣传手册、竖立公示牌和林长制宣传牌、在政府网站开辟林长制宣传专栏等方式，在全区范围内开展宣传活动，竖立林长制公示牌59块，切实提高干部群众对林长制的知晓率、参与度，增强爱绿护绿用绿的责任意识，形成工作合力。

赣州在全省率先建立市级湿地保护联席会议制度，着力加强湿地保护工作的组织

领导，不断完善湿地保护管理机制，提高全市湿地资源保护水平。市政府建立常态化联络机制，明确相关部门工作职责，定期召开联席会议，统筹协调解决湿地资源保护管理中的难点问题。紧扣湿地公园、重要湿地等重点区域，以林长制、河长制为抓手，探索建立"部门＋乡镇＋村组"网格化管理机制，加强湿地资源开发利用事前、事中、事后全过程监管。深入开展湿地保护专项行动，全面排查辖区范围内涉及湿地问题，严厉打击各种违法违规行为。聚焦联合执法、专项行动发现的问题，建立问题台账，明确整改责任单位、整改时限、整改措施，实行清单化管理。截至 2022 年 12 月，全市有湿地面积 7.23 万公顷，湿地保护率 65.37%，建成省级以上湿地公园 20 处、面积3.35 万公顷。

3. 强化生物多样性保护和管理

生物多样性是人类赖以生存的基本条件，是经济社会可持续发展的物质基础。2021 年 8 月，赣州市专门编制《赣州市生物多样性保护工作方案》，建立生物多样性保障机制，明确生物多样性保护主要任务和目标要求，加快建立健全生物多样性保护、恢复、利用相结合的监督管理体制机制，市域生物多样性保护规划正加快编制。为进一步加强全市生物多样性保护工作，赣州市对标省政府办公厅出台的《关于进一步加强生物多样性保护的实施意见》精神，制定具体措施意见，加快建立健全生物多样性损害鉴定评估、生物多样性迁地保护体系、生物遗传资源获取和惠益分享监管等机制。全市森林覆盖率稳定在 76.23% 以上，继续保持全省第一、全国设区市前十。建立市域自然保护地体系，全市建立各级自然保护区、湿地公园、森林公园、风景名胜区、地质公园等自然保护地 115 个，总面积 49 万余公顷（含重叠面积），数量居全省第一。

二、形成严格的生态环境保护与监管体系

（一）建立健全生态环境保护管理制度

赣州市委、市政府坚决落实江西省委、省政府决策部署，持续深化生态环境保护和监管改革创新，出台生态环境保护工作责任规定，全面落实"党政同责、一岗双责""管发展必须管环保、管行业必须管环保、管生产必须管环保"责任制，全市上下齐抓共管、联防联治的生态环境保护大格局基本形成。顺利完成生态环境机构监测监

察执法垂直管理等环境保护管理制度改革，健全生态环境监测网络和预警机制，形成城乡一体、气水土统筹的环境监督管理制度体系。

按照生态环境部印发的《关于进一步深化生态环境监管服务推动经济高质量发展的意见》、江西省生态环境厅制定的《江西省生态环境保护分类监管办法（试行）》要求，赣州结合自身实际研究出台《赣州市生态环境保护分类监管实施方案》，明确每年对排污单位分类监管名录进行更新。2022年4月，市生态环境保护综合执法支队整合重点排污单位、排污许可管理、挂牌督办、特定行业、三同时监管排污单位名单，经过公示征求意见后，A类排污单位471家，B类排污单位2 173家，C类排单位15 092家，2022年度分类监管排污单位名单已全部公布。同时，全面落实"双随机、一公开"执法监管制度。采取"A+B+C"模式随机配置检查组成员，实现人员随机与力量均衡"双目标"。在排污单位"双随机"检查工作中落实分类监管要求，对A类排污单位每年至少抽取5%、对B类排污单位每年至少抽取1%进行检查。

2021年8月，根据《江西省实施生态环境监督执法正面清单推动差异化监管工作方案》，赣州结合本地实际制定印发《赣州市生态环境保护监督执法正面清单实施细则》，每季度按程序对正面清单企业名单进行动态调整，经过2022年一季度、二季度两次动态调整，将188家企业纳入《赣州市生态环境监督执法正面清单企业名单》，逐步推动形成以引导企业自觉守法与加强监管执法并重、严格规范执法与精准帮扶相结合、统一监管标准与差异化监管措施相结合的正面清单监督执法新模式，对纳入正面清单的企业实行企业守法公开承诺制，纳入"双随机、一公开"日常监管范围，不降低环保要求，并通过公开企业名单主动接受社会监督，确保公平公正。在清单实行期间被本级生态环境部门组织的各类环保专项行动、专项检查抽到的，尽可能通过非现场执法的方式开展执法监管，对守法者无事不扰，最大限度减少干扰，助力优化营商环境。

建立和落实生态环境保护执法检查计划制度。加强对危险废物、重点排污单位自动监测、排污许可、环评"三同时"、水污染防治、大气污染防治及土壤污染防治等20类重点领域的执法监督，提升执法计划性，减少执法随意性，实现"进一次门，查多项事"，解决多头执法、重复检查问题。

（二）构建跨省流域联防联控工作体系

建立上下游联防联控机制是预防和应对跨省流域突发水污染事件、防范重大生态

环境风险的有效保障。经国务院同意，生态环境部、水利部联合印发《关于建立跨省流域上下游突发水污染事件联防联控机制的指导意见》。江西省政府先后与福建、浙江、广东、湖南、安徽、湖北六省签订跨省流域上下游突发水污染事件联防联控协议，江西跨省流域上下游突发水污染事件联防联控合作已实现全覆盖。赣州市积极加强跨界流域协作，与梅州、龙岩、漳州等地签署联防联控协议，协同守护长江水系赣江和珠江水系东江、北江的三江源头。

2014年3月，赣州市与广东河源市签订《跨界河流水污染联防联控协作框架协议》；6月，定南县与广东梅州和平县、龙川县分别签订《跨界河流水污染联防联控协作框架协议》；11月，赣州市与广东梅州市签订《粤赣跨界河流水污染联防联控协作框架协议》。2019年5月，赣州市与广东河源市联合印发《关于开展2019年粤赣河源、赣州赣深客专铁路跨界联合执法的通知》，在赣州市定南县及广东梅州和平县开展赣深客专铁路跨界联合执法行动，重点督促建设单位在施工阶段及时进行生态复绿，妥善处理施工期生产废水、生活污水和生活垃圾，避免污染环境。2020年12月，赣州市与广东梅州市重新签订《赣粤赣州市、梅州市跨界河流水污染联防联控协作框架协议》。2021年12月，赣州市与广东河源市重新签订《赣粤赣州市、河源市跨界流域水污染联防联控协作框架协议》。2022年8月，赣州市与湖南郴州市、广东韶关市召开生态环境保护联防联控联席会议，并签订《郴州市生态环境局 韶关市生态环境局 赣州市生态环境局关于建立生态环境保护联防联控机制的协议》。2022年3月，下发《赣州市生态环境局关于加强跨省流域突发水污染事件联防联控工作的通知》。建立健全跨省河流环境隐患日常排查制度，对跨省界河流（河段）市级生态环境执法机构每季度开展一次生态环境安全隐患巡查，相关县级生态环境执法机构每月相应开展一次排查，特别是沿江沿河企业的环境风险隐患排查整治工作，消除环境风险隐患，预防跨界污染事件的发生。

在多年的跨流域合作实践中，赣州市积累了宝贵经验，为跨流域生态环境保护提供借鉴。一是坚持联合协作机制，将跨界河流水污染防控作为生态环境保护重点工作，加强定期沟通，做好环境保护规划和应急预案对接，及时向对方通报水质异常情况。加大各自辖区内环境安全隐患整治力度，视情组织跨区域联合执法检查，共同预防跨界流域突发水污染事件。二是坚持研判预警机制，针对水污染事件易发期，或遇台风、强降雨等极端天气以及地震等自然灾害，加强跨界流域水环境安全会商研判，视情开展流域交界水质联合监测、联合预警，及时共享上下游环境监测数据，采取生态环境风险防控有力措施，做到环境安全风险"早发现，早预警，早处置"。三是坚持科学应对机制，跨界流域突发水污染事件发生后，双方应积极协助事发地人民政府，按照属地管理原则，开展应急应对，强化应急物资供应、信息共享、资源调配、专家共商和应急救援等方面的协作，按照就近有效处置原则，全力将污染物控制或消除在本行政区域内，为下游应对处置争取时间。

（三）建立农村环境治理体制机制

赣州市积极健全绿色生态农业技术和循环农业模式推广机制，落实农作物秸秆综合利用补助机制，建立财政和村集体补贴、住户付费、社会资本参与的投入运营机制。探索向社会购买农村环境治理服务，2017年率先在宁都县开展农村环境整治政府购买服务省级试点，截至2022年12月，全市20个县（市、区）288个乡镇有265个通过整体外包或分区域、分流程外包的方式，实行城乡环卫第三方治理，市场化率达92%。强化县、乡两级政府的环境保护职责，加强环境监管能力建设。

2022年4月，出台《赣州市农村人居环境整治提升五年行动实施方案》，推动探索建立农村厕所粪污清掏、农村生活污水垃圾处理农户付费制度，鼓励开展长效管护第三方购买服务，逐步建立农户合理付费、村级组织统筹、政府适当补助的运行管护经费保障制度，推动"五定包干"长效管护机制落地落实，确保村庄长效管护工作有专项经费、专业队伍、专门制度。同时将农村人居环境整治工作纳入县（市、区）高质量发展考核、实施乡村振兴战略实绩考核和市直部门绩效考核范围。

信丰县建立系统推进城乡环境综合整治机制

信丰县把城乡环境综合整治工作作为一项系统工程，坚持全县"一盘棋"，统筹城区、园区、圩镇、农村四大板块，分类整治、精准施策、一体推进。

高位推动。成立由县委书记任组长、县长任第一副组长、专职副书记任常务副组长的整治工作领导小组，通过召开全县三级干部大会、流动现场促进会、每月核查通报会，形成三级齐抓共管的工作合力。

责任驱动。将城区、园区划分为35个网格，由县四套班子领导担任网格长，农村人居环境整治由挂点乡镇的县领导负责督促调度。通过明确任务、压实责任、强化核查，形成了以上率下抓整治的工作氛围。

协同联动。结合不同领域整治特点，组建城区、园区、圩镇、农村四个专项整治工作组以及综合办公室、综合督导组的"四组一办一组"推进机制，抽调专人集中办公，通过协同推进，形成综合整治、全面发力的工作格局。

奖惩促动。对标省、市考评细则，细化责任单位、网格和乡镇的考评内容，实行每月一核查、一通报、一兑现制度。通过每月核查通报、及时兑现奖惩，形成了你追我赶、争先创优的工作态势。

三、完善各类资源节约集约高效利用制度

（一）严格落实耕地保护制度

党的十八大以来，国家以"严起来"的总基调，全方位构建最严格的耕地保护制度，坚决守住 18 亿亩耕地红线。2020 年 9 月和 11 月，国务院办公厅印发《关于坚决制止耕地"非农化"行为的通知》《关于防止耕地"非粮化"稳定粮食生产的意见》，部署对耕地实行特殊保护和用途管制。2021 年 3 月起，自然资源部建立耕地卫片监督工作机制，定期对耕地和永久基本农田"非农化""非粮化"情况进行动态监测。2021 年 11 月，自然资源部与农业农村部、国家林业和草原局联合发文，明确耕地转为其他农用地及农业设施建设用地管制规则，建立年度耕地"进出平衡"制度，进一步织密耕地保护的制度之网。江西省委、省政府始终坚持最严格的耕地保护制度，对严格落实耕地保护责任、强化永久基本农田保护、严格控制耕地转为其他农用地、加强耕地保护激励提出了新的要求。

赣州市坚决扛起耕地保护责任，深入贯彻落实最严格的耕地保护制度，坚决遏制耕地"非农化"、防止"非粮化"，守好子孙田，稳住基本盘，着力打造耕地保护示范市。严格耕地保护目标责任考核，落实耕地保护"党政同责"，将落实耕地保护纳入县（市、区）高质量发展考核评价指标体系，同时纳入县（市、区）、乡镇党委政府一把手的离任审计事项。2018 年 7 月，市委、市政府出台《关于加强耕地保护和改进占补平衡的实施意见》，从土地规划管控、永久基本农田保护、节约集约用地、耕地占补平衡、高标准农田建设、耕地质量保护和提升、推动解决耕地撂荒、耕地保护监

管考核等方面提出了具体的落实意见。市政府先后印发《关于进一步规范土地整治项目管理工作的通知》《关于建立耕地占补平衡指标市级调剂库的通知》《关于严格耕地保护稳妥有序落实耕地"进出平衡"的通知》等政策文件，提出土地整治项目竣工验收报备生成指标后，严控新增耕地"非农化"、严防新增耕地"非粮化"等具体措施；督促指导各地坚决止住耕地流出新增问题，加强对耕地转为林地、草地、园地等其他农用地及农业设施建设用地的日常监管，严格落实耕地"进出平衡"制度。市自然资源局联合市农业农村局、市林业局出台《关于严格耕地用途管制有关问题的通知》，进一步明确规划管控、永久基本农田保护、耕地"进出平衡""占补平衡"、严肃处置违法违规占用耕地、落实耕地保护责任制等具体举措。

经过持续多年的强化约束和引导，严格落实保护责任，严格控制建设占用耕地，落实耕地占一补一，积极推进"补改结合"，坚守耕地红线，改进耕地占补平衡管理，推进土地综合整治和高标准农田建设有效有序进行，赣州全市耕地数量基本稳定、总体质量有效提高，耕地保护工作位居全省前列。

（二）全面落实水资源管理制度

解决日益复杂的水资源问题、实现水资源高效利用和有效保护的关键在于建立水资源保护制度。2011年中央一号文件和中央水利工作会议明确要求实行最严格的水资源管理制度，确立水资源开发利用控制、用水效率控制和水功能区限制纳污"三条红线"，从制度上推动经济社会发展与水资源、水环境承载能力相适应。2012年1月，国务院发布《国务院关于实行最严格水资源管理制度的意见》。之后，《"十三五"水资源消耗总量和强度双控行动方案》《国家节水行动方案》《关于严格水资源管理促进供给侧结构性改革的通知》《用水效率标识管理办法》等政策文件颁布实施。江西省委、省政府及时修订《江西省水资源条例》，制定实施《江西省人民政府关于实行最严格水资源管理制度的实施意见》《江西省节水型社会建设"十三五"规划》《江西省计划用水管理办法》《江西省节约用水办法》《江西省县域节水型社会达标建设实施方案》《江西省公共机构"十四五"水效领跑者引领行动实施方案》《江西省节水型高校建设工作方案》等一系列制度文件，最严格的水资源管理制度和节水型社会格局基本确立。水资源对全省经济社会的保障能力明显提高。

赣州市深入贯彻习近平总书记"节水优先、空间均衡、系统治理、两手发力"的新时期治水方针，积极开展水资源总量和强度"双控行动计划"及"水效领跑者行动

计划",全面落实国家节水行动,大力开展县域节水型社会达标建设,开展节水型高校、公共机构节水载体、节水型企业、节水型小区、节水型灌区建设等,节水型社会建设取得显著成效,全社会节水、爱水、护水意识显著提高。重点强化水资源刚性约束,坚持"以水定城、以水定地、以水定产、以水定人"的"四水四定"原则,统筹生产、生活、生态用水,严守水资源开发利用上限,精打细算用好水资源,从严从细管好水资源,不断提高计划用水管理的规范化、精细化水平,不断促进水资源集约节约和高效利用。积极稳妥推进水权交易改革试点工作,各县(市、区)在精确核算水量、摸排出可交易范围和对象的基础上均已确定交易主体。当前,已有 15 个县(市、区)16 个项目在江西省公共资源交易平台挂牌交易,其中 9 个项目达成交易。

(三)深入落实能源消费总量管理和节约制度

实行能源消费强度和总量双控(以下简称能耗双控),是党中央、国务院为落实生态文明建设要求、促进节能降耗、推动高质量发展作出的一项重要制度性安排。2020 年 12 月,习近平总书记在中央经济工作会议上提出完善能源消费双控制度。2021 年 9 月,经国务院同意,国家发展改革委出台《完善能源消费强度和总量双控制度方案》《"十四五"国家重大项目能耗单列实施方案》,提出了一系列完善能耗双控制度的措施。江西省委、省政府坚持把能耗双控作为推进经济转型升级和强化生态文明建设、加快高质量发展的重要突破口,严格分解落实能耗双控责任目标,全省能源利用效率持续得到提升。赣州市始终把能耗双控作为严肃的政治任务,把节能降耗各项工作落实落细到经济社会发展全过程、各领域,能源消费总量管理和节约制度体系逐步建立并发挥作用。"十三五"期间全市单位 GDP 能耗累计下降 16.83%,超额完成省下达目标(15%);2021 年全年单位 GDP 能耗下降 3.1%,超额完成省下达目标(3%)。"十三五"期间单位 GDP 二氧化碳排放累计下降 22.01%,超额完成省下达目标(21%)。2020 年,煤炭消费总量占能源消费总量的比重为 26.6%(低于 65% 的目标),较 2019 年下降 3.7 个百分点。

加强目标责任落实。先后印发实施赣州市"十三五""十四五"节能减排综合工作方案、能源发展规划,明确能耗双控年度工作目标任务,进一步完善工作机制,压实各部门工作责任。不定期召开领导小组会、工作协调会,研究解决节能降耗、能源消费总量控制方面问题。印发《关于进一步做好节能工作的通知》,督促指导各县(市、区)加强节能形势预警分析,强化能耗双控措施落实,确保经济平稳增长的同时积极有效控制能源消费。将省下达赣州市"十三五"能耗总量和强度双控目标任务及时分解到各县（市、区），每年度制定并印发节能降耗工作计划，明确工作任务和措施，并将每年度节能目标纳入国民经济和社会发展计划。

健全节能政策法规。认真落实国家、省相关节能政策法规，印发《赣州市人民政府关于建设低碳城市的意见》《赣州市"十三五"节能减排综合工作方案》《赣州市"十四五"节能减排综合工作方案》等文件，实施能耗双控目标完成情况晴雨表季度通报、适时约谈等制度，进一步完善节能政策体系。严格执行《固定资产投资项目节能审查办法》，并明确市、县两级审查权限及能评项目后期监督管理等事项。印发《赣州市绿色建筑创建行动实施计划》《关于加快推进绿色建筑发展的实施意见》《绿色建筑验收工程验收要点（试行）》等政策性文件，推进绿色建筑规范发展。江西理工大学、赣县红金稀土有限公司、寻乌南方稀土有限责任公司等机构牵头制定了江西省地方标准《稀土冶炼加工企业单位产品能源消耗限额》（DB36/ 1100—2019）。

强化"两高一低"项目管理。制定《坚决遏制"两高"项目盲目发展三年行动方案》，建立完善的制度体系和监管体系。建立"两高"（高耗能、高排放）项目动态管理清单，对项目环评、能评、用地、施工许可等关键环节实施管控。建立长效监管机制，强化新建项目、重点企业和重点行业能耗监测，实施常态化监管。

（四）强化落实矿产资源开发利用管理制度

矿产资源开发利用管理制度是加快矿业领域生态文明建设的重大举措，是管控矿产资源有序开发利用的重要工作。《生态文明体制改革总体方案》将健全矿产资源开发利用管理制度作为重要内容。2016 年 3 月，国家"十三五"规划纲要提出加强矿产资源全过程节约和管理，推动资源利用方式根本转变，大幅提高资源利用综合效益。2017年 8 月，国土资源部印发《矿产资源开发利用水平调查评估试点工作办法》，确定了试点地区、试点矿种和试点内容等。江西矿产资源丰富，推动集约节约利用矿产资源任务繁重。出台《关于合理利用矿产资源促进矿业经济发展的实施意见》《关于贯彻自然资源部推进矿产资源管理改革若干事项意见》《江西省矿产资源总体规划（2021—2025年）》，修订《江西省矿产资源管理条例》，全省矿产资源总体实现科学合理开发、集约节约利用。赣州矿业开发活动历史久远，探索建立了矿产资源勘查管理、矿产资源开发利用监督管理、矿产资源储量管理、矿业权市场化建设管理、紧缺和优势矿产资源监督管理等制度，以及矿产资源违法违规案件查处、部门联合执法等一系列矿政管

理的工作标准及相关制度，全市矿产资源得到合理开发和可持续利用。

2021年8月，赣州市政府印发《关于进一步加强矿产资源管理若干规定的通知》（以下简称《若干规定》），部署加强矿产资源管理，推动矿产资源开发与生态环境保护协调发展。加强对新设矿业权的管控。严格落实矿产资源规划管控，优化矿产资源开发布局和结构。对县级发证权限的矿业权出让的储量规模原则上要求达到大型，市级发证权限的矿业权出让的储量规模原则上要求达到中型以上。新设县级发证采矿权的地质勘查工作程度要求达到详查，符合"净矿"出让条件。新出让市、县级发证权限矿业权与矿山生态修复挂钩，完成《赣州市矿山生态修复三年行动方案》规定时序任务的县（市、区）才能新出让市、县级发证权限矿业权。突出生态环境保护。加强"山脊线""水岸线"保护，《江西省采石取土管理办法》第六条所列的禁采区范围内禁止新设采石取土采矿权。新设县级发证采矿权的矿区范围不得以自然山脊为界，应当满足自上而下水平分层开采条件。强化生态修复义务履行情况审查。对采矿权登记事项中涉及矿山生态修复义务履行情况审核工作提出了要求，未完成生态修复义务的不予受理采矿权登记申请。对新建矿山以及储量规模中型以上生产矿山提出了绿色矿山建设要求，新建矿山在基建期内完成绿色矿山建设，未按照绿色矿山标准建设的不得有采矿生产行为；已设储量规模中型以上生产矿山要求在2025年前通过绿色矿山第三方评估核查。规范新出让矿业权程序。出让前自然资源部门需组织生态环境、应急管理、水利、林业、农业农村、交通等部门以及拟出让矿业权所在乡（镇）政府联审，一致同意出让后方可依法组织实施出让，出让前期工作经费纳入县级财政预算。落实矿山领域信用惩戒制度。已列入违法失信名单、列入矿业权人勘查开采公示系统严重违法名单或异常名录、未履行矿山生态修复义务的企业或个人，不得参与矿业权公开出让的竞买。进一步落实属地管理责任。强调各县（市、区）属地管理责任。对环境影响评价报告、"三合一"方案、水土保持方案和矿山安全设施设计执行情况提出了监管指导要求。

《若干规定》的出台，对加强矿产资源管理发挥了显著作用。全市严格控制矿业权出让，鼓励规模化开发，破解赣州市露天小型矿山多、结构不合理和生态环境等突出问题。矿业权实施出让前，对矿业权出让条件进行严格把关，符合条件的严格按照《若干规定》要求的出让审批程序进行。2021年全市共组织出让采矿权两宗，都为《若干规定》出台前出让，其中1宗为县级发证建筑用石料矿，储量规模为大型，另1宗为市级发证饰面用花岗岩矿，储量规模为中型。严格采矿权审批登记，强化矿山生态修复情况审查。采矿权审批登记严格审核矿山生态修复义务履行情况，县级自然资源主管部门接到采矿权登记申请后都通过查验申报材料、现场核实的方式开展矿山生态修复义务履行情况审核，并严格审核矿山设立基金账户和规范计提、使用基金情况。审核后发现未完成生态修复义务的告知采矿权人限期补正，逾期不补正的，不予受理其采矿权登记申请。2021年共受理市级发证采矿权登记审批事项39件，2022年1月至8月底共市级发证22件。加快推进绿色矿山建设，认真推进2018年以来新设32家矿山企业绿色矿山建设工作，5家已建成绿色矿山，26家已编制实施绿色矿山建设方案。

"十四五"以来，为进一步加强和规范矿产资源管理，编制《赣州市矿产资源总体规划（2021—2025年）》。规划提出健全完善找矿突破机制、严格规范探矿权出让管理、进一步规范探矿权审批管理、积极推进矿产资源绿色勘查、完善矿产资源勘查监管体系等矿产勘查管理措施。明确加强开采总量调控与空间管理、合理布局砂石土等第三类矿产采矿权、积极推进采矿权净矿出让、进一步规范采矿权审批管理、建立健全矿产资源开发监管体系等矿产开发管理措施。严格开采准入管理措施，新建矿山最低服务年限不小于5年；各矿种新建矿山最低开采规模要符合要求，其中省级以上管理矿种落实省规划要求，市级管理矿种最低开采规模要求都要达到中型以上，建筑用石料新建矿山年产规模要求不小于200万吨、砖瓦用页岩不小于50万吨，高于省规划要求；此外还提出了国土空间、环保、安全、绿色矿山建设等其他准入条件。

（五）着力构建循环经济引导机制

循环发展是解决资源环境生态问题的基础之策。我国是世界上第一个颁布有关循环经济国家专项规划的国家、世界上第三个颁布有关循环经济国家专门法规的国家。先后推动落实《循环经济发展战略及近期行动计划》等改革方案，专门出台《国务院关于加快建立健全绿色低碳循环发展经济体系的指导意见》，绿色低碳循环发展政策机制逐步完善。江西省先后出台《江西省"十三五"循环经济发展专项规划》《关于加快建立健全绿色低碳循环发展经济体系的若干措施》等改革政策，推动全域大力发展循环经济。为贯彻落实上级循环经济发展部署，赣州市坚定不移把发展循环经济作为重要战略，坚持把发展循环经济作为转方式、调结构的重要举措，出台《关于加快建立健全绿色低碳循环经济发展经济体系的若干措施》，加快建立健全绿色低碳循环发展的生产、流通和消费体系，加快能源体系、城乡环境、交通基础设施绿色升级，构建市场导向的绿色技术创新体系，完善政策支持和法制保障体系。2021年10月以来，循环型生产方式广泛推行，循环型产业体系、再生资源回收利用体系初步形成，资源

循环利用产业形成一定规模。

在农业领域，大力发展"牛（猪）、沼、果"结合、物质多层次循环利用的"丘陵山地综合开发""庭院生态型经济综合利用"等农村循环经济。畜禽养殖废弃物资源化利用率达97.67%。在工业领域，引导企业与企业之间或企业各个生产环节之间结成资源循环利用链条，通过副产品、能源、废弃物和原材料的相互交换，使工业生产废料在整个产业链条中变废为宝。深化国家工业资源综合利用基地建设，逐步形成以尾矿、煤矸石、粉煤灰、稀土二次资源（含铁红）、冶炼渣、废旧锂电池等工业固体废弃物综合回收利用为特色的主导产业链。全市各类工业固体废物综合利用量和综合利用率均有显著提高，工业固体废物综合利用开始走上规模化发展道路。近年来，国家资源综合利用示范基地、国家大宗固体废弃物综合利用示范基地等多个金字招牌花落赣南。在生活领域，餐厨废弃物和无害化处理国家试点项目建成投运，年处理餐厨废弃物总量达7.3万吨，上网电量可达1 013.5万千瓦·时。普遍推行生活垃圾强制分类，扎实开展限塑行动。

定南县"循环"添动力，废山变宝山

定南县是稀土开采大县，也是国家级生猪调出大县。长期发展过程中，稀土矿产经济和生猪养殖的发展，为生态带来了赤字。近年来，定南县将生态保护、废弃矿山治理和生态农业发展有机融合，形成畜禽粪污第三方全量化收集、资源化利用、矿山治理、生态农场一体化的新模式，打造智慧农业一个平台，养殖业粪污收集处理中心和科研中心两个中心，以及能源生态农场、科普试验和果蔬生态农场三个基地的定南县生态循环农业示范园，实现畜禽粪污资源化利用和废弃矿山治理双重效果。

探索废弃稀土矿山生态治理，实现生态价值转换新路。结合定南县4.47平方公里废弃稀土矿山，利用示范园沼液肥改善废弃稀土矿山土壤肥力，在废旧矿山上实验种植了1 500亩能源作物皇竹草，率先在全国打造高效生态能源农场，成功实现固土、改良、利用三大目标。既有效解决了废弃稀土矿山治理及后期管护难题，又解决了沼液肥使用"最后一公里"问题。同时，皇竹草可作为食草畜牧业饲料，发展本地畜牧业，也可作为原料投入发酵罐发酵产生沼气，实现了资源化利用双循环种养新模式。2022年以来，废弃稀土矿山能源农场每年可消纳沼液 20 000 吨，年产牧草 8 800 吨。

第三方全量化收集，资源化处理利用畜禽粪污。推行第三方全量化收集处理模式，全县 112 家存栏 500 头以上规模养殖场与锐源生物签订粪污处理合同，由赣州锐源生物科技有限公司将粪污转运至集中处理站进行资源化处理。养殖场基本实现零排放，彻底解决定南养殖业环保问题，为定南生猪复养增产解决后顾之忧。示范园将全量化收集的粪污，通过预处理、厌氧发酵等工序，产生沼气、沼液、沼渣，沼气通过沼气发动机组发电上网销售，沼渣经高温好氧发酵后制成有机肥，沼液经氧化、缓存、发酵后，通过管道输送至种植基地施用。示范园全年可资源化处理利用畜禽粪污 40 万吨，年发电 2 000 万千瓦·时，年产固体有机肥 4 万吨、液态肥 30 万吨，可供应定南县 17.3 万亩油茶、果业、蔬菜、水稻基地。

定南县生态循环农业示范园"一平台、两中心、三基地"

形成了定南县"N2N+"生态循环农业＋废弃稀土矿山治理推广模式。依托生态农业示范园，定南绿色农业循环链条不断完善，废弃矿山得到有效治理，脐橙、蔬菜、油茶等种植产业日益壮大，形成了定南县"N2N+"生态循环农业＋废弃稀土矿山治理模式。2018 年以来，全省畜禽粪污资源化利用工作现场会、中国·定南沼液肥高效利用研讨会相继在定南召开，定南县"N2N+"生态循环

农业＋废弃稀土矿山治理模式作为江西省农业农村厅主推农业技术之一，被宣传推广。2020 年，利用废弃矿山发展生态循环农业改革经验入选《国家生态文明试验区改革举措和经验做法推广清单》。

四、探索"绿水青山"与"金山银山"双向转化机制

（一）建立健全生态产品价值实现机制

赣州市高度重视生态产品价值实现工作，成功争取崇义、全南列为省级生态产品价值实现机制试点县，上犹、石城、寻乌获批省级生态产品价值实现机制示范基地，崇义等 9 个县（区）争取省基建投资 273 万元资金支持，多措并举畅通"绿水青山"和"金山银山"双向转化通道，在探索生态产业化、产业生态化、交易市场化、资源价值化等方面取得了阶段性成效。《赣州革命老区高质量发展示范区建设方案》明确提出，打造美丽中国赣州样板，在生态文明建设上作示范，深化生态产品价值实现机制探索，推动生态优势转化为发展优势、生态效益转化为经济效益。2021 年 11 月，赣州市在全省率先出台《加快建立健全生态产品价值实现机制行动方案》，以体制机制改革创新为核心，以产业化利用、价值化补偿、市场化交易为重点，具体明确了 9 大工作任务和 48 项工作清单。

建立生态产品价值核算体系。扎实推进崇义、上犹、全南 GEP（生态系统生产总值）核算试点和信息平台建设，推进生态产品的确权、量化、评估等工作，着力解决价值核算概念不清晰、边界不明确、思路不统一等问题。探索将生态产品价值核算基础数据纳入国民经济核算体系，将核算结果作为市场交易、投融资、生态环境损害等的重要参考。

研究制定价值核算标准。制定形成统一的生态产品价值核算指标体系、具体算法、数据来源和统计口径等，努力实现生态产品价值核算标准化。

厘清生态资产产权。开展生态产品基础信息调查，对各类自然资源的权属、位置、面积等进行清晰界定，建立生态权益资源库，构建分类合理、内容完善的自然资源资产产权体系。

推动生态资产赋能增值。牢牢守住自然生态安全边界，坚持以保障自然生态系统休养生息为基础，增值自然资本，厚植生态产品价值。深化绿色金融改革创新，搭建"两山银行""生态银行"等生态资源运营平台，拓宽生态产品融资渠道，防范生态产品贷款风险，努力走出一条有特色、可复制、能推广的生态资产赋能增值实现路径。

凝聚生态产品价值实现合力。强化落实机制，明确各级党委政府把建立健全生态产品价值实现机制纳入重要议事日程，建立统筹协调机制，加强部门协作。强化支撑保障，引进培育一批专业型人才，加强对生态产品价值实现机制改革创新的研究。强化宣传引导，加大对先进经验做法和创新成果的宣传力度，为推动形成具有中国特色的生态产品价值实现机制提供赣州方案。

崇义县构建三产融合矩阵畅通生态产品价值实现路径

崇义县生态资源得天独厚，森林覆盖率88.3%，是国家重点生态功能区。近年来，崇义县坚持绿色发展理念，以竹木、刺葡萄、茶叶、南酸枣、生态鱼、崇义水饺六大产业为主导，坚持"以'两山'理论为统领，探索三产融合发展"主基调，通过县、乡、村、企"四级"联动，让农业"跳出农业""超越农业"，实现产业生态化向生态产业化发展，走出了一条独具崇义特色的绿水青山就是金山银山的转换之路，奋力打造革命老区高质量发展示范区的"绿色样板"。崇义县2018年GEP为531.4亿元，绿水青山价值（GEP）为479.9亿元，生态产品价值实现量为39.7亿元。

四项举措构建政策矩阵。一是土地垒阵。依托农村产权交易平台，引导农业主体通过经营权流转、互换并地、代耕代种、转包入股等方式流转土地7.17万亩，实现了由小面积流转向整村流转、由零星分散流转向集中连片流转、由农户之间流转向新型主体流转三大转变。二是金融助阵。创新"政企银"对接合作机制，推行"1+N"涉农资金整合方式，设立"产业融合发展信贷通"，县政府出资5 000万元作为一二三产业融合发展风险保证金，按照1∶8的比例撬动4亿元银行信贷资金，已发放农业产业发展贷款68.47多亿元。三是人才强阵。出台推动人才发展、吸引人才集聚的政策，累计引进紧缺高层次人才78名。引导协助企业引进技术型人才131名、产业工人550名。同时，开展院企合作，建成刺葡萄、南酸枣、高山茶等院士（专家）工作站6个，农业技术联盟8个。

四是利益联阵。在县级建立三产融合示范产业园，为企业提供技术、培训、融资、电商销售等服务。在乡镇建立三产融合服务站，搭建政企农直通服务平台。在村级建立农企利益联结服务点，创新推行"四保四分红"农企利益联结机制。在企业建立电商营销平台，实现"线下体验、线上销售"。

崇义上堡梯田

四个平台搭建服务矩阵。一是培训平台育主体。积极开展农业培训，推进农民合作社规范化建设，培育了一批管理规范、运营良好、联农带农能力强的农民合作社、家庭农场，发展了一批专业水平高、服务能力强、服务行为规范、覆盖农业产业链条的生产性服务组织，打造了一批以龙头企业为引领、以农民合作社为纽带、以家庭农场和农户为基础的农业产业化联合体。二是孵化平台助发展。按照"产业园＋新型经营主体"的生产经营模式，投资3.5亿元建设了崇义县三产融合示范产业园。园区内已有崇义水饺、生态鱼、高山茶、君子谷葡萄酒等10余家新型经营主体入驻创业。按照"1+N"发展模式，通过产业园龙头引领，带动关田工业园、渔梁产城融合园、智慧物流园等互为支撑、抱团发展。三是监管平台保质量。以创建国家有机食品生产基地建设示范县为契机，全面推广测土配方施肥等农业新技术，从源头上防治农业污染，全面提升监管能力和农产品质量安全水平。全县共发展"三品一标"企业12家，认证产品33个，其中有机、有机转换认证产品27个，绿色食品4个，无公害农产品2个。四是营销平台创品牌。组建崇义县崇天然食品有限公司，创立崇义特色商标，与百丈泉等知名商超合作，在北京、上海等大城市开设直销店。开展"县长来了"直播，开发云上崇义App，推进一键开店、聚合支付、直播带货。成立"菜鸟驿站"，开通乡镇16条物流配送专线，规划建设智慧物流产业园，提高产品流通效率。

四种模式组建产业矩阵。一是"一产＋三产"融合。全面整合各自为政的江西名小吃崇义水饺，建立崇义水饺总部，成立崇义县水饺协会，制定发布执行规范技术标准体系。采取"门店＋外卖＋速冻＋精准投放＋互联网"的运营模式，实现门店食料、配料的统一配送、统一管理，构建一体化的企业运营管理系统。遍布全国各地的600多家门店从"孤掌难鸣"变成"珠联璧合"。二是"一产＋二产"融合。崇义县深化"一个中心，四大体系"为主要内容的林权配套改革，积极探索建立以竹木为核心的林业经济发展长效机制，发展培育竹木加工企业89家，规模以上龙头竹木企业3家，2019年全县竹木加工产业产值11.5亿元。三是"二产＋三产"融合。按照"育龙头、建园区、提品质、拓市场、创品牌"的发展思路，推进茶旅一体化发展，投资打造了"万长山""赤水仙"等一批集采茶、制茶、品茶、赏茶、游玩于一体的高品位"茶乐园"，并串联上堡梯田、阳明山、聂都溶洞等著名景区设计了多条精品"茶山行"旅游线路。四是"一产＋二产＋三产"融合。崇义县以江西君子谷野生水果世界有限公司为龙头，采用刺葡萄庭院经济模式，带动全县7000多户农户种植刺葡萄1万多亩。不断延伸野果深加工产业链，推出了系列生态产品。同时，大力开发乡村旅游，建成了一条成熟的集农业植物科普、工业生产观光和餐饮服务于一体的精品旅游路线，2019年获评全省工业旅游示范基地。

（二）大力引导水权交易

按照江西省推进水权水市场改革工作方案、水权交易管理办法、水权交易规则等改革部署，赣州市积极探索水权交易改革试点，建立和培育水权交易市场。积极探索

市级流域内跨县域的水权交易试点。2021年6月大余县章水灌区（跃进灌片）与南康区浮石乡浩清自来水厂达成相关水权交易，解决了南康区浮石乡水资源紧张的问题，促进了各县域水资源集约节约利用，对各县（市、区）规范开展水权交易活动起到了示范、引领作用。逐步引导各县（市、区）水权交易活动在省级平台上开展，2021年在宁都县推行了试点，宁都县走马陂灌区与宁都县竹坑自来水厂在省产权交易平台完成了水权交易。在国家产权平台开展相关水权交易，大余县水库工程管理局与大余余崇环保建筑材料有限公司完成了相关水权交易。

赣州首例跨区域取水权交易

　　2021年6月11日，赣州市第一例跨区域取水权交易——大余县跃进片区与南康区浩清自来水厂的水权交易协议在大余县水利局正式签订，为全市探索水权水市场改革和运用市场化手段优化水资源配置、促进水资源集约节约利用起到了示范、引领作用。协议明确转让方——大余县水库管理局（跃进片区）近年来通过节水改造提高灌溉水有效利用系数（由0.45提高到0.60）和调整作物种植结构，每年可以节约水量100万立方米，考虑到相邻的南康区浮石乡青云村和莲州村的生活用水水量不足、水质较差，为满足两个村的用水需求，同意先期将10万立方米水量指标有偿转让给南康区浩清自来水厂。通过取水权交易既盘活了大余县的水资源存量，也解决了南康区浮石乡的水资源短缺问题。

大余县与南康区跨区域取水权交易协议签订仪式

（三）创新绿色金融服务体系

　　绿色金融是实现绿色发展的重要措施。2016年8月，中国人民银行等发布《关于构建绿色金融体系的指导意见》，利用绿色信贷、绿色债券、绿色股票指数和相关产品、绿色发展基金、绿色保险、碳金融等金融工具和相关政策为绿色发展服务。在《中共中央关于坚持和完善中国特色社会主义制度、推进国家治理体系和治理能力现代化若干重大问题的决定》《国务院关于加快建立健全绿色低碳循环发展经济体系的指导意见》《中共中央 国务院关于完整准确全面贯彻新发展理念做好碳达峰碳中和工作的意见》等一系列改革文件中，密集部署大力发展绿色金融。2017 年，赣江新区获批建设国家级绿色金融改革创新试验区，江西绿色金融改革正式启动。通过体制机制改革、推动重点行业低碳转型、探索绿色融资渠道、建设绿色金融标准等，全省绿色金融改革走在全国前列。赣州加快推动绿色金融改革，大力推进绿色金融产品和服务创新，多维度融合推进绿色金融创新蝶变。

构建绿色金融政策体系。出台《赣州市发展绿色金融的若干措施》《2021 年赣州市绿色金融工作要点》《2021 保险业高质量发展考核办法》，制定工作目标、细化落实举措，建立定期调度机制，引导全市金融资源向绿色发展领域倾斜。强化考核激励，将县（市、区）绿色金融工作也纳入各地高质量发展考核。

提升绿色信贷服务。创设"农业产业振兴信贷通""绿业贷""光伏易贷"等具有地方特色的绿色信贷产品；赣州银行"绿业贷"产品在"2021 年金融支持江西经济高质量发展创新优秀项目评展活动"中获评创新优秀项目。截至 2022 年 12 月，累计发放"农业产业振兴信贷通"贷款 103 亿元，惠及 7.2 万户农户及经营主体。创推林权抵押贷款、碳排放权质押贷款等贷款新模式，支持全市绿色低碳产业发展。

发展绿色保险。积极开展地方特色绿色保险，如于都大棚蔬菜收入保险，宁都黄椒价格指数保险、上犹茶叶价格指数保险等，大力推广"保险+期货"项目。截至2022 年上半年，全市绿色保险保费收入 34.69 亿元，累计提供风险保障 934.01 亿元。持续推进特色农业保险试点，宁都、会昌、上犹、兴国、石城等县获得小农户特色保险试点资格。深入推广环境污染强制责任保险，截至 2022 年上半年，全市环境污染强制责任保险保费收入 56.28 万元，累计提供风险保障 4 181.53 万元，保单数 119 户。

扩大绿色直接融资。引导绿色企业上市挂牌，支持江西挺进环保科技有限公司、赣州水务股份有限公司辅导备案。推动江西九丰能源股份有限公司上市，赣州力鼎环保再生资源科技股份有限公司、赣州盛田农业科技股份有限公司、江西乐友现代农业开发有限责任公司、江西省森旺现代农业生态科技开发有限公司完成股改。积极发行绿色市政债，污水处理 PPP 项目总投资达 34.09 亿元。培育绿色基金，设立赣州发展定增壹号投资基金合伙企业（有限合伙），基金规模 5.1 亿元，投资项目为锂离子电池材料全生命周期绿色制造项目；设立赣州赣晟领骏创业投资合伙企业（有限合伙），

基金规模 0.2 亿元，投资项目为智能网联汽车研发测试项目；设立赣州发展肆号新能源材料合伙企业（有限合伙），基金规模 3.15 亿元。成功举办"崇义绿色生态板块"启动仪式。崇义县以创新扶持方式激发企业股改上市动力，与赣投投资基金合作设立"崇义绿色生态板块"股权服务平台，根据股改企业发展情况，采取直接投资、股权投资、融资担保、债权投资等方式扶持培育，从而助推县内优质企业股改上市工作。

推动"保险＋期货"。2020 年，赣州与中国期货业协会、大连商品交易所签署了合作框架协议，同时与上海期货交易所、郑州商品交易所保持紧密互动，在南康区率先试点的基础上，定南县、兴国县、于都县成功落地"保险＋期货"项目，其中于都县获得全国首个养殖类县域全覆盖"保险＋期货"项目；2021 年，与上海期货交易所签订合作框架协议，在指导赣州稀有金属交易所发展，推动仲钨酸铵、氧化镨钕等特色优势产品成为期货品种上开展合作。2020 年以来，全市"保险＋期货"项目累计保费约 565.75 万元，其中大连商品交易所补贴保费约 304.65 万元，惠及约 8 000 户建档立卡贫困户。

绿色金融发展体制机制逐步完善。推动九江银行、浦发银行各增设一家绿色支行，赣州农商银行增设一家科技支行，为绿色信贷提供特色专业金融服务。支持全省绿色金融改革唯一试点县崇义县打造绿色金融改革试点样板县。组建"两山银行"，负责全县林权贷款和收储工作，通过林权"抵押＋担保＋收储"服务模式，发放林权抵押贷款 15 亿元，累计盘活县域 362.92 万亩山林转化为经济资源，2022 年新增发放林权抵押贷款 654 万元；成立湿地资源运营中心，现场发放全省首笔湿地经营权抵押贷款 1 000 万元。及时将生态环保、节能减排、污水处理、矿山治理等相关项目纳入绿色产业项目库，定期更新完善并组织项目推介。

（四）构建生态文明标准体系

建立和完善生态文明建设标准体系，是我国生态文明建设的重要任务之一。国家制定了生态文明建设标准体系发展行动指南，在生态文明建设重要改革文件中部署生态文明建设标准体系建设。生态文明标准化是江西国家生态文明试验区建设的重要组成部分，2017 年专门制定实施《国家生态文明试验区（江西）标准化建设方案》，重点打造"山水林田湖草系统保护与综合治理标准化工程"等六大标准化工程，推动标准化与生态文明领域的制度创新、科技创新、产业升级协同发展。赣州市积极将标准化引入生态文明领域，聚焦生态环境、空间布局、生态经济、生态文化等重点领域制修技术标准，大力推动生态文明建设标准应用实施。获批筹建国家技术标准创新基地

（江西绿色生态）分中心 3 个，省级标准化技术委员会 4 个，参与制定生态文明领域国际标准 3 项、国家标准 21 项、行业标准 15 项、地方标准 12 项、团体标准 10 项，有力推动了全市生态文明建设。

健全标准化体制机制。成立赣州市标准化战略领导小组，建立标准化协调机制和稳定的标准化工作投入机制，出台《关于进一步强化质量工作若干意见》《关于开展质量提升行动加快质量强市建设的实施方案》等系列政策文件，积极探索标准化支持生态文明建设的新路径、新模式、新举措。加大正面激励导向作用，对主持或参与制修订国际标准、国家标准和行业标准的一次性给予 5 万 ~ 50 万元的奖励，将技术标准研制项目纳入科技成果奖评定、市级科技计划项目申报范围，将标准作为专业技术资格评审依据。将生态文明标准化纳入年度生态文明建设工作重点，明确责任单位、落实要求，建立生态文明"双重考核"机制，为生态文明标准化工作常态开展提供了制度性保障。

完善生态文明标准体系。引导全市各类组织积极参与生态文明领域标准研制。主动对接国际标准，参与制定《稀土元素回收 – 工业废物及生命周期产品信息提供要求》等 ISO 国际标准，实现我国稀土国际标准制定零的突破。支撑节能减排，牵头或参与制订《钨精矿单位产品能源消耗限额》《商用电磁灶能效限定值及能效等级》等能耗国家标准，牵头制定《稀土采选冶行业绿色工厂评价导则》《绿色设计产品评价技术规范 稀土火法冶炼产品》等绿色行业标准，制定《锂离子电池产品碳足迹评价导则》团体标准。推进绿色矿山建设，制定《废弃稀土矿山水土保持综合治理验收要求》等江西省地方标准，首次发布《钨矿绿色矿山建设规范》《萤石矿绿色矿山建设规范》等赣州市地方标准 4 项，填补了赣州市绿色矿山建设标准的空白。打造绿色生态品牌，以赣南特色农产品为重点，制定省级地方标准 100 余项，发布实施《江西绿色生态 赣南脐橙》《赣南高品质油茶籽油》等团体标准，于都县粮食收储公司的企业标准《富硒大米》（Q/SCGS 001S—2021）荣获 2021 年粮油产品企业标准"领跑者"。坚持标准创新引领，制定全国首个离子型稀土开采污染物排放强制性地方标准，发布全国首个家具团体标准，制定《绿色设计产品评价规范 再生钕铁硼永磁材料》等绿色团体标准，10 余项标准获全国稀土标准化技术委员会优秀奖。

搭建标准化技术平台。稀土、钨和家具 3 个国家技术标准创新基地（江西绿色生态）分中心获批以来，积极开展绿色生态标准研制，取得阶段性成果。稀土分中心开展绿色矿山开采和冶炼分离标准研究，建设稀土绿色智能制造标准化研究平台和稀土绿色生态标准化服务平台，制定《稀土废渣、废水化学分析方法》等国家标准 11 项。钨分中心制定《取水定额 第 43 部分：离子型稀土矿冶炼分离生产》等国家标准 7 项，

在研国家标准 12 项，制定《钨渣化学分析方法》等绿色团体标准 5 项。家具分中心制定《实木家具余料利用技术规范》地方标准，发布《江西绿色生态实木餐桌餐椅》等团体标准 6 项，推动现代家具产业绿色发展。

强化标准化协同治理。强化部门协作，推动标准共治。深入创建"全国质量强市示范城市"，搭建标准化工作平台，筹建稀土、家具、油茶、富硒 4 个省级标准化技术委员会。按照《危险废物贮存污染控制标准》等国家、行业标准，推行危险废物标准化管理，防范环境风险，推进绿色认证。

推进标准化交流合作。与中国标准化研究院、中国电子标准化研究院签订合作协议，为全市标准化提供技术、智力、人才支撑。举办推进中国稀土标准化体系的完善与发展研讨会等，加入全国标准化信息共享战略联盟，为全市企业提供多元化标准化交流平台。举办对标达标专项行动、标准化进园区、绿色生态国家技术标准创新基地建设培训班等各类培训 20 多期，培训各类标准化管理人员近千人次，有效推动全市标准化人才队伍建设。

从自然资源资产产权改革到完善国土空间开发保护制度，从改革生态系统保护和修复制度到形成严格的生态环境保护与监管体系，从建立各类资源节约集约高效利用制度到探索"绿水青山"与"金山银山"双向转化机制，构成了赣州产权清晰、多元参与、激励约束并重、系统完整的生态文明制度体系，成为全市生态优先、节约集约、绿色低碳发展的长效机制。水土保持综合治理、山水林田湖草系统保护修复等成为样板，为全省乃至全国生态文明体制改革提供借鉴，彰显了新时代苏区对全国生态文明改革的积极贡献。

第二节 生态保护补偿机制探索走在前列

生态保护补偿是落实生态保护权责、调动各方参与生态保护积极性、推进生态文明建设的重要手段。建立生态保护补偿机制，是建设生态文明的重要制度保障。党的十八大以来，我国积极探索生态保护补偿机制建设，在森林、草原、湿地、流域等领域和重点生态功能区等区域取得积极进展。2016 年 5 月，国务院办公厅印发《关于健全生态保护补偿机制的意见》；2016 年 9 月，印发《贫困地区水电矿产资源开发资产收益扶贫改革试点方案》；2018 年 12 月，国家发展改革委等 9 个部门联合印发《建立市场化、多元化生态保护补偿机制行动计划》；2021 年 6 月，国家发展改革委印发《关于加快推进洞庭湖、鄱阳湖生态保护补偿机制建设的实施意见》；2021 年 9 月，中共中央办公厅、国务院办公厅印发《关于深化生态保护补偿制度改革的意见》，部署深化生态保护补偿制度改革，同时加快制定出台《生态保护补偿条例》，推动生态保护补偿各项政策纳入法治化轨道。江西省在 2015 年出台《江西省流域生态补偿办法（试行）》；2019 年出台《江西省建立省内流域上下游横向生态保护补偿机制实施方案》，在全国率先建立全流域生态保护补偿机制，由省财政对全省所有 100 个县（市、区）实施纵向补偿；2022 年 2 月出台《深入推进鄱阳湖生态保护补偿机制建设实施方案》；2022 年 8 月印发《关于深化生态保护补偿制度改革的实施意见》，全省生态保护补偿加速推进，初步构建了江西特色的生态保护补偿制度体系。

对照国家和省生态保护补偿改革部署，赣州市结合实际积极探索创新生态补偿实践模式，多个领域生态补偿齐头并进，森林、湿地、自然保护区、流域、自然资源资产有偿使用与生态修复等领域和限制开发区域、禁止开发区域两大重点区域生态补偿扎实推进，纵横覆盖的生态补偿体系初步建立。自 2016 年起，赣州全域停止公益林商业性采伐，全面开展公益林分类建档，严格落实公益林管护责任制，落实生态公益林补偿政策，规范管理生态公益林 1 507.59 万亩。积极落实 940.39 万亩天然林停伐管护协议签订工作，第一批天然林停伐管护协议签订任务（619.78 万亩）已全面完成，第二批天然林停伐管护任务（320.61 万亩）正在积极落实。严格湿地生态保护，实施湿地生态修复，增强湿地生态系统整体功能，确保湿地保护红线区面积不减少、性质不改变、功能不退化。全市湿地保有量稳定在 7.23 万公顷，湿地保有率达 100%，湿地保护率达 64.35%，高于全省平均水平。大力实施湿地保护与恢复项目，进一步改善湿地生态环境，"十三五"期间，全市争取中央财政湿地保护和恢复项目补助资金 3 950 万元。

一、东江源上下游横向生态补偿成为全国跨省流域生态补偿样板

（一）"一定要保护好东江源头水"

东江发源于赣州南部，是珠江三大支流之一，干流全长约 523 公里，是香港、深圳的主要饮用水源。1963 年，香港遇大旱，周恩来总理迅速作出指示，决定引东江水

周总理题词：三百山护源石

供应香港。沧桑砥砺五十载，激情涌动谱华章。香港与内地一水相连，唇齿相依。碧绿的东江水就像一条纽带，把两地人民紧紧地联系在一起。对港供水的特殊使命赋予了东江水特殊的意义，它关系到"一国两制"基本国策的落实，关系到香港的繁荣稳定，东江水就是"政治水、生命水、经济水"。赣州始终牢记周恩来总理"一定要保护好东江源头水"

的深情嘱托，始终把源头水质安全作为生态建设的重中之重来抓，力保东江中下游及香港 4 000 万同胞用水安全。

（二）建立东江流域跨省上下游横向生态补偿机制

东江流域生态补偿试点是贯彻落实党中央、国务院决策部署的重要举措。2016 年 4 月，国务院印发《关于健全生态保护补偿机制的意见》，明确在江西、广东两地开展东江跨地区生态保护补偿试点。同年 10 月，在财政部、环境保护部的推动下，江西、广东两省人民政府签署了《东江流域上下游横向生态补偿协议》。协议规定江西省和广东省共同设立东江流域水环境横向补偿资金，每年各出资 1 亿元。江西、广东两省依据考核目标完成情况拨付资金。中央财政依据考核目标完成情况确定奖励资金，中央奖励资金拨付给东江源头省份江西省，专项用于东江源头水污染防治和生态环境保护与建设工作。2020 年 1 月，赣粤两省正式签订《江西省人民政府 广东省人民政府东江流域上下游横向生态补偿协议（2019—2021 年）》，标志着东江流域上下游横向生态补偿由试点转化为长效机制，推动跨省流域上下游横向生态补偿机制迈上了一个新的台阶。7 年来，赣州市已获得补偿资金 26 亿元，其中中央资金 15 亿元，江西省资金 6 亿元，广东省资金 5 亿元，共支持了 152 个项目建设。同时制定赣州市东江源区上下游横向生态补偿工作绩效评价办法（试行）、项目管理办法、资金管理办法等制度，提高补偿资金使用绩效。

自东江流域建立生态补偿机制以来，水生态环境质量持续改善，纳入东江流域生态补偿考核的庙咀里出境断面水质优良率（达到或好于Ⅲ类）均为100%，水质类别由Ⅲ类提升至Ⅱ类，兴宁电站断面水质优良率（达到或好于Ⅲ类）均为100%，水质类别由Ⅱ类提升至Ⅰ类，达到东江流域生态补偿协议水质目标。2021年，中国环境监测总站向江西省环境监测中心站和广东省环境监测中心下达了2020年东

江西省人民政府　广东省人民政府东江流域生态补偿协议签署仪式

江流域上下游横向生态补偿水质监测结果。经评价，寻乌水兴宁电站和定南庙咀里断面2020年每月水质均达到Ⅲ类标准，水质达标率为100%。

第三轮《东江流域上下游横向生态补偿协议》已启动相关程序，赣粤两省将继续推进东江流域上下游横向生态补偿工作。东江流域上下游横向生态补偿作为全国流域生态补偿机制改革的先行者，为全国推广流域上下游横向生态补偿机制探索、积累经验，发挥示范作用。

寻乌县东江流域上下游横向生态补偿试点

创新工作引导机制，实现流域防治不偏向。自列入东江流域上下游横向生态补偿试点以来，寻乌县始终坚持问题导向，立足本地实际，通过加强规划、明晰目标、聚焦关键、强化问责等措施，有序引导推进生态补偿试点，确保政策落实方向不偏不倚。突出规划性引领，编制《寻乌县污染源分析报告》《寻乌县流域生态综合治理实施方案》和《东江流域生态环境保护和治理实施方案》，做到有规可循。优化项目指标设置，聚焦水质达标、水土流失控制、植被覆盖率、土壤养分及理化性质四个关键指标，专门制定生态补偿项目建设考核办法，明确施工单位项目资金拨付与考核指标相挂钩，治理未达标扣减项目工程款，并将考核时间延长至4年（含）以上。发挥考核"指挥棒"作用，将东江流域上下游横向生态补偿相关工作纳入县生态文明建设考核，列为全县年度目标考核内容，进行常调度、常部署，对考核不达标的乡（镇）和单位，实行"黄牌

警告",取消评先评优资格。强化责任制管理,制定《寻乌县生态文明建设管理办法(试行)》《寻乌县生态环境损害责任追究实施办法(试行)》等制度文件,对保护生态环境不力的人员进行追责问责。2017年以来,对责任落实不到位的乡(镇)和部门主要负责同志约谈13人次。

创新综合治理机制,实现流域防治系统化。坚持整体布局、全面系统、综合治理思路,统筹推进全县生态环境保护修复治理工作,构建县乡村共治体系,成立由县委主要领导任组长的县东江流域水环境保护和生态补偿机制建设工作领导小组,对各乡镇及工业园区流域水环境进行统一调度、统一管理。建成水陆空共治格局,扎实开展碧水保卫战、净土保卫战、蓝天保卫战,在河道水域有序推进工业污水处理、农业面源污染治理等工作,在岸上陆域大力实施畜禽养殖污染防治、废弃稀土矿山治理等工作,在大气环境方面稳步实施扬尘整治、废气治理等工作,实现了水陆空全方位、立体化流域治理。打造上下游共治模式,打造"源头移民保护—流域内治理—出境断面监测"全流域治理模式。在东江源头区域实施"两个半村"整体搬迁工作,易地移民搬迁515户2 100人,移民后区域禁止任何人为开发利用;在流域内开展综合治水、治沙、治污、治气、治企等工作,强化问题整治;在交界断面设置监测点,实时监测水质变化,做好预警预测。

创新区域联动机制,实现流域防治无边界。东江流域上下游横跨江西、广东两省,涵盖县市较多,上下游互动、区域协调联动显得尤为重要。为此,寻乌县与东江流域下游广东周边县市建立区域联动机制,加强跨省协作,实现流域上下游共商共治共享。建立联合会商制度,注重与周边广东河源市龙川县等县市会商合作,通过召开交流会、电话沟通、现场勘探等方式加强协调联络,共同发力促进流域治理。建立联合监测制度,与河源市龙川县建立联合监测和预警机制,明确采样断面与时间、监测指标与方法等,定期开展联合监测。2016年以来,与河源市龙川县共同联合监测采样37次。建立联合预警执法,加强对重点污染源、水环境的质量监控,及时掌握气象、水文变化等情况,进行区域信息互通共享,根据变化情况及时预警,同时建立联合执法制度。建立联合宣传机制,在珠三角和香港等地区大力开展东江流域环境保护宣传,启动了由香港地球之友与中国环境文化促进会合办的"上游下游手拉手,绿化东江水源头——饮水思源"等活动,营造全民参与的良好氛围。

创新运行管理机制，实现流域防治常态化。着力探索创新多元投入、市场运行、群众参与等机制，实现东江流域上下游水环境治理保护可持续、常态化。探索多元投入机制，除中央财政专项资金、江西和广东两省补偿资金外，寻乌县还通过"向上争一点、财政出一点、贷款筹一点"等方式多元筹集资金。截至 2022 年 10 月，累计投入生态建设资金 17.1 亿元。探索市场运行机制，在项目评估上实行第三方评估验收，确保项目建设经得起检验；在卫生保洁上探索实施了城乡环卫一体化模式，由具有资质的市场主体一体负责城区、乡村以及河道环境。探索后续转化机制，写好生态修复"后半篇"文章。对治理恢复后的柯树塘废弃稀土矿山，通过开展旅游、发展产业等方式进行开发利用，打通"治理"与"开发"双向通道，推动流域生态保护可持续发展。

（三）探索市内流域横向生态保护补偿

东江源第一瀑

2019 年 5 月，经赣州市政府同意，生态环境、财政、发展改革、水利等部门联合印发《赣州市建立市内流域上下游横向生态保护补偿机制实施方案》，在涉赣江、东

江流域干（支）流的所有县（市、区）实施市内流域补偿（第一轮）。实行按月考核、按年补偿的办法，按照"谁超标、谁赔付，谁保护、谁受益"的原则，以交接断面水质类别和达标率等作为补偿依据，上下游主体之间进行横向补偿，补偿标准为每年不低于 100 万元。自市内流域上下游横向生态补偿实施以来，累计完成 23 份协议签订（协议签订数量全省最多），涉及 24 个县界考核断面（涉章江流域 6 个、东江流域 6 个、贡江流域 12 个），覆盖全市 20 个县（市、区），争取省级奖补资金 2.46 亿元，基本建立了全流域上下统一、齐抓共管水生态环境保护和修复的制度体系。赣江流域和东江流域市内流域上下游横向生态补偿机制得到进一步完善，形成章江、贡江、东江流域上下游联动协同治理的新局面。

二、深化国家生态综合补偿（石城）试点

为进一步健全生态保护补偿机制，提高补偿资金使用效益，2019 年 11 月，国家发展改革委印发《生态综合补偿试点方案》，明确在福建、江西、海南、贵州等国家生态文明试验区，西藏和四川、云南、甘肃、青海等涉藏工作重点省，以及安徽共 10 个省选择 50 个县开展试点工作，提出了创新森林生态效益补偿制度、推进建立流域上下游生态保护补偿制度、发展生态优势特色产业、推动生态保护补偿工作制度化 4 项重点任务。2020 年 2 月，国家发展改革委正式印发《生态综合补偿试点县名单》，启动生态综合补偿试点工作。

2020 年石城县被列为首批国家生态综合补偿试点县之一。试点以来，赣州市支持石城以完善生态保护补偿机制为重点，以提高生态补偿资金使用整体效益为核心，创新生态补偿资金使用方式，拓宽资金筹集渠道，调动各方参与生态保护的积极性，转变发展方式，增强自我发展能力，试点工作取得显著成效。2021 年 5 月，国家发展改革委在赣州召开全国生态综合补偿试点工作现场会，生态保护补偿、生态产品价值实现等赣南经验向全国推广。

（一）健全三个工作机制，推动试点落地落实

建立协调推进机制。成立石城县政府主要领导任组长的石城县国家生态综合补偿试点建设工作领导小组，统筹解决试点工作的重大事项和重要问题。建立部门联席调

度机制，加强试点工作的协调推进，组织开展政策实施效果评估，确保及时完成试点各项任务。

建立多元投入机制。成立党委、政府主要领导带队的项目谋划和资金争取工作专班，争取林区接续替代产业等各类生态补偿资金 7.6 亿元，积极挖掘县域农林、旅游等资源资产，吸引银行贷款、客商投资、央企国企投资等社会资本 35 亿元以上，发展生态农业、工业、旅游业，带动 3 万余名群众增收致富。

完善责任追究机制。对生态环保资金实施全过程监督，并把生态环境效益纳入考核范围，进一步规范项目资金使用管理。制定生态环境保护主体职责清单，对 11 个乡镇开展自然资源资产离任审计，严格落实生态环境损害责任追究制度。

（二）创新三个补偿机制，增强生态补偿效益

创新森林生态效益补偿机制。根据生态区位重要性和生态脆弱性，综合考虑生态公益林保护等级和林地种类，按照林地生态效益赋予不同补偿标准。积极开展林权收益权质押融资业务，扩大林权抵押贷款规模，建立收储担保费用补助、贷款风险准备金、购买资源保险等方式，完善风险补偿机制。出台优惠政策，引导林农适度开展林下种植养殖和森林游憩等非木质资源开发与利用，延长林下经济产业链，提升林业综合经济效益。

创新流域上下游生态补偿机制。持续完善"石城—宁都"上下游生态补偿机制，严格落实与宁都县贡江流域上下游横向生态保护补偿，流域上游承担保护生态环境责任，享有水质改善、水量保障带来利益的权利；流域下游对上游为改善生态环境付出的努力作出补偿，享有水质恶化、上游过度用水的受偿权利。同时，依据上游地区的水生态系统提供的水源涵养、废物处理等服务总价值，核算补偿标准，上游地区依据对下游下泄水量贡献比例进行资金分配。生态补偿资金主要用于上游地区的环保设施建设、面源污染治理、生态保护等方面。

创新中央项目资金补偿机制。为充分发挥中央预算内投资 5 324 万元资金效益，石城县撬动县级财政配套及社会资金近 1 亿元，累计投资 1.521 亿元整体推进低碳绿色工业园区建设，承接绿色食品加工、现代品牌运动鞋服等低碳工业。先后建设古樟工业园、屏山创业园、小松创业园市政道路 8.7 公里，配套建设给排水、绿化、亮化等设施，建设小松创业园、屏山创业园污水处理厂及污水管网，有效减少污染物排放，提高工业园区环境质量，改善琴江河流域水质。

（三）培育三个优势产业，增强生态造血功能

打造新能源绿色富民产业。据专业测量，石城县年太阳辐射量 4 736.6 兆焦 / 平方米，位列全省第一；年日照小时数为 1 920 小时，非常适合发展太阳能光伏发电。依托这些资源优势，石城县引进协鑫（集团）控股有限公司、晶科能源控股有限公司、石城县马丁光伏电力有限公司和中国大唐集团有限公司、国家电力投资集团有限公司等央企、民企，累计投资 30 亿余元，建成光电、风电、生物质发电等新能源项目，装机容量突破 330 兆瓦，2 000 余农户通过林地流转和就近务工实现增收。

打造全国绿色食品原料生产基地。石城县是中国白莲之乡，白莲种植有 1000 多年历史。围绕这一天然优势，石城县创新基层农技推广体系，采取购买社会服务的办法，配备了 6 名白莲技术推广员，全力推广白莲绿色食品标准化生产技术，推广"良种 + 良法"配套高产栽培技术及白莲腐败病预防技术，引导农民运用新型品种和标准化种植技术，逐步提高白莲产量和质量。出台白莲种植保险制度，引进企业开展白莲食品深加工，延长产业链条，提高农产品附加值。目前，全县白莲种植面积稳定在 10 万亩左右，"石城白莲"获批国家地理标志证明商标，石城正式获批全国绿色食品原料（白莲）标准化生产基地。

石城县通天寨景区百亩荷花园

打造世界一流温泉康养旅游目的地。石城县温泉资源丰富，全县可开采利用地热水达 13 777.74 立方米 / 天，远景可采量超过 15 000 立方米 / 天，可采量居全省第一。石城县大力引进社会资本 100 亿元以上，先后开发建设了九寨温泉、花海温泉、森林温泉、天沐温泉等项目，构建形成城北国际温泉康养度假区、城南温泉文化休闲旅游区两大核心板块。近年来石城县成功创建国家全域旅游示范区、国家生态文明建设示范区，被评为"中国温泉之城"，全省唯一。

石城县国家生态综合补偿试点成效

治山理水卓有成效。石城县统筹生态类资金约 20 亿元实施生态保护、水环境治理、生态产业扶贫等项目 108 个，其中投资近 5 亿元的赣江源头琴江河流域生态功能提升与综合治理工程，累计治理水土流失 75.88 平方公里。生态补偿试点以来，县域生态环境质量实现大幅提升，空气质量优良率达 99.7%，细颗粒物平均浓度18 微克 / 立方米，县城及乡镇集中式饮用水水源地、县域出境断面及赣江源头水质优良率 100%，农村污水处理设施和配套污水管网建设覆盖率达 68%，农村生活垃圾无害化处理率达 100%，琴江河流域县城段生态保护与修复工程获得中央电视台推广，县城区 10 余万群众和城南、城北沿线 8 个村 1 万余名群众共享生态建设红利。

绿色产业做大做强。生态农业多点开花，白莲种植面积稳定在 10 万亩、烟叶3 万亩、油茶 13.7 万亩，覆盖全县 90% 农户，每年带动农户人均增收 5 000 余元；发展农林特色产业专业合作社 480 家，建成休闲农业点 100 余个、家庭农场 201家，带动 5 000 余户农民就业。低碳工业蓬勃发展，规划建设 4 000 亩绿色食品产业园，引进大由大食品科技（上海）有限公司、江西德都食品科技有限公司等加工企业 20 余家，直接带动 3 000 余户农户参与绿色食品产业前端种植和后端深加工，人均增收 2 万余元；从零起步发展到鞋服及配套企业 600 余家、产值 130 亿元，直接带动就业人员 1.5 万余人，人均年增收 3 万元。全域旅游持续繁荣，建成通天寨、八卦脑、赣江源、大畲旅游区等 A 级景区，带动 5 000 余农户直接增收致富；"温泉+"健康、养生、度假旅游产业年吸引游客 700 余万人次，挖掘石城阻击战、秋溪整编等 4 条红色旅游精品线路，建成丹溪村、秋溪村等红色教育基地，2021 年全县接待游客 994.8 万人次，旅游总收入 77.2 亿元。

惠民增收向深向实。加大林业生态补偿力度，发放生态公益林、退耕还林、

天然保护林补偿资金 7 829.865 万元，受益林农 26 556 户；累计发放林权抵押贷款 5 292 万元、森林药材补助 272.89 万元、竹产业发展项目补助 349.297 万元。创新山地林地租赁补偿模式，将 17.4 万亩林地山地租赁给相关企业发展油茶、脐橙等林下经济和山地光伏，受益农户 11 434 户、户均增收 3 500 元，带动农户就近务工，年增收达 9 000 元。出让山林特许经营权增收，大唐风电有限责任公司捐资 1 000 万元支持村集体发展，石城协鑫光伏电力有限公司、石城县赣江源电力有限公司扶持全县 12 402 户贫困户，每人每户增收 3 000 元。开发公益岗位增收，开发生态护林员岗位 674 个，带动 674 名群众参与护林护绿，年人均增收 1 万元；全覆盖配备河流、水库管理员、保洁员 200 余人，年人均增收 6 000 余元；开发农村环境保洁员等公益性岗位 700 余个，年人均增收 6 000 余元。

自 2012 年以来，赣州重点领域生态保护补偿机制细化实化，区域间生态保护补偿的合作网络织密织牢，市场化生态保护补偿取得重大进展，生态保护补偿的探索和实践取得丰硕成果，为构建国家生态安全屏障、加强区域合作共治、促进农民增收和社会稳定贡献了积极的力量。

三、健全生态环境损害赔偿制度

建立健全生态环境损害赔偿制度是生态文明体制改革的重要组成部分，是党中央、国务院作出的重大决策。生态环境损害赔偿制度以"环境有价、损害担责"为基本原则，以及时修复受损生态环境为重点，是破解"企业污染、群众受害、政府买单"的有效手段，是切实维护人民群众环境权益的坚实制度保障，是深入贯彻习近平生态文明思想的具体举措。2015 年 12 月，中共中央办公厅、国务院办公厅印发《生态环境损害赔偿制度改革试点方案》，在吉林、江苏、山东、湖南、重庆、贵州、云南 7 个省开展试点。经两年试点探索后，2017 年 12 月，中共中央办公厅、国务院办公厅印发《生态环境损害赔偿制度改革方案》，部署自 2018 年起，在全国试行生态环境损害赔偿制度。2021 年 1 月实施的《中华人民共和国民法典》，明确规定生态环境损害赔偿责任，将改革成果上升为国家基本法律。2022 年 5 月，经中央全面深化改革委员会审议通过，生态环境部联合最高人民法院、最高人民检察院和科技部、公安部等11个相关部门共14家单位印发了《生态环境损害赔偿管理规定》，全国范围的生态环境损害赔偿制度逐步建立。

江西以制度构建推进生态环境损害赔偿工作，建立跨区域生态环境联合执法与生态环境损害赔偿联动机制，明确在依据生态环境保护相关法律法规给予行政处罚的同时，根据生态环境损害赔偿有关规定启动生态环境损害赔偿案件调查、评估鉴定、磋商、诉讼等工作；建立生态环境损害赔偿与检察公益诉讼衔接机制，细化生态环境损害赔偿磋商、诉讼、监督等程序。2018年初至2022年6月底，全省累计办理生态环境损害赔偿案件1 065件，赔偿金额2.3亿多元。

2020年，赣州市委、市政府印发《赣州市生态环境损害赔偿制度改革实施方案》，成立了赣州市生态环境损害赔偿制度改革工作领导小组，明确了生态环境损害赔偿工作的职责分工、健全规章制度、管理体系、明确赔偿范围、相关主体。每个县（市、区）都实现了生态环境损害赔偿案例零的突破。2021年赣州市生态环境局会同赣州市财政局等11个部门联合印发《赣州市生态环境损害赔偿资金管理暂行办法》，规范生态环境损害赔偿资金的执收、管理、拨付、监管、报备等事项。各县（市、区）根据江西省生态环境损害赔偿制度改革工作领导小组办公室、审计署南京特派办下发的生态环境损害线索和行政执法中发现破坏生态环境的现象，及时启动生态环境损害赔偿工作。据统计，2021年赣州市办结生态环境损害赔偿磋商案例163例，涉及赔偿金额300.841 4万元，办结生态环境损害赔偿磋商案件数量位居全国地级市第九名。

2022年，根据江西省生态环境厅要求，行政处罚案件均需开展生态损害赔偿工作，赣州市积极落实"执法、赔偿联动机制"。市生态环境局要求各县（市、区）生态环境局每月开展生态环境损害赔偿线索筛查，实施案件线索分类、分级管理，每月通报各县（市、区）生态环境损害赔偿案例办理情况。2022年1—8月全市共办理生态环境损害赔偿案例106件，赔偿金额共计615.26万元。截至2022年8月，赣州市共办理生态环境损害赔偿案件293件，其中生态环境部门办理236件、林业部门办理51件、农业农村部门办理9件、自然资源部门办理4件、水利部门办理1件，赔偿金额共计1 200余万元。

建立健全工作机制。赣州市高度重视生态环境损害赔偿工作，将生态环境损害赔偿制度改革列为生态文明体制改革工作重点内容来推动；成立改革工作领导小组，建立由司法机关、相关行政部门分工协作的工作机制，财政和法治得到有力保障；定期召开联席会议，建立生态环境、公安、检察院协同办案机制，及时响应，快速启动环境污染

应急处置、鉴定评估、环境修复；制定《赣州市生态环境损害赔偿制度改革实施方案》《赣州市生态环境损害赔偿资金管理暂行办法》，为生态环境损害赔偿工作有序推展提供制度保障。赣州各级法院充分发挥诉前磋商制度优势，积极推进生态环境损害赔偿工作，运用诉前磋商机制促成赔偿协议 255 份，审结生态损害赔偿协议司法确认案件 3 件。

提高案件办理效率。坚持"应赔尽赔"原则，实施案件线索分类、分级管理，规范案件办理流程，对案件办理全流程进行梳理研判，形成全链条办理、全流程监管的闭环管理机制；不断拓宽案源线索渠道，对涉及生态环境损害的信访投诉、行政处罚案件、刑事案件线索进行排查，实施线索动态管理，建立线索筛查机制；将启动率、办结率纳入《赣州市生态环境局法规与宣教重点工作月报》，建立定期调度通报机制，办案效率得到有效提升。

创新赔偿修复模式。生态环境损害赔偿重在环境修复，在办案过程中，各地涌现出不同模式，树立了一批典型。如南康区探索"一案双罚"模式取得了一定成效，在查办环境违法行为、做出行政处罚的同时，对涉及环境污染的企业第一时间启动生态环境损害赔偿。又如定南县探索创新生态修复形式，科学选择修复方案，在办理某脱贫户非法捕获野生动物案时，办案与脱贫攻坚工作相结合，采取由脱贫户义务巡山 3 个月、发放保护野生动物宣传单、张贴宣传横幅等方式进行赔偿修复，入选全省生态环境损害赔偿磋商十大典型案例。同时，在办案过程中，选取典型案例和信息素材，通过各政务新媒体发布，充分发挥法治宣教作用，让"谁污染、谁负责"的理念深入人心。

2020 年、2021 年赣州市生态损害赔偿案件办理总数量在全国 293 个地级市中排名第九，赣州市石城某建设有限公司向水体排放油类污染物案、赣州定南徐某发非法捕获野生动物案入选 2020 年江西生态环境损害赔偿磋商十大典型案例，赣州龙南某稀土资源综合利用有限公司非法倾倒固体废物案入选 2021 年江西生态环境损害赔偿磋商十大典型案例。综合来看，生态环境损害赔偿制度改革在赣州得到有效落实，全市生态损害赔偿案件办理数量连续多年位居全省第一，进一步筑牢了生态环境治理体系。

第三节 。法制护蓝增绿形成典型经验

党的十八大以来，党中央持续加大生态文明法治建设力度。党的十八届四中全会

提出"用严格的法律制度保护生态环境"。党的十九大对生态文明法治体系建设作出
改革部署，新修订的党章要求建立严格的生态文明法律制度。2018 年 3 月，宪法修正
案对生态文明建设作出基本规定。同时，民法典将绿色原则确立为民事活动的基本原
则，刑法及其修正案对污染环境和破坏资源犯罪作出明确的界定。2012 年以来，国家
先后制修订了 25 部生态环境相关的法律，涵盖了大气、水、土壤、固废、噪声等污染
防治领域，以及长江、湿地、黑土地等重要生态系统和要素，初步形成了覆盖全面、
务实管用、严格严厉的中国特色社会主义生态环境保护法律体系。从党内法规、国家
法律、行政法规、部门规章，到地方生态文明建设特色立法，再到生态环境保护执法、
司法，都发生了历史性变化，标志着生态文明法治建设进入新的历史阶段。

江西生态文明法治建设成效显著。先后制定实施资源综合利用条例、环境污染防
治条例、农业生态环境保护条例、古树名木保护条例、湿地保护条例、生活垃圾管理
条例、气候资源保护利用条例、候鸟保护条例等地方性法规，出台《江西省生态文明
建设促进条例》，为加强生态文明建设提供综合性系统性的法律保护。创新生态环保
综合执法、环境资源审判、生态检察等法治机制。江西省高级人民法院推进环境资源
审判专门化建设，建立了地域管辖与流域（区域）管辖相结合的环境资源审判体系，
走在全国前列。江西省人民检察院推动建立生态环境损害赔偿与检察公益诉讼衔接机
制，为形成更强生态治理法治合力贡献了"检察智慧"。

赣州深入学习贯彻习近平生态文明思想、习近平法治思想，始终把生态文明法治
建设摆在关键位置，全面落实一系列上层法制设计和法制改革举措，率先在全省建立
并有效实施环资审判、检察蓝护卫生态绿、生态综合执法等制度，全市生态环境保护
工作基本纳入法治轨道，生态文明领域法治水平实现大跨越。

一、加强生态文明地方立法

（一）颁布实施《赣州市饮用水水源保护条例》

2019 年 9 月，江西省第十三届人民代表大会常务委员会第十五次会议审议批准了
《赣州市饮用水水源保护条例》。《赣州市饮用水水源保护条例》是全市生态环保领域
第一部实体性法规，是全省第一部针对设区市行政区域内所有集中式饮用水水源进行
立法保护的地方性法规，分为总则、饮用水水源保护、监督管理、法律责任、附则 5

章，共 45 条，旨在进一步建立健全赣州市饮用水水源保护体制、机制，为推动饮用水水源保护工作的开展，保障人民群众身体健康和生命安全，促进经济社会发展和生态环境保护相协调提供有力法制保障。《赣州市饮用水水源保护条例》明确了立法目的、适用范围、基本原则、有关补偿机制等内容，重点对市、县、乡三级政府及相关部门的主要职责进行了明确，同时重点对饮用水水源保护区、准保护区的保护措施进行了细化。在监督管理方面，明确了各级政府及有关部门的监督管理职责，还规定要建立健全饮用水水源保护目标管理考核制度、巡查制度、应急管理措施、水质监测和信息公开制度等内容。同时设定违反禁止性行为的处罚。

（二）颁布实施《赣州市水土保持条例》

2020 年 5 月，江西省第十三届人民代表大会常务委员会第二十次会批准了《赣州市水土保持条例》。《赣州市水土保持条例》共分总则、规划和预防、治理、监测和监督、法律责任、附则 6 章，共 39 条。《赣州市水土保持条例》强化水土保持工作，规范生产建设活动，加强水土流失预防和治理工作，推动赣州生态文明建设和生态环境保护。

（三）颁布实施《赣州市文明行为促进条例》

2020 年 9 月，江西省第十三届人大常委会第二十三次会议批准了《赣州市文明行为促进条例》。《赣州市文明行为促进条例》紧紧抓住日常生活、工作中文明行为的主要方面予以规范，突出问题导向，设立专章，对不文明行为进行针对性治理，将全面禁止食用野生动物等要求及时纳入文明行为规范。《赣州市文明行为促进条例》分总则、文明行为规范、治理与禁止、保障与促进、法律责任、附则 6 章，共 45 条。《赣州市文明行为促进条例》将赣州创建全国文明城市创建等成功经验、特色做法上升为法规条文予以固化。为擦亮赣州"红色故都""客家摇篮"的名片，从传承、发扬优秀客家文化和弘扬苏区精神、长征精神，传承红色基因的角度，用法治方式让"文明标尺"刻度更细更实。

（四）推动扬尘污染防治立法

扬尘污染防治属于大气污染防治的重要部分，赣州高度重视扬尘污染防治工作，采取了一系列治污减排措施。为有效防治城市扬尘污染，改善空气质量，将实践中一系列成熟的经验做法以法律形式予以明确和固定，积极推动扬尘污染防治立法，形成了《赣州市扬尘污染防治条例》。《赣州市扬尘污染防治条例》分为总则、防治措施、监督管理、法律责任、附则 5 章，共 41 条，遵从了《中华人民共和国大气污染防治法》《中华人民共和国建筑法》《江西省大气污染防治条例》《江西省促进散装水泥和预拌混凝土发展条例》等上位法的基本原则和有关规定，吸纳了近年来市政府关于建筑工程、道路运输、裸土治理、预拌混凝土和预拌砂浆生产、物料堆放以及道路保洁等方面扬尘污染防治有效政策措施，并参考借鉴了其他地市的立法经验，依照有关政策文件理顺管理体制、明确管理职责、细化防治措施、增设监管内容、创设信用惩戒、系统法律责任。《赣州市扬尘污染防治条例》的正式颁布实施，进一步推进依法管理和执法。

二、创新生态环境综合执法

为破解生态执法领域各自为战、职能交叉难题，赣州市率先在全省成立了县级生态综合执法机构，实行生态综合执法。2019 年 3 月，赣州市出台《关于深化全市生态环境保护综合行政执法改革的实施方案》，正式组建生态环境保护综合执法队伍，赣州市生态综合执法改革创新做法走在全省前列。

深化生态综合执法改革。根据中央、省有关生态环境保护综合行政执法改革精神，整合环境保护和国土、农业、水利、林业、矿管等市直部门相关污染防治和生态保护执法职责，按照"编随事走、人随编走"的原则，组建市生态环境保护综合执法支队，2019 年 8 月挂牌成立。赣州市组建了 20 个县（市、区）综合执法大队，并于 2020 年 5 月前全部上收市级管理。2021 年 4 月根据事业单位改革要求，20 个县（市、区）综合执法大队调整为市生态环境保护综合执法支队的分支机构，单位性质为副科级全额拨款事业单位，核定事业编制 498 名，与环保垂改前编制数量相比增加 129.19%。出台《关于进一步加大中央环保督察反馈问题整改力度全面提升整改工作水平的通知》，明确各县（市、区）党委、政府为县级环保部门配备不少于 5 辆执法用车，有效缓解县级执法队伍用车难问题。部分县（市、区）新购置无人机、移动执法终端等一大批生态环境仪器设备，进一步强化生态环境执法现代化管理水平。

严格生态环境综合执法，以执法大练兵、专项行动、督察整改为抓手，全方位开

展生态环境综合执法工作，对各类环境违法行为保持零容忍，形成严厉打击环境违法犯罪行为的高压态势，有效保障了全市生态环境安全，解决了一大批长期未解决的环境问题。2014年4月《中华人民共和国环境保护法》修订实施以来，全市共立案查处环境违法行为2 269起，累计处罚金额达2亿余元，适用环境保护法配套措施和移送涉嫌环境污染犯罪案件774件。

安远县、大余县生态综合执法典型案例

　　安远县以问题为导向，大胆探索生态执法体制改革，从林业局、水利局、环境保护局、国土资源局、矿产资源管理局、市场监管局、农业和粮食局、森林公安局等相关部门抽调22名执法人员，于2016年4月组建了生态综合执法联合体——安远县生态综合执法局。生态综合执法局实行"集中办公、统一指挥、统一行政、统一管理、综合执法"的运行机制，专门负责生态环境综合整治和执法行动。

　　组建生态综合执法局前，对一个生猪养殖场破坏生态环境的问题，若在非规划区域违规建设生态养殖场，由安远县农业和粮食局执法大队负责处理；达到一定污染排放量，构成环境污染的，由安远县环境保护局执法监察大队处理；如果情节严重的，涉及刑事处罚的，还需要移交公安部门；这种执法体制，往往造成权责不清，管理缺位。安远以问题为导向，打破部门界限，整合行政资源，组建生态综合执法局，是对生态执法体制机制改革的有效探索。生态综合执法局实施相对集中的行政处罚权，破除过去单一主体分散管理、多头执法的问题，不管是哪个环节、何种程度的污染破坏，都由综合执法局进行统一行动、集中处理，既提升了工作效率，又给破坏环境者最有力的打击，实现了行政执法与刑事责任追究的无缝对接。

安远县执法人员开展生态执法

　　大余县组建大余县生态综

合执法局，作为县政府生态环境领域综合行政执法机关，与县森林公安局共同构建成一个生态环境综合执法联合体，实行合署办公，由县森林公安局主要负责同志担任局长，实行"集中办公、统一指挥、统一行政、统一管理、综合执法"的运行机制，从县自然资源局、环境保护局、水利局、林业局、矿产资源管理局、农业和粮食局、水土保持局、城乡规划建设局、森林公安局和公安局等部门抽调人员组成。大余县生态综合执法局主要职能由上述10个部门委托授权各部门行政执法职能，集中统一进行执法工作。行政处罚权集中后，相

大余县生态综合执法局开展宣传

关行政主管部门继续行使相关行政管理职能，负责日常巡查、监管和一般违法行为的查处，移交并积极配合生态综合执法局查处重大、疑难行政处罚案件。生态综合执法局的成立打破部门界限，整合行政资源，建立健全行政执法和刑事司法的衔接机制，实现了行政处罚和刑事处罚的无缝对接。

三、全面加强环境资源审判

最高人民法院出台《关于新时代加强和创新环境资源审判工作 为建设人与自然和谐共生的现代化提供司法服务和保障的意见》《关于全面加强环境资源审判工作为推进生态文明建设提供有力司法保障的意见》《关于充分发挥审判职能作用为推进生态文明建设与绿色发展提供司法服务和保障的意见》《关于深入学习贯彻习近平生态文明思想 为新时代生态环境保护提供司法服务和保障的意见》等文件，部署加强环境资源审批工作。省高级人民法院充分发挥审判职能作用，建成具有江西特色的地域管辖和流域管辖相结合的环境资源审判体系，探索委托第三方监督和管理使用生态环境修复资金模式，全力服务生态文明建设。赣州自觉对标对表国家和省要求，全市法院系统牢固树立绿色发展理念，充分发挥环境司法职能作用，大力推动环境资源审判改革，不断提

高环境资源审判水平，努力提升环境资源审判队伍司法能力，为切实保护赣南良好生态环境提供司法保障。

完善环境资源审判机构设置。市、县两级法院不断推进环资审判机构建设。2017年崇义县人民法院率先成立环境资源审判庭，其他法院则按照实际情况设立环境资源审判合议庭。2019年基层法院机构改革后，全市两级法院率先在全省保留加挂了环境资源审判庭，现已有17个基层法院在民庭或刑庭加挂环境资源审判庭、两个基层法院在综合审判庭组建专业化审判团队，形成全覆盖的环境资源专业化审判体系，最大限度保障审判专业化。2017年，宁都县人民法院、安远县人民法院被省高级人民法院设立为第一批环境资源司法实践基地。

推进环境资源案件归口审理。2019年，市中级人民法院从刑庭、民一庭、行政庭各确定一名员额法官组成环资审判合议庭，专门办理环境资源案件，达到"三合一"归口审理。同时，通过下发明传、召开座谈会等方式调度各基层法院进一步落实环境资源案件刑事、民事、行政"三合一"或"二合一"归口审理要求，现各法院基本实现"二合一"归口审理，部分有条件的法院，如崇义县人民法院已实现"三合一"归口审理。根据流域（区域）面积和所在地法院的地理位置、审判力量等情况，依托现有人民法庭机构，合理规划法庭布局，科学划定管辖区域。大余县人民法院依托生态旅游法庭暨环境资源法庭，以丫山风景名胜区为中心，在梅关、周屋等景点设立巡回审判点，对环境资源案件施行"三合一"专业化审判机制。崇义县人民法院以过埠法庭为基础，筹建"两山"环境保护法庭，同时建立章江源增殖放流基地、阳明湖增殖放流基地、齐云山动物放养基地、思顺废矿区生态修复基地、环阳明湖库区生态修复基地等十大林场生态修复基地。安远县人民法院挂牌成立东江源流域法庭，集中管辖安远县、寻乌县、会昌县、定南县、龙南市涉东江源流域环境资源保护一审民事案件。通过环境资源法庭的设立，整合司法资源，充分发挥审判职能作用，加强环资案件集中审理、统一裁判标准，加大生态环境保护力度。

充分发挥审判职能作用。坚持罪刑法定原则，贯彻宽严相济刑事政策，不断加大对赣江流域和东江源流域污染环境、破坏生态犯罪行为的打击力度，有效保护了生态环境。同时也注重对生态修复和水生生物多样性的保护，严格贯彻损害担责、全面赔偿原则，依法追究污染环境、破坏生态民事责任，促进生态环境修复改善和自然资源合理开发利用，加强环境公益诉讼案件审理，切实维护国家利益、社会公共利益和人民群众环境权益。

探索多样化生态环境修复司法实践。探索建立生态环境司法修复机制，创新审判执行方式，守护长江流域生态资源。积极适用"补种复绿""增殖放流""劳务代偿""护林护鸟"等生态修复方式，对破坏生态环境和资源的案件，鼓励被告人就地修复。如无法就地修复，责令其采取缴纳修复基金或代履行、异地修复、替代修复等方式进行生态修复。安远县人民法院设立了东江源环境资源司法保护基地、东江源环境资源司法修复基地、东江源环境资源废矿修复示范点，对破坏生态环境类案件，责令当事人到修复基地内进行增殖放流、补种复绿等修复措施，不仅有效修复了生态环境，同时也起到了宣传教育作用。龙南市人民法院、安远县人民法院通过发布生态修复补植令，让受伤的林地再次绿起来，责令被告人自觉履行补植复绿义务，修复受损的生态环境，恢复生态功能，维护绿水青山。达到教育一群人、恢复一片绿的效果，取得惩罚、教育、修复生态"三赢"效果。

四、用检察蓝护卫生态绿

检察机关作为国家的法律监督机关，依法履行刑事检察、民事检察、行政检察、公益诉讼检察职责，监督范围涵盖生态环境治理法治实践的全类型、全过程。检察机关在生态文明建设发挥着重要作用。省级检察机关主动融入国家生态文明试验区建设，推动生态检察工作常态化、专业化、制度化、规范化发展。赣州市积极构建检察机关与生态文明建设相关部门的生态治理协作机制，将生态检察一体化的制度优势转化为生态治理的效能提升，强化公益诉讼监督职能，推动打击与预防、惩治与修复、监督与支持并重，为全市生态文明建设发挥了重要作用。

构建多方协同监督格局。建立健全"河长＋湖长＋检察长"协作机制，组织开展河流水域岸线、水资源保护、河道采砂等专项整治及监督行动，以专项带动行业整治、重点难点问题监督，全面加强河道采砂、河道清障、涉河建设项目及活动、水利工程及设施保护、水资源保护、农村饮用水安全和水土保持管理等工作。

于都县"河长＋检察长＋警长"工作联席会议

通过专项整治及监督行动的常态化开展，为全市河湖管理提供有力组织保障和司法保障，相关经验在《中国水利报》等媒体报道。创新"检察监督＋舆论监督"工作机制，与江西卫视、赣南日报、赣州广播电视台等实现信息共享、情况互通，主动邀请媒体参与报道，探索推出检察公益诉讼"随手拍"微信举报平台，依托12309检察服务中心，实现线索举报一站式受理。抓住世界环境日等重要节点，主动策划宣传，实现"报刊＋电视＋网络"同步报道。

兴国县公益诉讼案督促修复现场

完善案件质效保障机制。坚持公益诉讼检察长"一把手"工程。健全专业化办案组织，2022年1月，章贡、南康两个基层检察院在全省率先探索优化公益诉讼内设机构单设，得到最高人民检察院肯定。依托公益诉讼一体化办案指挥中心建设，定期视频调度、同步会诊，实现监督线索统一管理、人员统一调用、资源统一调配。建立以市人民检察院以及定南、寻乌等人民检察院快速检测实验室为主体的快检辐射区，统筹使用现场检测车、无人机等调查设备，提高调查取证效率。通过组织专业培训、岗位练兵、业务竞赛等活动，持续用好检答网、典型案例办案指导，严格落实司法责任制，提高监督规范化水平。坚持诉前磋商、公开听证、公开宣告送达等常态化运用。邀请第三方参与公益诉讼公开听证、公开宣告送达，以公开方式保障人民群众和当事各方的知情权、参与权、表达权和监督权。

创新监督方式。全市检察机关积极回应人民群众对美好生活的新期待，贯彻落实最高人民检察院"公益诉讼守护美好生活""为民办实事 破解老大难"等公益诉讼质量提升年专项活动和省人民检察院部署的"守护鄱阳湖"等系列专项监督活动。组织全市特色专项行动，先后在全市范围部署开展了全市水资源保护、野生动物保护、松材线虫病防控等特色统一监督行动，促进依法行政，标本兼治。例如，组织开展松材线虫病防控公益诉讼统一监督行动，办理相关公益诉讼检察案件135件。开展地膜、农业包装废弃物白色污染监督。信丰县人民检察院办理了脐橙农药包装废弃物、残留物污染公益诉讼系列案，当地党委政府高度重视，督促相关单位合力整改，推动在信丰全境建立农药包装废弃物规范回收机制。

赣州生态检察职能服务生态文明建设取得显著成效

以刑事检察为利刃，从严从快持续发力。积极发挥刑事检察职能，依法从严从快打击破坏环境、危害生态的刑事犯罪，有效增强震慑力。2019 年以来，全市检察机关共立案破坏生态环境资源保护刑事案件 266 件，逮捕 404 人，提起公诉 787 件 1 260 人。2021 年以来，按照最高人民检察院、省人民检察院部署的长江经济带发展要求，落实长江重点水域全面实施禁捕工作，全市共办理非法捕捞水产品案 34 件 46 人；落实省人民检察院关于矿产资源监督方案的要求，全市共办理非法采矿案 28 件 59 人。通过加大刑事犯罪打击力度，有效发挥惩戒及警示作用。

以公益办案为抓手，"护绿"赣南显成效。2017 年检察公益诉讼工作全面开展以来，全市检察机关坚持从服务大局发展、维护公共利益职责出发，共办理生态环境和资源保护领域公益诉讼案件 1 580 件。通过发出诉前检察建议和提起诉讼，共督促挽回和修复林地、耕地、湿地 2 万余亩，治理水源地 2 600 余亩，追偿生态修复费用 800 余万元，增殖放流鱼苗 400 余万尾，清理违法堆放垃圾 1 000 余万吨。成功办理了全国首例客家围屋保护案、全省首例行政公益诉讼案，两件案件入选全省生态环境损害赔偿磋商典型案例。赣州公益诉讼检察工作先后在全国、全省相关会议上做经验发言。《人民日报》《光明日报》《检察日报》等主流媒体对赣州检察公益诉讼工作进行了报道。最高人民检察院张军检察长先后两次到调研指导，对公益诉讼工作给予充分肯定。

形成制度规范，长效推动生态检察工作。先行探索实行"公益诉讼监督工作案件化管理改革"，制定具体实施细则，确保公益诉讼起步时就纳入规范化、制度化运行。制定《进一步规范检察公益诉讼案件办理的指导意见》等 4 个规范性文件，建立抓典型案例工作机制。出台《关于立足检察职能积极参与打赢蓝天保卫战三年行动计划（2018—2020 年）的实施方案》等文件，持续跟进环保督察、环保赣江行等问题线索。市财政局、市生态环境局等 11 个部门印发《赣州市生态环境损害赔偿资金管理暂行办法》，规范生态损害赔偿资金管理。

以检察履职助推落后产能淘汰制度落实。2019 年以来，全市检察机关聚焦工业落后产能致使环境污染问题，以检察履职助力淘汰严重污染环境的工艺、设备和产品，共办理相关检察公益诉讼案件 10 件，有效推动《中华人民共和国

环境保护法》关于落后产能淘汰制度条款的落实。如全南县人民检察院根据省环保督察组"回头看"反馈问题，对全南县一家玻璃陶瓷废料加工厂采用国家明令淘汰的陶土坩埚玻璃纤维拉丝工艺生产问题开展公益诉讼监督，推动相关行政主管部门对案涉玻璃纤维厂进行了处罚，没收了其使用的国家明令淘汰的陶土坩埚等用能设备，有效推动省生态环境保护督察组"回头看"提出问题整改到位。

督促农业农村污染整治，助推乡村全面振兴。近年来，不断强化对农业污染源和农村生活垃圾处置的监督力度，先后在全市范围部署开展了"违反禁塑限塑""脐橙农药包装废弃物、残留物污染""农用地膜污染""农村生活垃圾整治"等特色统一监督行动。全市检察机关共办理农业面源污染和农村生活垃圾处置相关公益诉讼案件130件，通过办案共督促清除处理违法堆放的各类生活垃圾60余吨，督促清除生活垃圾占地面积50余亩，有效推动整治塑料污染及农村生活垃圾处置。如安远县人民检察院针对全县烟叶种植产业使用、回收地膜情况开展监督，督促乡镇烟叶生产合作社按规定建立地膜使用记录台账，规范登记回收台账，对地膜回收情况开展有效监管。如龙南市人民检察院结合本地实际情况和大政方针政策，紧跟农村人居环境整治工作，瞄准农村垃圾，办理了9件行政公益诉讼案件，督促农村垃圾整治，有力改善了农村人居环境整治。

第四节 红色苏区绿色发展考评体系发挥关键作用

习近平总书记强调，要把资源消耗、环境损害、生态效益等体现生态文明建设状况的指标纳入经济社会发展评价体系，建立体现生态文明要求的目标体系、考核办法、奖惩机制，使之成为推进生态文明建设的重要导向和约束。党的十八大以来，国家出台实施《生态文明建设目标评价考核办法》《党政领导干部生态环境损害责任追究办法（试行）》《领导干部自然资源资产离任审计规定（试行）》《中央生态环境保护督查工作规定》等法规文件，倒逼各级党委政府落实生态文明建设责任。江西在推进国家生态文明试验区建设过程中，积极构建全过程的生态文明绩效考核和责任追究制度体系，完善各考核评价体系的标准衔接、结果运用、责任落实机制，引导各级党政机关和领导干部树立绿色政绩观。赣州市紧盯"关键少数"，通过强化生态文明建设责任，强化考核督导，强化激励约束，推动各级党政领导干部守土负责、履职尽责，确保生态文明建设各项目标任务落地落实。

一、压实生态文明建设责任

（一）加强组织领导

市、县两级成立由党政主要领导担任"双组长（主任）"的生态文明建设领导小组、碳达峰碳中和工作领导小组、推动长江经济带建设领导小组、生态环境保护委员会、美丽赣州建设行动领导小组，建成了覆盖市、县、乡、村、组的五级林长组织体系，构建生态文明建设大格局。每年度常态化召开领导小组（委员会）会议和推进会议，审议年度工作要点，研究部署年度重点工作和推进重大生态项目建设。

在全省率先推进环委会（生态环境保护委员会）工作机制下沉至乡镇，组建乡镇（街道）环委会 315 个，选聘环保网格员 4 099 名，污染防治攻坚体系实现市、县、乡、村全覆盖，打通了生态环境保护"最后一公里"。

环委会工作机制下沉至乡镇（街道）

2022 年 5 月，赣州市出台《乡镇（街道）组建生态环境保护委员会工作方案》，全面开展组建乡镇（街道）生态环境保护委员会工作。组建乡镇（街道）环委会，作为乡镇（街道）党委（党工委）、政府（街道办）议事协调机构，由乡镇（街道）党委（党工委）书记、乡镇长（街道办主任）担任主任，在属地党委（党工委）、政府（街道办）的领导下，加强生态环境保护工作的组织领导和统筹协调。设立村（社区）环保网格员，由村（社区）"两委"会议推荐有一定文化素质、公道正派、责任心强的本地居住群众担任，在乡镇（街道）环委会领导下开展工作，由乡镇（街道）环委会办公室具体管理，负责对辖区内生

态环境保护风险隐患点开展常态化巡查，及时向有关部门预警辖区内发生的生态环境违法、应急事件等工作。

赣州新能源汽车科技城管理处生态环境保护委员会召开第一次会议

环委会工作机制在各县（市、区）、开发区乡镇（街道）的落地，打通了生态环境保护"最后一公里"，形成市、县、乡、村四级协同攻坚体系，是促进生态环境保护问题发现在基层、解决在一线的重要举措，助力深入打好污染防治攻坚战。

（二）创新机构设置

赣州市委、市政府出台了《赣州市直有关部门生态环境保护工作职责清单》，明确有关职能部门的环境保护责任。同时结合生态环境保护、绿色发展需要，先后设置了市、县两级水保、果茶等特色业务机构，建立山水林田湖草生态保护中心、生态文明研究中心等绿色发展服务机构。

水土保持机构。赣南特色的水土保持组织机构和责任体系建设，是享誉全国的改革"名片"。赣州较早在市、县两级成立水土保持机构，历经数次机构改革，形成了较为完整的水土保持工作管理服务体系。1963年初，成立赣州地区水保办，1979年水保办从地区水电局分离，设立一级机构，1984年15个县的水保办升为县直属一级机构，1992年赣州及各县均设立了水保局，与水保办合署办公。乡镇有水保站、村有兼职水保管护员，形成了市、县、乡、村四级水保防治网络。得益于党委、政府的高度重视，在历次机构改革中，市、县、乡水土保持机构和队伍不仅没有削弱，还得到了进一步的充实加强。

山水林田湖生态保护中心。2017年，在全国率先成立专职机构——市政府直属正处级事业单位"赣州市山水林田湖生态保护中心"，定编12人，负责统筹协调推进国家山水林田湖草保护修复试点工作。中心与中国环境科学院、中山大学、华中农业大学、江西理工大学、江西省水土保持科学研究院、南昌工程学院山水林田湖草研究院、江西挺进环保科技股份有限公司等科研院所和环保企业合作，围绕项目设计、矿山修复、崩岗治理、稀土尾水处理等方面开展技术研究，开发应用多种研究成果，破解技术难题。依托市山水林田湖生态保护中心，逐步构建了有效运行的"主要领导挂帅、专职机构协调、地方具体实施、专家技术支撑"试点工作机制。大部分县（市、区）参照组建了山水林田湖生态保护中心。

生态文明研究中心。根据新时代生态文明建设需要，2021年，赣州市委、市政府决定整合市山水林田湖生态保护中心、市生态文明先行示范区建设办公室，组建赣州市生态文明研究中心，为市发展改革委所属副处级公益一类事业单位。市生态文明研究中心主要承担开展经济建设、生态文明建设与可持续发展的全局性、综合性问题研究，参与重大规划、重大政策、重大改革研究以及绿色发展等生态文明建设领域研究，开展对外交流和科普宣教等职责。

（三）人大法律监督和政协参政议政

随着新时代生态文明建设的全面、深入展开，从市到县逐步形成了党委政府高位推动、各地各部门具体落实、人大和政协共同监督的齐抓共管大格局。全市各级人大组织和人大代表、各级政协组织和政协委员积极履职尽责，在全市生态文明建设中发挥了重要作用。

人大加强对生态文明建设的监督。习近平总书记要求，各级人大及其常委会要把生态文明建设作为重点领域，要开展执法检查，定期听取并审议同级政府工作情况报告。2017年起，赣州建立了市人民代表大会听取和审议市政府关于生态文明试验区建设情况报告机制。到2022年，已连续举办6年。各县参照建立了县（市、区）政府每年向本级人民代表大会或者人民代表大会常务委员会报告生态文明建设情况机制。市、县两级人大积极开展《中华人民共和国环境保护法》《水污染防治法》等执法检查，抓好建言建议，组织开展调研督导，督促市直部门和县（市、区）依法办事、依法行政。例如，市人大深入开展低质低效林改造专题调研，组织河流治理保护管理、农村生活垃圾治理等各类调研督导，提出生态环保意见建议40多条，为推动生态文明试验区建设作出了积极贡献。

政协加强生态文明建设参政议政。市、县政协积极发挥组织优势，助力生态文明建设。2018年，市政协围绕"打造全国山水林田湖草综合治理样板区"协商议政，形成专题调研报告。2019年，市政协组织开展会（昌）寻（乌）安（远）生态经济区产

业发展调研，形成专题调研报告。2020年，市政协围绕融入粤港澳大湾区发展等开展专题调研，开展大（余）上（犹）崇（义）幸福产业示范区发展带案调研，开展林业强省建设调研，组织中心城区扬尘治理专题民主监督。2021年，市政协围绕农村生活污水治理和农业面源污染防治开展专题调研。2022年，围绕碳达峰碳中和开展专题调研。各级政协立足机构职能和组织优势，通过专题调研、民主监督等形式参政议政，为推动生态文明建设建言献策。

二、完善生态文明建设考核督导体系

（一）强化生态文明绩效评价考核

加强部门绩效考核。自2018年起，单列"推进生态文明试验区建设及公共机构节能情况"专项工作评价，与领导班子建设情况、落实党风廉政建设责任制情况、市直机关党建工作情况、平安建设情况、落实意识形态工作责任制情况、统战工作落实情况、重要事项落实情况、全面深化改革任务完成情况等专项工作评价同等分数，将45个市直部门列入市直（驻市）单位绩效考评对象，从重点工作推进、试点示范创建、改革样板打造3个方面开展评价，充分发挥考核指挥棒重要作用，有效调度市直领导小组成员单位工作的积极性。明确生态文明建设目标考核等方面不合格的，取消市直（驻市）单位年度评为优秀等次资格。

强化市县综合考核绿色导向。2016年以来，赣州市高质量发展考核美丽中国"江西样板"考评连续6年居全省前列，其中2016年度、2017年度、2018年度、2019年度、2020年度位居全省第二，2021年度位居全省第一。

（二）深化河（湖）林长制考核

2016年起将河（湖）长制考核纳入省对市、市对县高质量发展考核体系。根据高质量发展考核要求，省对市考核结果2020年度、2021年度分别位居全省第一、第二。2018年起将林长制考核纳入省对市、市对县高质量发展考核体系。根据高质量发展考核要求，省对市考核结果为2018年度、2019年度、2020年度、2021年度分别位居全省第七、第三、第三、第二。

（三）严格污染防治考核

2020 年起，赣州市生态环境保护委员会组织市直有关部门和单位，从党政主体责任落实情况、生态环境监督情况、生态环境质量状况及年度工作目标任务完成情况、资金投入使用情况、公众满意程度等方面对各县（市、区）上一年度污染防治攻坚战工作进行考核，并以市委、市政府名义通报 10 个考核优秀单位至各地党委、政府以及相关市直单位。

（四）创新水土保持工作目标责任制考核

赣州制定《水土保持工作目标责任制考核办法》，将水土流失防治工作纳入市委、市政府对县（市、区）高质量发展考核指标，明确相关职能部门水土流失防控责任，形成了强有力的工作推进机制。建立了市、县、乡、村"两横一纵"四级网络化监督管理体系，做到横向到边、纵向到底、全面覆盖、责任到人。积极探索并在全市推行山地林果开发水土保持"承诺＋联核联验"的监管方式，事前实行分级备案管理，事中强化"承诺制"管理，事后实行"联核联验"，有效地规范了赣南脐橙、油茶等林果开发秩序，助推赣南山地林果开发实现转型升级、提质增效。严格执行"应批尽批、应收尽收、应管尽管、应验尽验和应罚尽罚"要求，对生产建设项目加强了监督管理，实现了全链条全过程闭环管理。积极引入信息化手段，应用遥感、无人机、移动终端、智能识别等技术，总结形成了水土保持"准实时＋精细化"监管模式，并在全市推广应用，提高了监管效能。

（五）深入落实生态环境保护督察要求

生态环境保护督察是习近平总书记亲自谋划、亲自部署、亲自推动的党和国家重大的体制创新和重大的改革举措。生态环境保护督察制度的建立和实施，压实了生态环保"党政同责、一岗双责"，解决了一大批突出生态环境问题，促进了经济高质量发展，也成为检验广大领导干部生态环保责任担当的试金石。

赣州成立市中央、省环境保护督察问题整改领导小组，组织协调全市中央、省环境保护督察问题整改工作，制定整改方案，分解整改任务，督促和调度整改工作，汇总核查整改情况，编印工作简报，并负责与省生态环境保护督察办公室的联系。市委常委会、市政府常务会多次研究环保督察整改工作，市委主要领导同志经常亲自批示、

亲自调度、亲自检查重大问题整改情况。组织开展督察整改"百日攻坚""春雷""回头看"专项行动，推动解决了瑞金云石山、中梁江督府西湿地公园内小溪黑臭水体等一批长期想解决未解决问题，反馈问题和信访件解决率、销号率明显提升。截至 2022 年 12 月，完成中央和省反馈的各类突出环境问题整改 303 个、完成率 91%、销号 294 个、销号率 88.3%。解决交办信访件 2 111 件、解决率 99%，销号 2 109 件、销号率 98.9%，均居全省前列。

特别是 2020 年省生态环境保护督察"回头看"和 2021 年第二轮中央生态环境保护督察反馈问题和交办信访件整改质量和效率大幅提升，公开报道督察整改典型案例 18 个，其中赣州稀土矿山生态修复问题整改情况在《中国环境报》"督察整改看成效"栏目刊登。赣州的实践生动地证明了，用好环境保护督察制度，就能够推动和压实各级党委和政府环保责任，形成自上而下和自下而上的生态环境保护合力，是行之有效的制度安排。

三、健全生态文明建设激励约束体系

（一）全面开展领导干部自然资源资产离任审计

2015 年 11 月，中共中央办公厅、国务院办公厅印发了《开展领导干部自然资源资产离任审计的试点方案》；2017 年 9 月，中共中央办公厅、国务院办公厅印发了《领导干部自然资源资产离任审计规定（试行）》，构成了我国自然资源资产管理的重要机制。2017 年 8 月，赣州市率先启动领导干部自然资源资产离任审计试点工作，重点检查党的十八大以来特别是 2015 年、2016 年领导干部在自然资源资产管理和生态环境保护工作中的履职尽责情况。

2017 年来，赣州市委、市政府始终把领导干部自然资源资产离任审计作为生态文明建设重要制度抓严抓实。市委办公厅、市政府办公室出台《关于开展领导干部自然资源资产离任审计的实施意见》，引领领导干部自然资源资产离任审计全面开展。每年市委常委会工作要点、政府工作报告、生态文明建设工作要点、全面深化改革等均把深化领导干部自然资源资产离任审计列为一项重要内容，高位推动全市领导干部自然资源资产离任审计。

赣州市审计局专门设立资源环境审计科，各县级审计单位明确专人专职，从加强人员力量和保持专职人员相对稳定两方面打造人才队伍，在人、财、物投入方面全面加强，助力高质高效完成审计任务。

领导干部自然资源资产离任审计重点是审计领导干部在任职期间管辖范围内自然资源资产实物量"多了还是少了"、生态环境质量"好了还是坏了"。赣州结合市情特点，审计实施中重点关注推进河长制、生态保护补偿、生态保护红线、生态环境保护目标等制度的落实情况；关注实施山水林田湖草生态保护和修复三年行动计划、实施流域水环境保护与整治、矿山环境修复、水土流失治理、生态系统与生物多样性保护、湿地资源保护、土地整治与土壤改良等目标任务的完成情况及实施效果情况；关注自然资源资产的前后变化，空气质量稳定达标，集中式饮用水源地水质达标率等要求的落实情况。根据各县（市区）自然条件和地理环境不同，资源资产种类不同，因地制宜，有针对性抓重点领域、关键环节和主要问题，结合地域特点制定"一县一策"，确定审计重点。同时，针对领导干部自然资源资产离任审计揭示的问题，推动各县（市、区）做好问题整改，通过归还原资金渠道、建章立制、完善办理环评批复、补办水土保持方案、加快推进污染防治项目建设、实施矿山地质环境生态修复、完善用地手续、补缴森林植被恢复费以及给予行政处罚等纠正措施，恢复自然环境，助力生态文明建设。

2017 年至 2021 年，全市共实施领导干部自然资源资产离任审计项目 97 个，审计领导干部 166 人（其中县处级干部 14 人，乡科级干部 152 人），共揭示问题 773 个。同时强力督促发现问题整改，促使相关单位上缴财政资金 1.69 亿元，归还原渠道资金 2.15 亿元。完善办理水资源论证和取水许可证 131 个，完善办理入河排污口登记和论证 17 个，完善办理环评批复 31 个，补办水土保持方案 11 个，完善用地手续 139.76 公顷，调整用地规模 289.87 公顷，消化利用批而未用土地面积 550.59 公顷，非法占用林地进行行政处罚、补缴森林植被恢复费、补办林地用地手续，调整优化公益林区划 1 186.47 公顷，实施矿山地质环境生态修复 26 个，投入资金 2.5 亿元新建污水管网 72.68 公里，加快推进完成污染防治项目建设 14 个。联动建立健全长效机制，助推生态文明建设，如上犹县制定《关于加强矿产资源管理工作实施方案》，信丰县制定《生态保护预警办法（试行）》《生态环境补偿管理（暂行）办法》等，从制度上助推生态文明建设。

（二）创新建立生态文明建设领导干部约谈制度

赣州在全省率先实施生态文明建设领导干部约谈制度。2017 年 8 月，市委办公厅、市政府办公厅正式印发了《赣州市生态文明建设领导干部约谈制度（试行）》（以下简称《约谈制度》）。《约谈制度》分为总则、约谈情形、约谈实施、约谈管理、约谈程

序、约谈纪要、监督落实和其他事项等 8 章 16 条，为全市开展生态文明建设领导干部约谈工作提供了遵循。《约谈制度》明确提出，对贯彻上级决策部署不力，或违反生态环境和资源保护法律法规与政策，导致生态环境遭受破坏的各级党委和政府及其有关部门的领导干部开展约谈。该办法明确约谈情形、约谈实施、约谈管理、约谈程序和监督落实等事项。2018 年 6 月，章贡经济开发区、赣州经济技术开发区因大气污染防治有关指标超标等原因，时任分管副市长代表市政府约谈了两地政府（管委会）分管领导，起到了很好的督促和约束效果。作为当时全省的首创、原创制度，《约谈制度》有力地推动了全市各级领导干部牢固树立生态文明理念，扎实履行生态文明建设责任，为全省生态文明建设提供了经验。

（三）严肃生态环境损害责任追究

为强化党政领导干部生态环境和资源保护责任意识，促进党政领导干部履行生态环境和资源保护职责，中央出台了《党政领导干部生态环境损害责任追究办法（试行）》，江西省委制定了《江西省党政领导干部生态环境损害责任追究实施细则（试行）》。赣州市委、市政府认真贯彻落实中央和省委党政领导干部生态环境损害责任追究文件精神，以严厉的问责追究督促党政领导干部在生态环境保护工作中正确履职、认真履职，确保生态文明建设各项目标任务落到实处。

一系列的查处、追责，充分表明赣州市委、市政府严格生态环境保护、深化生态文明建设的坚定信心和决心。"党政同责、一岗双责、联动追责、主体追责、终身追究"机制的建立，有力地促进各级党委、政府把"党政同责、一岗双责"的要求真正落到实处，有力地推动了各级党政领导干部吸取教训、引以为戒，为全市生态文明建设提供了强有力的纪律保障。

新时代 10 年来，赣州市不断深化生态文明体制改革，着力完善生态文明制度体系，形成生态文明体制改革文件 100 余份，为生态文明建设和生态环境保护发生历史性、转折性、全局性变化发挥了关键作用，生态文明从"立柱架梁"转向"积厚成势"。制度建设始终是生态文明建设的重中之重。进入新发展阶段，赣州市委、市政府深入贯彻落实党的二十大精神，坚持在法治化、制度化轨道上推进生态文明建设和生态环境保护，聚焦"推动绿色发展，促进人与自然和谐共生"，加快制度创新，增加制度供给，完善制度配合，强化制度执行，不断将制度优势转化为治理效能，加快实现全市域生态文明治理体系和治理能力现代化。

第六章
彰显赣南文化绿色新元素

文化兴国运兴，文化强民族强。文化是一个国家、一个民族的灵魂，是民族生存和发展的重要力量。习近平总书记高度重视文化自信，强调"要充分挖掘和利用丰富多彩的历史文化、红色文化资源加强文化建设"。党中央、国务院将文化建设放在全局工作中的突出位置，着力发挥文

客家先民南迁纪念坛

化引领风尚、教育人民、服务社会、推动发展的作用，引导人们坚定道路自信、理论自信、制度自信、文化自信。

　　赣州拥有2200多年历史，是共和国的摇篮、全国闻名的"红色故都"；境内文物古迹众多，宋明理学在此奠基，是历史悠久的"江南宋城"；是客家先民中原南迁的第一站，被誉为"客家摇篮"；也是风景秀美的"生态家园"，被国务院列为首批历史文化名城。立足红色文化、客家文化、宋城文化、阳明文化等赣南特色文化品牌，融合生态文明发展理念，呈现出文化多元融合、绿色加持、繁荣发展景象，筑就赣南人民绿色生活新风尚。

叶坪中华苏维埃共和国临时中央政府旧址（中华苏维埃第一次全国代表大会）

第一节 ❁红色文化中的绿色融合

　　赣州拥有丰富的红色文化和绿色文化资源，红色文化，记载着革命历史发展历程，绿色文化，承载着生态产业发展希望。赣州以红为冠，以绿为裳，致力于将红色基因融入绿色发展，深化"红""绿"融合，让红色文化与绿色生态相得益彰，展现革命老区新时代新风貌。

一、红色资源丰富

　　赣南是人民共和国之根，是苏区精神之源，红色文化资源内涵丰富。赣南辉煌的革命历程积淀了厚重的红色文化，形成了内容广泛、种类众多的红色文化资源，是中国革命历史进程的缩影与见证。赣州牢记习近平总书记殷殷嘱托，在红色资源保护利用、红色文化研究阐释、红色血脉赓续传承、红色基因育人铸魂上进行了持续探索实践，教育引导全市干部群众从红色基因中汲取强大力量，迈出了创建红色基因传承示范区的坚实步伐。

（一）红色革命旧址数量繁多

　　赣南革命遗存和纪念场馆数量众多，类型丰富，既有见证赣南红色革命发生的遗址遗迹、旧居旧址等，又有缅怀革命先烈、纪念革命的事迹。据不完全统计，全市目

梅山魂

模范兴国

前共有遗址旧居及纪念设施 500 多个点，散布在赣南保存完好的革命旧址（群）、纪念建筑物等物质类红色文化资源就有 267 处。其中，赣南地区知名度高、教育性强的遗址遗迹主要有：于都的长征第一渡、于都长征出发纪念馆、瑞金沙洲坝"红井"、瑞金革命烈士纪念馆、兴国县将军园、宁都起义总指挥部旧址、会昌文武坝毛泽东旧居、石城红四军军部旧址、寻乌革命烈士纪念馆、南康陈赞贤烈士墓、赣县革命烈士纪念馆等。

（二）红色文化产品层出不穷

赣南红色文化产品是那段红色峥嵘岁月中历史瑰宝，从无到有，从小到大，生动地记录了艰苦卓绝的革命斗争历程，表现了共产党人崇高理想与顽强不屈的革命精神。有"苏区干部好作风""十送红军""十劝我郎当红军"等一大批红色经典歌谣；也有采用话剧、戏曲等十余种表演形式，创作演出了两百余部诸如《活捉张辉瓒》《送郎当红军》《为谁牺牲》等思想性、艺术性俱佳的经典剧目，以艺术的形式描绘了苏区的崭新风貌；毛泽东、董必武、叶剑英、陈毅等老一辈无产阶级革命家，在赣南生活战斗六年之久，书写了为数众多的壮美诗篇，陈毅转战赣南时为我们留下了《登大庾岭》《油山埋伏》《赣南游击词》《梅岭三章》等十多首气壮山河的诗篇；新中国成立后，《红孩子》《闪闪的红星》《党的女儿》等一大批文学、电影视剧作品不断涌现，成为赣南叫得响、留得住、传得开的优秀精神文化产品。

（三）苏区精神历久弥新

"苏区干部好作风，自带干粮去办公，日着草鞋干革命，夜打灯笼访贫农。"几句歌词形象展现了中国共产党纪律严明、不谋私利的品质。苏区精神是指土地革命战争中，由赣南、闽西革命根据地的基础上发展起来的中央革命根据地人民和革命战士，在党领导创建、发展和保卫苏区革命实践中培育形成的伟大革命精神。苏区精神包括以下方面：坚定信念、求真务实、一心为民、清正廉洁、艰苦奋斗、争创一流、无私奉献。苏区精神强调制度和作风建设，是具有宝贵时代价值的精神遗产。革命战争年代，苏区人民坚定信念跟党走，为革命事业作出了巨大的贡献，是党和人民军队的根，真正做到了"血肉相连，生死相依"。"苏区干部好作风"的精神至今仍在赣南地区广为流传。

二、生态禀赋优良

在赣州红色版图中，洋溢着一抹亮色，那是绿色。多年来，以绿色发展为导向，赣州牢固树立绿水青山就是金山银山理念，深入推进国家生态文明试验区建设，奋力打造美丽中国"赣州样板"的生态优先、绿色发展之路，荣获"绿色生态城市特别保护贡献奖""中国最具生态竞争力城市""中国最佳绿色宜居城市""全国首批创建生态文明典范城市""国家森林城市"等系列荣誉。

（一）山脉水纹交织

赣州群山环绕，丘陵起伏，四周有武夷山、雩山、诸广山及南岭的九连山、大庾岭等，众多的山脉及其余脉，向中部及北部逶迤伸展，形成四周高中间低、南高北低地势。赣州溪水密布，河流纵横，是赣江、东江和北江的源头，千余条支流汇成上犹江、章江、梅江、琴江、绵江、湘江、濂江、平江、桃江9条较大支流。

（二）气候宜人宜居

赣州处于武夷山脉、南岭山脉与罗霄山脉的交汇地带，属亚热带的南缘，呈典型的亚热带季风性湿润气候，具有四季分明、光热充足、生长季长、冷暖变化显著、降水丰沛等特点，是江西名副其实的宜居城市。

（三）生物资源多样

赣州是中国商品林基地和重点开发的林区之一。植物区系具有种类繁多、成分复杂、起源古老等特点，保留了大量的第三纪植物区系，是古老植物种属的"避难所"，东亚植物区系的发源地之一，中国特有植物珍贵树种较多的地区。在动物地理区划上，赣南属东洋界华中区东部丘陵平原亚区，有较多森林野生动物（昆虫）种类分布在境内各地。西南部的九连山，是中国中亚热带南缘东端自然生态系统保存最完整的地段，保存了一些野生动植物的活化石和珍贵树种。

赣州以习近平生态文明思想、习近平总书记视察江西和赣州重要讲话精神为指引，以纳入全国水土保持改革试验区和全国首批山水林田湖草生态保护修复试点为契机，深入贯彻实施新发展理念，在继承和发扬传统的基础上，立足赣州实际，构建起完善的生态文明建设体系，实现了经济、社会、生态各领域的综合提升。

林海中的守望者

在于都县祁禄山生态林场，吴贤兰一家三代坚守在大山的深处把青春奉献给了他们钟情的青山绿水。

吴贤兰带儿子巡山

吴贤兰父亲吴林舍在祁禄山林场（现为祁禄山生态林场）当打铁匠，锻铸锄头、砍刀、斧头等采伐和护林工具，一干就是几十年，直到1984年退休。他公私分明、爱岗敬业，经常言传身教，教导家人干一行就要爱一行，并教育家人要爱护林场的一草一木，不能动国家的财产。

1984年起，吴贤兰成了"林二代"，先后在祁禄山生态林场溪井、罗江、大坝等工队担任护林员，负责守护4 000多亩山林，一干就是36年。无论在哪个工队，吴贤兰都继承了父亲铁面无私的性格，不管是谁，都别想打他管区林木的歪主意。哪怕亲朋好友想进山砍一两根木料，都予以拒绝。久而久之，吴贤兰得了个"黑脸包公"的外号。

受爷爷、父亲的影响，2019年冬，吴贤兰曾在部队服役两年的31岁的儿子吴小红，放弃了高薪待遇，甘守寂寞，一头扎进了深山，成为"林三代"。入职后，善于钻研学习的吴小红没

吴小红和父亲牵手过河

有辜负领导的期望，作为林场的后生力量，他已熟练掌握了数据统计、网络定位、林长通 App 及引种育种、营林造林、病虫害防治等技术，已然成为一名新时代的林业人。

　　用脚步兑现无声的誓言，用生命浇筑绿色的丰碑。祖孙三代，以山为家，不在乎微薄的收入，兢兢业业守护林海，付出了常人难以承受的辛苦与寂寞，在绿海松涛间，书写了一家三代人奉献林业的感人故事。

三、红绿交相辉映

　　赣州因红而名，如今又因绿而兴。红色与绿色交相辉映，催热了赣州的旅游经济和生态经济。

（一）开辟红色旅游专线

　　赣州充分用好"红""绿"资源，把红色旅游作为全市旅游首位产业来抓，推进红色文化传承创新区和全国著名红色旅游目的地建设，把赣州—瑞金—于都—会昌—长汀—上杭—古田线作为精品红色旅游线路来打造，成功列入全国 12 大重点红色旅游区、30 条红色旅游精品线路之一，连通了四海游客的探访之路。《八子参军》《长征组歌》《红都情》等红色经典剧目深受观众喜爱，众多革命旧居旧址成为党员干部探寻初心之源的圣地，红色旅游因此被赋予了新的时代特色。与此同时，赣州扎实推进旅游区内生态文明建设，以铁腕护卫绿水青山，打造山水林田湖草生命共同体，筑牢高质量发展的绿色生态屏障，推动生态环境质量持续提升，激活红绿文化相辉映的赣州模式。

赣州—瑞金—于都—会昌—长汀—上杭—古田线

　　瑞金叶坪景区——中央苏区旧址，距瑞金市中心区 6 公里，占地面积 160

余亩，是全国保存最为完好的革命旧址群景区之一。包括苏区中央局旧址、临时中央政府旧址、红军烈士纪念塔、红军烈士纪念亭、红军检阅台、公略亭、博生堡等22处旧址和纪念建筑物。曲径通幽、古木参天、绿树成荫、宗祠巍然。景区拥有全国保存最完好的革命旧址群之一，全国重点文物保护单位就有16处。这些

瑞金沙洲坝中华苏维埃共和国临时中央政府大礼堂旧址（中华苏维埃第二次全国代表大会）

旧居旧址，无声地诉说着红都瑞金在中国革命史上谱写的光辉篇章：中华苏维埃第一次全国代表大会在叶坪召开，向世界庄严宣告中华苏维埃共和国临时中央政府成立，诞生了第一个全国性红色政权，毛泽东同志当选为苏维埃临时中央政府主席。

于都中央红军长征出发地纪念园。1934年10月，在第五次反"围剿"失败后，中央红军主力踏上了战略转移的漫漫征程，开始了二万五千里长征。长征途中，充满艰难险阻，但党和红军有着坚定的理想信念和坚强的革命意志，创造了奇迹，取得了胜利。

于都县中央红军长征出发地纪念园

2009年，在纪念中央红军从于都出发长征75周年之际，中共于都县委、于都县人民政府为了弘扬长征精神、缅怀先辈伟绩，投资近千万元对中央红军长征第一渡纪念碑园进行改造扩建，兴建了中央红军长征出发地纪念园。纪念园占地面积60亩，由入口小广场、主题雕塑、集结广场、纪

念广场、中央红军长征出发地纪念馆等组成。园区绿化率达85%以上，环境十分优美，是一处集爱国主义教育、观光游览、休闲娱乐为一体的综合性纪念园。

（二）打造红色主题景区

赣州牢记习近平总书记殷殷嘱托，紧紧围绕建设红色基因传承示范区战略定位，大力传承红色基因，赓续红色血脉。为把红色资源优势转化为发展优势，赣州提出全力整合资源、推动协调发展的思路，相继出台了《关于进一步加快红色旅游发展的实施意见》《关于加快文化强市建设的实施意见》等重大政策文件，集中力量于"瑞、兴、于"红色片区，按照"突出重点、打造龙头，一县一品、错位互补"定位，分别围绕"共和国摇篮""苏区干部好作风""长征集结出发地"等红色品牌，推出了一批重点红色项目，打造了一系列精品陈展，打响了红色名村品牌，促进了业态融合发展。

章贡区打造红色旅游新体验——江西首座方特主题公园

赣州方特东方欲晓主题公园由华强方特文化科技集团股份有限公司与赣州市人民政府共同打造，是江西省内第一座方特主题公园，也是华强方特文化科技集团股份有限公司旗下首座以红色文化为主题的大型高科技主题公园。园区占地近40万平方米，总投资30多亿元，以百余年来中华民族的奋斗征程为背景，采用现代高科技手段，通过参与、互动、体验形式，为广大游客带去与众不同的"红色旅游新体验"。

赣州方特东方欲晓主题公园分"王朝印记""都会记忆""峥嵘岁月""激情岁月""天高云淡""欢乐港湾"六大时代主题区域，全景式展现了中国近现代独具特色的社会风貌和人文风情。贴满"十万工农下吉安"红军宣传标语的瑞金街、"东商洋货"和"宝丽唱片行"林立的"十里洋场"上海街、京味十足的北平街、港风浓郁的香港街，迈步其中，这一刻穿越时空做"主角"。

《圆明园》《巾帼》《致远致远》《东方欲晓》《岁月如歌》《飞翔》《铁道游击》《突围》等老少皆宜的文化高科技主题项目，成为广大游客的热门选择。超大型立体巨幕影院《东方欲晓》再现了中国近现代由农耕国家向工业化强国迈进的全过程，其中，珍贵的彩色高清版开国大典影像资料首次呈现在上千平方米的巨大荧幕上。"明星项目"大型球幕飞翔影院《飞翔》，以5层楼高的巨幅球幕、灵巧可动的悬挂式座椅配合宏大的电影画面，呈现出全包围式虚拟环境，带领游客"翱翔"于神州大地，俯瞰祖国名山大川。体验的游客说："凌空飞行的感觉非常真实，很想立刻再玩一次！"

　　赣州方特东方欲晓主题公园通过现代高科技的创新呈现打造"红色旅游新体验"，依托高品质主题游乐产品和餐饮设施、休闲景观为广大游客提供合家欢"一站式"服务，并凭借鲜明的主题、恢宏的气势、别具一格的领先创意成为赣州乃至江西红色旅游大家庭的崭新名片。

赣州方特东方欲晓主题公园

（三）构建红色教育示范基地

　　按照"支部过硬、红色突出、服务优质、村庄秀美、乡风文明"的标准，赣州采用"党建红＋生态绿"的模式，将红色资源、自然风光、生态产业及民俗文化有效整合，精心打造一批红色底蕴深、引领作用好、经济实力强的红色名村，推动红色研习基地、

瑞金红色文化教育基地

红色精神传承地、红色教育示范落地成型。全市坚持深入开展学习教育，全面提高干部党性修养，深入实施"红色基因代代传"工程，深化基层宣传教育，使红色基因得到了更好传承。

第二节 o 客家文化中的绿色传承

赣州是客家文化的主要发源地和传承地，全国最大的客家聚居地，被誉为"客家摇篮"。世世代代的客家人在赣州这片客家祖地上开拓耕耘，浸润了赣州奇山秀水的灵性，创造了璀璨夺目的客家文化，生成了多姿多彩的客家风情。赣州客家文化历史积淀丰厚，围屋、习俗、言语等都蕴含着客家人的生态智慧，是一笔亟待开发和利用的重要资源。

2013年1月，文化部批准设立赣州市为国家级客家文化（赣南）生态保护实验区，是第二个国家级文化生态保护实验区。2017年1月，文化部批准实施《客家文化（赣南）生态保护实验区总体规划》，赣州市以"挖掘、提升一批非物质文化遗产项目，抢救、保护一批传承人，设立一批传承基地，稳定一支保护队伍，开展一系列展览展示活动"为重点，全面开启客家文化（赣南）生态保护实验区建设工作。

一、客家文化的渊源

客家，是中华民族大家庭中重要的一员，是具有显著特性的汉族民系，也是汉民族中的一个地缘性群体。客家文化是这个群体在其形成与发展过程中，为适应和改造生存条件而创造出来的全部物质文化与精神文化的总和，是地域文化的典型代表，是中华优秀传统文化的重要组成部分。

客家文化的形成主要是源于宋元之后的北人南迁，南迁的人除了一般平民外，还有不少官宦人家、文人骚客和仁人志士，特别是在宋朝，当时中原文化非常繁荣，北人南迁是随官府朝廷不断南移而进行的，不仅人来到了南方，还带来了浓厚的中原文化。所以，宋元之后，随着一些望门贵族和文人骚客来到南方，既使客家壮大了规模，又使客家提升了社会地位和文化品位，促使了客家民系和客家文化的最终形成。

二、客家饮食与生态环境休戚与共

客家饮食文化源远流长、丰富多彩，是中国饮食文化百花园中的一朵奇葩。客家菜起源于赣闽粤三省交界山区，与湘菜、川菜一样都重辣味，那是因为南方山区适宜种植辣椒，山区气候潮湿，需用辣椒祛风除湿，加上山区生活劳动强度大，更需要用辣椒开胃增强食欲。然而，客家菜的辣与川菜、湘菜的辣又有所不同，客家菜以鲜辣醇厚见长，这与其善用辣椒、姜、糯米酒和酱油有关。在传统的客家人眼里，辣椒、生姜犹如南方之人参，和糯米酒一样具有激发潜能、增强免疫等强身健体的功效。

好山好水成就好烹饪。赣州的山水是客家厨房的后备仓，注重构建生态共同体，维护生物多样性是打造"中国客家之乡"的关键一招。客家地区绝大部分为典型的南方山区，山区所产的山珍、河鲜、蔬果野菜和畜禽自然就成了客家菜的主要材料。客家名菜如赣南小炒鱼、酿豆腐、梅菜扣肉等都是客家人利用上述几类原料所发明的经典菜肴。

赣南小炒鱼　　　　　　　客家酿豆腐　　　　　　　梅菜扣肉

三、客家建筑与人文自然息息相关

赣州由于地处南岭山脉北麓，境内多崇山峻岭，地形地势相对封闭，至今保留了一大批珍稀且濒危的传统村落，它们大多依山傍水、地域特色突出，如赣县白鹭村、会昌县羊角堡、宁都县东龙村、赣县七里镇、寻乌县周田村、于都县寒信村、龙南市关西村等。客家古村落的形成与汉先民的迁徙定居、繁衍、发展有着重要的关系，是客家先民与当地土著居民相融合而形成的客家文化资源中独有的生态文化表现形式，

大多就地取材，与当地的自然环境完美融合，它们在技术和功能上臻于完善，在造型上具有高度审美价值，在文化内涵上蕴藏有深刻内容。

龙南客家围屋

客家围屋，又称围龙屋、围屋、客家围等，是客家民居经典的三大样式（客家围屋、客家排屋、客家土楼）之一，是一种富有特色的典型客家民居建筑，是客家民居中最常见、保存最多的一种，被誉为"东方的古罗马城堡""汉晋坞堡的活化石"，被中外建筑学界列为中国五大特色民居建筑之一。

赣南客家围屋之典型，则要看龙南客家围屋。龙南客家围屋处于江西省赣州市龙南，龙南境内现存围屋370余座，占赣南客家围屋的70%以上，其中有代表性的围屋有关西新围、杨村燕翼围和里仁栗园围。龙南围屋数量之多、规模之大、风格之全、保存之完好，被誉为"世界围屋之都"。

龙南客家围屋

第三节 历史文化中的绿色底蕴

赣州是一座历史文化名城，城内青山环抱，绿树成荫，曲径通幽，碧湖成群，从东门到西门的宋代古城墙，沿江而筑，历尽宋、元、明、清、民国多代，垛墙、炮城、马面、城门保存依旧，宋城的雄姿依旧，古韵犹存，由此，赣州被誉为"宋城博物馆"。赣州市名胜古迹有堪称江西石窟艺术宝库的通天岩，飞檐斗拱、画梁朱柱的八境台，引人景仰的郁孤台，巍峨的慈云塔，形若游龙的占浮桥……一处处古迹，一座座名胜，犹如群星，把赣州装点得绚丽璀璨。

一、江南宋城，生态赣州

"一座赣州城，半部宋代史。"赣州，别称"虔州"，是宋代 36 个大城市之一，走进赣州古城如置身"宋城博物馆"。这里有"江南第一石窟"——通天岩，有全国唯一的宋代铭文砖城墙，有沿用了近 900 年历史、由 100 条木舟用铁索连环而成的古代水上交通要道——古浮桥，有中国唯一仍在使用的古代下水道系统——古福寿沟，让赣州有"江南宋城"之称，更有"千年不涝之城"的美誉，为海绵城市的建设提供了历史智慧。

赣州推进文化产业繁荣的同时，也注重古色与绿色的融合发展，宋城文化品牌建设高标准对宋城墙、郁孤台、八境台等进行整合打造，推进江南宋城历史文化旅游区创建国家 5A 级旅游景区或国家级旅游休闲街区，区内绿树苍茫，碧水微荡，楼亭对峙，清新幽静，古色中映着绿色，绿色中透着古色，有如一幅风景画。

赣州古城墙，距今有二千年的历史，后来经过宋、元、明、清、民国，历时 900 多年的不断修缮、加固，使赣州城形成了周长约 6.5 公里、高大雄伟的城墙，反映了中国古代劳动人民的聪明智慧和高超的建筑技艺。赣州宋城墙现存 3 664 米长，以其高低逶迤之势与秀丽江水形成美妙反差。

赣州古城墙

清晨漫步在古朴蜿蜒的城墙上，只见城外一江清流，远处山间田舍烟云缥缈，近处街坊鳞次栉比，让人感到犹如置身于一幅美丽的《清明上河图》中。

福寿沟博物馆

福寿沟博物馆位于江西省赣州市章贡区海会路以东、厚德路以北，依托魏家大院这个省级文物保护单位新建而成。福寿沟博物馆作为地下排水系统专门展馆，以多媒体等技术手段系统、真实、有趣地展示福寿沟的修建背景、结构组成、建造技艺、科学原理。博物馆还利用一段已挖掘的福寿沟遗址，展示了中国古代城市地下排水系统的先进性与赓续性，展示了古人的非凡智慧。

二、理学之城，山水之间

赣州还有一个美称——"理学之城"，自北宋周敦颐在赣州玉虚观讲学，授程颐、程颢二高足，程氏弟子杨时又在赣州任职。至王阳明时代，泰和罗钦顺、临川陈九川、安福邹守益均过从甚密，江南学者云集赣州，"致良知""知行合一"在此孕育。因此，学界认为赣州为宋明理学发祥地之一。

青山绿水间，理学集大成。阳明心学是在理学发展的基础上进一步发挥而形成的，是理学发展的巅峰。王阳明的人生中有五年与赣州密切相关，赣南是王阳明立德、立功、立言的重要实践地、"知行合一"思想的主要成熟地、王阳明心学的主要形成地。王阳明曾在郁孤台下一个僻静的洞窟——观心岩（通天岩）收徒传教，那里树木参天，岚气氤氲，岩深谷邃，断崖绝壁，大洞套小洞，隔开了周遭的嘈杂，没有了视听之娱，在这样的环境中悟道、讲学，王阳明自然常常"醉此浑忘归去晚，清风隐隐袭轻衫"。

现如今，王阳明已成为赣州的重要文化标识。赣州将阳明文化品牌建设与生态文明建设相结合，推进丫山、阳明湖等创建国家级旅游度假区，开展阳明文化园、玉石仙岩国家4A级旅游景区等项目建设，开发阳明文化精品研学路线，支持崇义县创建省级阳明文化传承创新示范区，常态化举办阳明文化节事和国际性学术论坛，打造阳明文化国际旅游胜地。

　　王阳明一生，被誉为"三百年事功第一"。其中有"三征"最为人所称道，"三征"即征南赣、征宁王、征思田。除了征思田发生在广西，另外"两征"都发生在其南赣巡抚任上。当时，南赣巡抚管辖了赣、闽、粤、湘四省交界地区的八府一州，治所设在赣州。

　　赣州是成就王阳明的重要地域之一。王阳明在赣州留下了一系列的重要历史事件，是其辉煌人生的缩影，给赣州、中国乃至全世界留下了最灿烂的精神文化，因此赣州素有"阳明圣地"之称。

　　赣州市深入发掘阳明文化内涵，传承、弘扬阳明文化，打造阳明文化品牌，重点提升丫山、阳明湖、阳明山等景区。

王阳明立像

赣州阳明山

阳明博物馆

阳明手迹碑林

三、茶韵之城，只此青绿

　　"浮石已干霜后水，焦坑闲试雨前茶。"这是北宋苏轼途经南康浮石品茗时留下的

佳句。赣州市茶文化历史悠久，源远流长，客家人世世代代生活在云雾缭绕的崇山峻岭间。茶不仅成为他们的日常饮品，还是他们经济的主要来源之一。从某种意义上说，没有茶，就没有赣南客家人的繁衍生息和富足生活。久而久之，茶也从饮品逐渐衍化成一种文化。

赣南客家人自古习惯饮茶。客至先敬清茶一杯。饭前饭后，必饮清茶。逢圩赶集，必进茶铺。清代，赣南各交通要道每5里设茶亭一座，供过路人歇肩饮茶；民国时期，赣南城乡每个集镇都有十几二十几间茶馆；茶馆成为谈天说地、交朋结友、议论物事的场所。千百年来，赣南茶叶贡品辈出，制茶技艺讲究，栽培技术科学，在社会经济发展和群众生产生活中占据着重要地位。

（一）茶产业

灵山秀水出好茶，赣南地区茶山、茶场遍布，茶园面积、茶叶产量不断扩大，茶叶品质不断提升，不仅有红茶、绿茶、乌龙茶，更有被誉为"中国茶文化活化石"的擂茶。目前陶氏云片、梅岭剑绿、高华山茶、盘古神茶、大沽白毫、阳天香芽、赤水仙毛尖、阳岭剑锋、小布岩茶、云台纤芽、武华云雾、高龙龙茶被誉为赣南"十二佳茗"。赣州坚持贯彻新发展理念，以茶文化带动茶产业发展，探索赣南茶产业"互联网＋"的多元发展路径，推动农业与旅游业的融合发展，建设集茶叶采摘品鉴、旅游观光、休闲度假为一体的复合型高端生态旅居体验胜地。

上犹茶园

莺飞草长三月天，风拂茶香满山飘。春风和煦，茶香氤氲。绵绵春雨过后，气温开始回暖，茶树吐露新绿。三月正是春茶采摘的好时节，在赣南各地茶园里，茶农们身挎茶篓，穿梭在春意盎然的茶垄间，采收首批新茶。

（二）采茶戏

谈到赣南客家茶文化，采茶戏必不可少。赣南采茶戏主要发源于赣南信丰、安远一带，是目前已知全国唯一源于茶园生产的戏曲剧种。明朝，赣南、赣东、赣北茶区每逢采茶季节，青翠欲滴的茶山笼罩在烟雨朦胧中，茶农们一边采茶，一边唱山歌以鼓舞劳动热情，这种在茶区流传的山歌，被人称为"采茶歌"。在采茶歌基础上，逐渐形成了采茶戏形式。赣南采茶戏音乐丰富多彩，现有 300 多个曲牌。其风格特点十分鲜明，旋律优美抒情，载歌载舞，气氛轻松活泼，语言幽默风趣，融民间口头文学、民间歌舞、灯彩于一体，具有浓郁的乡土气息。剧目多以喜剧、闹剧为主，其音乐唱腔，分为"茶腔""灯腔""路腔""杂调"四大类，简称为"三腔一调"，还有其独特的表演形式"三绝"，即矮子步、单袖筒、扇子花。典型代表作有大型音乐舞蹈史诗《东方红》《十送红军》《茶童戏主》《怎么谈不拢》等。

第四节 社会风尚中的绿色理念

倡导绿色生活方式，贯彻落实习近平总书记"大力开展健康知识普及，提倡文明健康、绿色环保的生活方式"的重要指示精神，能够有效改善城乡环境状况，营造良好的环境基础和社会氛围。赣州积极倡导绿色生活方式，积极引导绿色消费、绿色出行、绿色家居、绿色办公，推行家庭垃圾分类处理和餐厨垃圾无害化处理；进行绿色文化宣传，引导全社会向勤俭节约、绿色低碳、文明健康生活方式转变；开展绿色生活创建行动，推动形成公众社会绿色生活方式及形成勤俭节约的社会风尚。

一、大力开展节能环保宣传活动

赣州大力开展绿色文化宣传，出台了许多绿色文化宣传方案，开展丰富多彩的宣传活动。

加强环境普法教育。全市充分利用生态文明宣传月、六五环境日、全国低碳日等

节点开展环保主题活动，宣传环保类法律，提供法律咨询。制作《中华人民共和国环境保护法》《环境保护主管部门实施按日连续处罚办法》等视频宣传作品，在赣州教育频道展播，营造学法守法用法的浓厚氛围。根据《赣州市生态环境违法行为举报奖励暂行办法》，实行有奖举报，鼓励公众积极参与生态环境保护。通过"以案释法"、模拟法庭等，组织行政执法人员、公民参与旁听庭审，提高环境违法层面的行政执法能力和公民知法守法意识。

鼓励社会公众参与。全市每年举办环保设施向公众线上解读、开放线下体验等活动，做强做大环保设施体验服务大文章，让公众切身体会到节能环保的红利。组织开展十佳公众参与案例、最美生态环保志愿者、最美环保人、环保歌曲传唱、主题书法摄影比赛等评选活动，树立生态环保典型，传播生态环境意识，弘扬生态文明理念。

节约集约用水 共建水美南康

为培养节水好习惯，促进居民节约用水，南康区水利局组织人员在南康区第二小学多形式开展节水宣传进校园活动。

观看节约用水视频。为提高学生的节水意识，现场组织学生观看公民节约用水行为规范，普及日常节水知识，介绍节水小窍门。

开展节水知识讲座。共组织40余名同学参加节水知识讲座。讲座开始前，工作人员发放了水资源保护宣传单、印有节水标语的文化笔、文具盒、书包、环保袋等宣传物品，向同学们介绍了水资源现状，并就水资源保护的紧迫性、节水的必要性、工农节水技术、生活节水措施等向同学们进行讲解。

开展节水有奖问答。工作人员对在场的同学就讲座和宣传单内容进行有奖问答互动活动，同学们积极踊跃参与，进一步加深了对节水知识的了解。

南康区水利局开展节水宣传进校园活动

发放节水宣传单。南康区水利局还组织乡村振兴工作队走进田间地头，进村入户，发放节水宣传单，开展节水宣传，普及水法律法规知识。

倡导绿色低碳生活方式。赣州环境微信公众号坚持每天更新，第一时间宣传报道各地工作进展和新闻热点，倡导群众绿色出行、节约用水用电。在《中国环境报》《赣南日报》等官媒大力宣传赣南大地生态环境保护和生态文明建设取得的突出成效。

节能宣传周活动

根据赣州市公共机构节能领导小组办公室《关于2022年赣州市公共机构节能宣传周活动安排的通知》文件精神，赣州市委、市政府高度重视，引领和带动干部职工积极参与节能降耗，积极开展以"绿色低碳，节能先行"为主题的节能宣传周活动。

高度重视、积极部署。政府部门召开全体干部职工会议，传达学习《关于2022年赣州市公共机构节能宣传周活动安排的通知》，动员部署节能宣传周相关工作。结合宣传周活动要求及疫情情况，采取线上加线下的方式开展形式多样的节能宣传活动。

精心组织、狠抓落实。采用线上为主，线下为辅的模式。线上采取分片分区的方式认真组织全体干部职工观看全国2022年公共机构节能宣传周启动仪式、省2022年节能宣传周启动仪式、公共机构绿色低碳讲堂、公共机构节能降碳云展播、公共机构碳普惠宣传片，组织参与全省公共机构节能知识线上答题活动。线下组织参加节能低碳有关知识讲座、生态文明宣传暨公共机构节能工作成果展、无水洗车体验、绿色回收进机关、绿色出行等活动。

强化宣传、浓厚氛围。各机关单位积极利用"三微一端"，宣传节能降碳的方针政策、法律法规以及节能的制度措施，并及时将节能活动开展情况以及取得的成果在公众号进行展示，扩大节能宣传面，提高干部职工以及公众的节能意识。

二、全面开展绿色生活创建行动

赣州市积极响应国家发展改革委《绿色生活创建行动总方案》，建立绿色生态创建联络机制，制定绿色生活创建专项行动方案，统筹开展节约型机关、绿色建筑、绿

色社区、绿色家庭、绿色学校等 7 个绿色创建专项行动。截至 2022 年 12 月底，赣州市县级及以上党政机关节约型机关创建完成率 73.8%；70.1% 的城乡家庭初步达到绿色家庭创建要求；新建建筑中绿色建筑面积占比达到 98%；65% 的学校达到绿色学校创建要求；中心城区五区 61% 的社区达到绿色社区创建要求；赣州经济技术开发区万达广场、于都万达广场、章贡区万象城 3 所大型商场均达到绿色商场创建要求，达标率 100%。

节约型机关创建行动。2020 年 6 月，赣州市印发了《赣州市节约型机关创建行动实施方案》，明确创建目标、创建标准及评价方式，严格按照《江西省节约型机关评价标准》《江西省公共机构绿色办公行为准则》，将公共机构绿色办公情况作为年度专项工作巡查内容，不定期进行突击巡查。巡查敢于动真碰硬，促使各级机关单位加强自我管理，把节能工作真正融入单位日常。

赣州市积极开展跟班学习、现场教学、专题培训等节约型机关创建培训，精心组织能源资源紧缺体验、节水爱水护水、绿色出行、垃圾分类回收等大型主题实践活动，完善电子政务专网办公系统，加快推进全市党政机关电子化、无纸化办公，倡导绿色低碳生活和办公方式，提高了工作效能，降低了行政成本。同时引导广大干部提高政治站位，以身作则，主动参与节约型机关创建，营造人人参与、人人支持、人人尽责的浓厚氛围。

赣州市节约型机关创建工作亮点

绿色行动方面。在适宜位置张贴"节约用电——夏季温度设置不低于 26℃，冬季温度设置不高于 20℃""节约用水、用电""随手关灯"等各类标识，营造节能氛围。运用集中检查、随机抽查、物业巡查等方式，开展公共机构日常用能情况监督检查，杜绝"长明灯"、"长流水"、开空调开门开窗等违规用能行为。

绿色消费方面。市、县两级都将反食品浪费纳入节约型机关创建内容，严格落实《中华人民共和国反食品浪费法》相关要求，积极开展"文明餐桌""光盘行动"等主题活动。在食堂张贴宣传海报、宣传标语，营造"节约光荣，浪费可耻"的氛围，采取安排志愿者在机关食堂巡查监督、安装摄像头、不定期暗访通报等方式抓好食堂节约管理，提高干部职工节约粮食的行为自觉。认真贯彻《江西省公共机构加强塑料污染治理实施方案》要求，开展公共机构塑料污染物治理，公共机构食堂带头停止使用不可降解塑料袋、打包盒，安装免费环保袋自助领取机，引导干部职工增强环保意识。

长效机制方面。建立健全多项节约能源资源管理制度，制定出台《赣州市公共机构节能日常工作巡查实施办法》《赣州市公共机构节能改造经费使用办法》《赣州市公共机构能源资源消费统计调查制度实施方案》等一系列全市性规章制度，严格要求全市各级机关单位完善节电、节水、节材、节油等相关管理制度。坚持每月统计全市各级机关单位能耗数据，每季度审核分析数据，每年度集中会审数据，确保全市能耗、水耗达到预定目标。

绿色建筑创建行动。绿色建筑是在全寿命周期内，节约资源、保护环境、减少污染、为人们提供健康、适用、高效的使用空间，能最大限度地实现人与自然和谐共生的高质量建筑。随着中国绿色建筑政策的不断出台、标准体系的不断完善、绿色建筑实施的不断深入及国家对绿色建筑财政支持力度的不断增大，绿色建筑将在未来继续保持迅猛发展态势。2020年12月，赣州市印发了《赣州市绿色建筑创建行动实施计划》，扩大了绿色建材应用比例，积极引导超低能耗建筑建设，形成崇尚绿色生活的社会氛围。

完善"软件"。赣州市严格执行现行建筑节能设计标准，进一步完善建筑节能监管体制机制，明确绿色建筑标识评价要求。推动全市范围内绿色建筑高质量发展，督促参建各方主体全面落实建筑节能标准要求，鼓励各地发展高星级绿色建筑。

加强"硬件"。赣州将节能改造与办公楼改造及装饰装修、城市功能与品质提升、城镇老旧小区改造等工作结合，推动太阳能光电光热、地热能源等新能源的综合利用，探索新（改、扩）建建筑"光、储、直、柔"新型供配电技术的应用。同时大力推进建筑能耗监测系统建设，大力推进公共建筑能耗监测、能耗统计、能源审计工作，建立健全能耗信息公示机制。

章贡区江南府（南区）返迁安置房装配式建筑

江南府（南区）返迁安置房项目位于赣州市章贡区水西镇、第五人民医院

南侧。项目建设单位为赣州市章贡区城市建设投资开发有限公司，由江西中煤建设集团有限公司承建。项目总用地面积 19 778.60 平方米，总投资 1.69 亿元。

坚持示范引领。2016 年赣州被列为全省装配式建筑试点城市，赣州先行先试，坚持钢结构、PC 结构（预应力混凝土结构）装配式建筑并行发展，各项工作在全省走在前列。在这一大背景下，江南府（南区）返迁安置房项目主动请缨、示范建设。

坚持绿色发展。江南府（南区）返迁安置房项目将传统现场浇筑的构造柱放到预制工厂生产，不仅简化了施工工序，提高了构造柱质量，解决了蜂窝麻面等质量问题，而且避免了后期返工修补，减少了施工成本和施工工期，提高了工程施工质量和安全，符合建筑工业化的发展趋势和绿色施工理念。

坚持技术创新。江南府（南区）返迁安置房项目在实施过程中全面应用BIM（建筑信息模型）技术，有力有效解决材料下料、构件部品安装、图纸碰撞审查等实际问题。通过 BIM 技术进行施工现场模拟布置，使场地设施的布局更加科学合理；通过 BIM 技术进行施工作业技术模拟，制作施工动画，现场施工人员扫描二维码即可完成技术交底。

树立高严标准。江南府（南区）返迁安置房项目严格对照装配式建筑标准要求，拉高标杆，树立样板，项目作为赣州装配率最高的装配式建筑项目，已成为推进装配式建筑发展的示范项目。项目实施过程中，省、市领导多次莅临项目现场调研指导，对项目绿色施工、技术创新、施工管理等给予高度肯定。项目先后 3 次作为全市装配式建筑发展工作推进会现场观摩项目，同时得到了各级政府部门、房地产企业、施工企业的充分认可。

章贡区江南府装配式建筑施工现场

章贡区江南府装配式建筑效果图

绿色社区创建行动。绿色社区是指具备一定的符合环保要求的"软""硬"件设施，并建立起较完善的环境管理体系和公众参与机制的文明社区。

要使绿色环保进入群众百姓的生活，就要扎实将绿色生态理念渗入民众生活社区中。绿色社区是环保公众参与机制的基层、基点和基础，绿色社区的创建对建立完善环保公众参与机制具有举足轻重的作用。创建绿色社区的目的就是要通过政府与民间组织、公众的合作，把环境管理纳入社区管理，建立社区层面的公众参与机制，让环保走进每个人的生活，加强居民的环境意识和文明素质，推动大众对环保的参与。在建设绿色社区的过程中，通过各种活动，增强社区的凝聚力，创造出一种与环境友好、邻里亲密和睦相处的社区氛围。

2020年10月印发《赣州市绿色社区创建行动实施方案》，扎实推进绿色社区创建活动。加强政策宣传。赣州市借助数字化手段，利用网络媒体，通过在社区的显著位置张贴公告等形式，大力宣传绿色社区政策，大力倡导绿色社区思想理念，形成了人人参与创建绿色社区的良好氛围。完善设施补齐短板。赣州市对社区基础设施进行改造，提升设施节能环保性，拆除违章建筑，腾出空间增设公共服务设施，改造中注重彰显城市文脉，同时，融入智慧社区和数字街区理念，升级智能设施。

章贡区红环路创建绿色社区

红环路社区为积极践行绿色社区创建理念，作出了良好的示范。社区成立于2015年11月，位于赣州市章贡区中南部，范围东起红环路，北至红旗大道，南抵文明大道，西至三康庙十字路口，面积约为0.3平方公里，辖20个居民小区，常住人口8 893人。

坚持党建引领。红环路社区践行"党建＋社区"模式，贯彻落实习近平总书记生态文明理念，积极探索"一核多元、共建、共治、共享"的城市基层党建新路径。社区党委充分发挥党组织引领统揽各方的能力，将辖区驻片单位、结对共建单位、共建圈、志愿者等组织联系起来，协商解决社区治理中的困难和问题，共商共建环境整洁优美、社会秩序安定、邻里关系和睦、社区文化活动丰富、居民安居乐业的社区。

加强绿色宣传。在社区的显著位置张贴居民公约和市民文明公约，人口密集处设有多处室外宣传栏，用于宣传低碳、文明、绿色、节约等知识。不定期组织绿色文化讲座培训，为群众解读环保法律法规知识、市民公约等，形成人人参与创建绿色社区的良好氛围。设社区楼栋长，积极发挥楼栋长"政策宣传员、纠纷调解员、治安巡逻员、卫生监督员"的作用，楼栋长负责入户宣传环保节能知识、监督楼道卫生、调解邻里纠纷，协助居委会创建美丽绿色社区。

完善基础设施。结合城镇老旧小区改造和智慧社区、数字街区的理念，对供水、排水、供电、弱电、道路、安防、照明、垃圾分类等基础设施进行改造提升，拆除违章建筑，腾出空间增设公共服务设施。通过完善基础设施建设，丰富居民精神活动内容，进一步推行健康、绿色生活方式。

社区服务中心

红环路社区

绿色家庭创建行动。绿色家庭是具备一定的符合环保要求的硬件设施，具有环保意识和绿色生活习惯的家庭。推动绿色家庭创建活动，是激发群众动力推动绿色生态发展的直接方式。

2020 年 7 月印发《赣州市绿色家庭（清洁家庭）创建行动实施方案》，各级党委、政府高度重视，多措并举推进绿色家庭创建活动。各地完善领导机制，成立由县委副书记任组长的创建工作领导小组，定期召开专题会议，解决重难点问题。赣州市各地紧密结合农村人居环境整治、乡风文明，积极创新工作方法，加大绿色家庭宣传力度，组建市级"赣南新妇女运动"宣讲团，到各地开展宣讲活动，赣州市妇联号召各县、乡、村、社区妇联干部，妇联执委和村妇女小组长集中开展活动。加大绿色家庭创建工作力度，落实和提高基层工作人员待遇，提高每人每月补贴，调动广大妇女群众积极性。

创建绿色家庭

　　让绿色走进家庭，享受现代绿色生活，对保护环境、维护生态平衡，全面建设生态文明的小康社会具有不可替代的重要作用，赣州市崇义县横水镇横水村康水英家庭在这方面作出了榜样。虽是一户普通的农村家庭，但近年来康水英一家一直把营建绿色家庭作为家庭建设的主要目标，提倡节约、绿色和简约的生活方式，在保护生态和绿色行动方面作出了积极贡献，深得邻里一致好评。

　　用绿色观念，培养绿色习惯。日常生活中，他们家庭每一位成员都坚持使用绿色生活用品，养成健康环保生活习惯。坚持从点滴做起开展省电省水：大厅里使用的是节能灯，并养成随手关灯的好习惯；节水意识较强，一水多用，用过的洗菜水和洗衣水都存着用来拖地、冲厕所等，淘米的水用来浇灌花木；不使用一次性餐具；平常出行自觉落实"1公里以内步行，3公里以内骑行、5公里以内乘坐公交车"的出行方式等，处处充满着环保节约和循环生态的影子。

　　用绿色装扮，绿化家庭环境。绿色植物素有"天然环境净化器"的美称。康水英家虽然没有闹市广厦的豪华，却有花香庭院之幽雅。走进庭院，映入眼帘的是一棵高大的含笑花枝繁叶茂，周围郁郁葱葱种植了竹柏、红豆杉、桂花、兰花、栀子花等花草树木；走进屋内，干净整洁，家具简单得体、摆放整齐，还放了些小盆栽。房前屋内一年四季争芳斗艳，引来许多鸟儿在树上每天欢唱飞跃，令人赏心悦目、心旷神怡。

绿色家庭院中布满绿植

　　用绿色行动，争做绿色传播使者。"一花独放不是春，万紫千红春满园"，康水英家庭创建绿色家庭，争做绿色使

者，把"绿"的种子播撒到每一个角落。全家人积极参与清洁家园活动，做到庭院绿化整洁，卧室床铺平整，厨房整洁有序，室内布置整齐，多次获得"清洁家庭"称号。同时，响应党和政府的号召，积极参与环境整治，带头整治自家环境卫生，经常给左邻右舍无偿赠送她所种植的绿色无污染蔬菜，鼓励他们种植绿色植物，保持各自的房前屋后环境的干净卫生，并积极给身边的朋友普及家庭节能小窍门等绿化科学知识，形成保护绿化人人有责、家家参与的社会风尚。

康水英说："虽然我们的力量微不足道，但努力的过程是快乐的。我们相信，一家的一言一行、一举一动必然会影响周围更多的人。只要人人都来参与绿色行动，我们的社会必然更加美丽和谐生态。"

绿色学校创建行动。积极把习近平生态文明思想融入教学育人全过程，充分发挥学校课堂教学主渠道作用，确保习近平生态文明思想进课堂、进头脑，学生知晓率达100%。加强校园生态文化建设，培育绿色校园文化。2022年4月印发了《关于印发〈进一步加强全市中小学生态文明教育的实施方案〉的通知》，各地各校充分利用"线上＋线下"多种宣传模式，开展生态文明宣传教育，在校园营造绿色环保的浓厚氛围，培养青少年学生低碳环保意识，进一步促进了校园环境美化，全面提高师生的环保意识和可持续发展意识，促进绿色校园创建。截至2022年12月，赣州市共有国家级绿色学校4所，省级绿色学校23所，市级绿色学校130所，赣州中学获授"国际生态学校"绿旗荣誉。全市共有1 352所学校达到绿色学校创建要求，占比达65%，已完成2022年占比达到60%的建设目标。

开展绿色宣讲，扩大绿色校园文化覆盖面。各中小学校采取课堂教学、专家讲座、实践活动等形式开展绿色生态教育、环境保护教育、健康教育，组织多种形式的校内外绿色生活主题宣传。在校园大小角落张贴了文明公约、环保标语，培养师生自觉主动践行勤俭节约的良好品质。

开展绿色活动，提高绿色校园文化践行力。各地创建过程中，以垃圾分类、文明城市、清洁校园等为主题，采取知识竞赛、小组赛等多种形式，让师生亲身参与到美丽校园共建中，以点带面，提高师生节能环保意识。此外，学校积极采用节能、节水、环保、再生、低碳的绿色产品，提升校园绿化美化、清洁化水平。

践行绿色理念 共建绿色校园

为贯彻习近平生态文明思想和党的二十大等精神，积极响应创建绿色学校的号召，瑞金市长征小学采取务实的行动举措推进绿色学校创建工作。瑞金市鼓励师生共同参与学校环境教育活动，在实际参与的过程中提高全体教职员工和学生的环境素养，落实环保行动。

瑞金市积极开展绿色校园创建活动

宣传阵地道"绿色"。充分利用校园展板、电子屏对绿色学校的宣传标语进行宣传、播放，引导广大师生积极参与到这项活动中，进一步提升师生的生态意识、环境道德观、环保行为习惯和环境参与能力。红领巾广播站通过校园广播对孩子们进行节能环保的宣传，呼吁大家积极投入低碳出行，节能环保的活动中来。

班级角落里摆放绿植

国旗之下说"绿色"。在庄严的升旗仪式中，学校教师对开展"绿色低碳，节能先行"进行活动倡议；孩子们通过国旗下的演讲，利用生动活泼的例子告诉同学们，在生活中要学会从身边小事做起，把节能环保意识融入生活中。

主题班会讲"绿色"。各班开展主题班会，以丰富多彩的形式为同学们宣传节能减排的重要性、在生活中如何能做到节能减排、如何将垃圾进行分类以及垃圾的回收等知识。

人人劳动创"绿色"。为了建设"绿色校园",学校每周定期开展环境卫生大扫除活动。全体师生分工明确,各司其职,积极主动地参与到大扫除的活动。整个过程,人人动手,积极合作,不怕累,不怕脏,为创建干净、整洁的校园环境贡献了自己的力量。植树节开展"保护校园环境,为校园添一点绿意"环保主题活动,在校园各处、班级角落增添绿色植被,提高校园绿色覆盖率。

附　　录

附录 1 。党的十八大以来赣州市获评生态文明建设领域试点平台或荣誉称号

序号	单位	名称	内容	批准部门及年份
			国家级（共 81 批次）	
1	赣州市	低丘缓坡荒滩等未利用土地开发利用试点	创新土地管理制度、转变土地利用方式，加强政策储备，加快制度供给，有效保护优质农用地，特别是基本农田，节约和合理利用土地	国土资源部 2012 年
2	赣州市	废弃工矿地复垦利用试点	加强政策储备，加快制度供给。大力推进节约集约用地，加强矿山环境治理恢复，促进经济社会可持续发展	国土资源部 2012 年
3	赣州市	第二批全国低碳试点城市	建立以低碳、绿色、环保、循环为特征的低碳产业体系，建立温室气体排放数据统计和管理体系，建立控制温室气体排放目标责任制，倡导低碳绿色生活方式和消费模式	国家发展改革委、生态环境部 2012 年
4	赣州市	稀土开发综合利用试点	赣州稀土资源综合利用示范基地建设项目、稀土资源远景评价项目、稀土开采工艺技术项目研究及推广、稀土矿区监管体系项目、稀土资源接续区标准化矿山建设项目、稀土矿山地质环境恢复治理项目和特大型地质灾害防治工程	财政部、国土资源部、工业和信息化部 2013 年
5	赣州市	客家文化（赣南）生态保护实验区	对客家文化的保护工作由以项目、局部、个体为主，向整体、全面、全民为主的方式转变	文化部 2013 年
6	赣州市	全国油茶产业发展示范市	积极探索总结油茶产业发展模式和政策机制，充分发挥示范市的引领带动作用，为全国油茶产业发展探路子、出经验、作示范	国家林业局 2013 年
7	赣州市	第三批餐厨废弃物资源化利用和无害化处理试点城市	运用"预处理＋湿解＋油水分离＋生物柴油精炼＋厌氧消化＋沼气综合利用技术"，建设处理规模为 200 吨／日（含地沟油 5 吨／日）餐厨废弃物资源化利用和无害化处理项目	国家发展改革委、财政部、住房城乡建设部 2013 年
8	赣州市	国家首批新能源示范城市	充分利用当地丰富的太阳能、风能、地热能、生物质能等可再生能源，使其在能源消费中达到较高比例或较大利用规模	国家能源局 2014 年

续表

序号	单位	名称	内容	批准部门及年份
9	赣州市	国家林业科技示范园区	园区规划面积 6 000 亩,辐射带动面积 200 万亩,在珍贵用材林培育、优良树种种质资源收集、经济林丰产、森林质量提升、林下经济、生态文化建设等领域开展技术示范	国家林业局 2014 年
10	赣州市	全国水土保持改革试验区	推进水土保持监督执法创新、建设管理机制体制创新、水土保持监测评价创新、水土保持科技信息创新、水土保持宣传教育创新和水土保持廉政建设创新	水利部 2014 年
11	赣州市	东江流域上下游横向生态补偿试点	第一批试点协议为 2016—2018 年,第二批试点协议为 2019—2021 年,试点开展跨省流域上下游横向生态补偿试点建设	财政部 2016 年 / 生态环境部 2019 年
12	赣州市	山水林田湖草生态保护修复试点	重点实施生态系统与生物多样性保护、流域水环境保护与整治、矿山环境修复、水土流失治理、土地整治与土壤改良等五大工程,实现生态环境"从山岭到河湖"的整体保护、系统修复和综合治理	财政部、国土资源部、环境保护部 2017 年
13	赣州市	全国质量强市示范城市	明确城市质量发展战略,建设城市质量文化,夯实城市质量基础保障,加强城市质量工作组织协调,强化全面质量管理,开展质量提升行动,提高市民质量满意度	国家质检总局 2017 年
14	赣州市	国家装配式建筑范例城市	积极推进装配式建筑发展,及时探索总结一批可复制、可推广的装配式建筑经验,切实发挥引领和产业支撑作用	住房城乡建设部 2020 年
15	赣州市	中国最具生态竞争力城市	推进生态文明建设和绿色发展新路径探索等	中国国际贸易促进委员会、全国政协人口资源环境委员会 2020 年
16	赣州市	国家节约型公共机构示范单位和能效领跑者	开展节约型示范单位、节约型机关创建,强化宣传教育,加大监督检查等	国家机关事务管理局、国家发展改革委、财政部 2020 年
17	赣州市	国土绿化试点示范项目	开展国土绿化试点项目建设等	国家林业和草原局、财政部 2021 年

续表

序号	单位	名称	内容	批准部门及年份
18	赣州市	全国水土保持高质量发展先行区	探索水保高质量发展新路径、模式、机制	水利部 2021 年
19	赣州市	国家卫生城市	深入开展爱国卫生运动，积极推进国家卫生城市创建活动	全国爱国卫生运动委员会 2021 年
20	赣州市	绿色有机农产品基地试点省（先行先试）	绿色有机农产品基地试点建设	农业农村部、江西省人民政府 2021 年
21	大余县	国家重金属污染防治示范区	治污设施升级改造、风险防控、工业企业污染源治理、生态修复示范建设、能力建设等 5 大类工程，28 个分项工程实施	财政部、环境保护部 2012 年
22	崇义县、兴国县、全南县、于都县、大余县、瑞金市	第三批国家级绿色矿山试点单位	矿山绿色开采和资源化利用	国土资源部 2013 年
23	宁都县、石城县、全南县、瑞金市	国家湿地公园试点	建立管理机构，完成湿地公园的标桩立界，逐步建立保护管理与合理利用的保障机制	国家林业局 2013 年 /2015 年 /2016 年 /2017 年
24	赣州经济技术开发区、赣州高新技术产业开发区	国家生态工业示范园区	建设生态经济、生态环境、园区环境管理、园区环保机构队伍建设、环境监察监测体系	环境保护部、商务部、科技部 2013 年
25	安远县、寻乌县、定南县、龙南县、会昌县	东江流域国土江河综合整治试点	试点范围：赣州市东江流域源区寻乌县、安远县、定南县全境及会昌县清溪乡、龙南县汶龙镇和南亨乡	财政部、水利部、环境保护部 2014 年
26	瑞金市、兴国县、于都县、宁都县、石城县	瑞（金）兴（国）于（都）经济振兴试验区	建设赣南等原中央苏区扶贫攻坚的先行区、全国红色文化传承创新的引领区、贫困地区统筹城乡发展的创新区、南方丘陵地区生态文明建设的示范区	国家发展改革委 2015 年
27	上犹县、崇义县、大余县、安远县、寻乌县、龙南县、全南县、定南县、石城县	国家重点生态功能区建设试点	着力推进增强产品供给能力、发展壮大特色生态经济、在生态保护和发展中改善民生、完善空间开发格局和制度等方面的重点任务	国家发展改革委 2015 年 /环境保护部 2017 年
28	信丰县	创建国家现代农业产业园	力争到 2020 年将信丰县现代农业产业园建成产业特色鲜明、要素高度聚集、设施装备先进、生产方式绿色、经济效益显著、辐射带动有力的世界一流脐橙产业园	农业部、财政部 2017 年

续表

序号	单位	名称	内容	批准部门及年份
29	信丰县、崇义县	自然资源有偿使用制度改革试点	开展自然资源有偿使用制度改革	国务院2017年/2019年
30	崇义县	农村生活垃圾分类试点	探索建立农村生活垃圾分类收集处理运行机制，不断提高减量化、资源化、无害化水平，进一步增加农村生活垃圾分类收集率和综合利用率，促进资源回收利用，有效改善农村人居环境	住房城乡建设部2017年
31	兴国县	国家级水土保持科技示范园	加快水土流失防治步伐，促进人与自然的和谐，更好地发挥水土保持科技支撑、典型带动和示范辐射的作用	水利部2018年
32	崇义县	国家生态文明建设示范县	走生态优先、绿色发展之路，加快形成绿色发展方式和生活方式	生态环境部2018年
33	大余县	全国森林旅游示范县	以统筹好森林等自然资源的保护与利用为前提，以满足人民高品质、多样化户外游憩需求为导向，进一步做大做强森林旅游业	国家林业和草原局2019年
34	信丰县	国家节约型公共机构示范单位	严格遵守国家和省、市有关节能减排法规制度和标准，根据创建方案和创建标准开展创建工作	国家机关事务管理局、国家发展改革委、财政部2019年
35	大余县	森林养生国家重点建设基地	充分利用丫山资源和环境优势，积极创新森林体验和森林发展路径	国家林业和草原局森林旅游管理办公室2019年
36	瑞金市	全国"无废城市"建设试点	系统构建"无废城市"建设指标体系，探索建立"无废城市"建设综合管理制度和技术体系	生态环境部2019年
37	崇义县	国家农村产业融合发展示范园	突出生态资源优势，探索三产融合发展路径，提升绿水青山就是金山银山实践创新基地创建成果	国家发展改革委2019年
38	大余县、龙南县	全国乡村旅游重点村	在黄龙镇大龙村、临塘乡东坑村开展试点建设	文化和旅游部、国家发展改革委2019年

续表

序号	单位	名称	内容	批准部门及年份
39	章贡区、赣州经济技术开发区、瑞金经济技术开发区	绿色制造名单	推动虔东稀土集团股份有限公司、赣州富尔特电子股份有限公司、江西章贡高新技术产业园区、赣州经济技术开发区、瑞金经济技术开发区绿色制造体系建设	工业和信息化部2018年/2019年/2021年
40	崇义县	国家有机食品生产基地建设示范县（试点）	探索县域范围内有机产业与生态环境保护协调发展的新模式，树立一批有机产业规模化发展的典型区域；在区域内有机产业建立完善的资源综合利用机制、质量管理追溯体系和完整的有机产业链	生态环境部有机食品发展中心2019年
41	赣县区	国家战略性新兴产业集群	强健产业链、优化价值链、提升创新链，加快构建实体经济、科技创新、现代金融、人力资源协调发展的现代产业体系，加快推进赣州市新型功能材料产业集群	国家发展改革委2019年
42	南康区	国家物流枢纽建设名单	将赣州国际陆港打造为商贸服务型国家物流枢纽，支撑"一带一路"、长江经济带和粤港澳大湾区建设	国家发展改革委、交通运输部2019年
43	崇义县	第九批"一村一品"示范村镇	龙勾乡"龙勾红"脐橙在第四届中国赣州脐橙节上获"优质产品奖"荣誉称号，素有"世界脐橙在赣南，赣南精品在龙勾"之称	农业农村部2019年
44	章贡区	国家工业资源综合利用基地	在章贡高新技术产业园区建设以废旧动力电池、冶炼渣为特色的工业资源综合利用产业园	国家发展改革委、工业和信息化部2019年
45	崇义县	"绿水青山就是金山银山"实践创新基地	探索绿水青山就是金山银山有效转化路径	生态环境部2019年
46	兴国县	国家森林乡村创建样板村	在兴国县龙口镇睦埠村开展省"国家森林乡村创建样板村"建设	全国绿化委员会、国家林业和草原局2019年
47	章贡区	国家企业技术中心	虔东稀土集团股份有限公司	国家发展改革委2019年
48	江西章江水产有限公司等	农业部水产健康养殖示范场	开展水产健康养殖示范，推进水产养殖业绿色发展	农业农村部2020年

续表

序号	单位	名称	内容	批准部门及年份
49	石城县	国家生态综合补偿试点	开展森林生态补偿和效益补偿,多元化生态补偿机制建设等	国家发展改革委 2020年
50	赣州市、寻乌县、于都县等	农业农村和新型城镇化领域标准化试点示范项目	开展新型城镇化领域农业农村标准化试点示范油茶种植、大数据精准扶贫农业标准化、蔬菜标准扶贫项目建设	国家标准化管理委员会 2020年
51	全南县、龙南县、石城县、大余县等	国家卫生县城	加快县城环境卫生基础设施建设,加强社会卫生管理,改善环境卫生面貌等	全国爱国卫生运动委员会 2020年
52	崇义县	全国森林经营试点示范单位	开展森林经营样板示范建设,推动森林质量精准提升,林相改造等	国家林业和草原局 2020年
53	寻乌县	国家生态文明建设示范县	发挥示范引领作用加快形成绿色发展方式和生活方式	生态环境部 2020年
54	龙南经济技术开发区、赣州爱格森人造板有限公司、富尔特电子公司	绿色制造名单	加快绿色制造体系建设,引领工业高质量发展	工业和信息化部 2020年
55	石城县	国家全域旅游示范区	落实"四位一体"全域旅游发展战略,构造景城共融发展新格局	文化和旅游部 2020年
56	安远县	中国天然氧吧	依托优越的自然生态环境、舒适宜人的气候条件、丰富的旅游资源等优势,创建中国天然氧吧	中国气象局 2020年
57	崇义县	全国森林康养基地试点建设单位	践行"两山"理念和实施健康中国和乡村振兴战略	中国林业产业联合会 2020年
58	大余县	全国文明城市	推进文明城市创建,形成以城带乡、以乡促城、城乡互动新格局	中央文明办 2020年
59	赣州高新技术产业开发区	环境污染第三方治理园区	开展环境污染第三方治理试点建设,推进重大污染治理项目建设	国家发展改革委、生态环境部 2020年
60	章贡区	全国绿色发展百强区	推进国家生态文明试验区建设	中国中小城市研究发展战略研究院 2021年
61	兴国县、宁都县、于都县	全域土地整治试点	开展全域土地规划、整治、保护历史文化,优化生产生活生态空间格局等	自然资源部 2021年
62	兴国县东村乡、宁都县青塘镇、于都县银坑镇	全域土地综合整治试点	开展全域土地规划、整治、保护历史文化,优化生产生活生态空间格局等	自然资源部 2021年

续表

序号	单位	名称	内容	批准部门及年份
63	大余县、宁都县、全南县	全国绿色防控示范县	推进农作物病虫害防控和统防统治工作，提升绿色防控与统防统治覆盖率	全国农业技术推广服务中心2021年
64	南康区	进口松木板材利用试点	开展松材线虫病疫区进口松木板材利用试点建设，推进资源综合利用	国家林业和草原局2021年
65	瑞金市、于都县、兴国县、宁都县、信丰县、寻乌县、定南县、龙南市、全南县	赣南区域国土绿化试点示范项目	实施人工造林、退化林修复以及油茶林新造、改造、补植、抚育等工程，带动赣南地区开展大规模国土绿化行动，有效提升森林质量，增强森林生态功能	国家林业和草原局、财政部2021年
66	石城县	国家生态文明建设示范区	加快形成绿色发展方式和生活方式	生态环境部2021年
67	全南县	中国天然氧吧	依托优越的自然生态环境和丰富的旅游资源等有时，创建中国天然氧吧	中国气象局2021年
68	上犹县、宁都县、全南县	国家水土保持示范名单	防治水土流失、开展水保模式探索	水利部2021年
69	赣州高新技术产业开发区	大宗固体废弃物综合利用示范基地	提升大宗固体废弃物综合利用水平，推动资源综合利用产业节能降碳	国家发展改革委2021年
70	赣州市	历史遗留废弃矿山生态修复入围国家试点示范项目	探索绿色矿山修复新路径、模式、机制	财政部、自然资源部2022年
71	赣州市	无废城市试点	践行"两山"理念，开展绿色低碳探索	生态环境部2022年
72	赣州市	赣南茶油国家地理标志产品保护示范区	搭建平台政策、夯实保护制度、加大保护力度、健全工作体系等	国家知识产权局2022年
73	赣州市	赣州市稀土新材料及应用集群入选国家先进制造业集群	推进集群促创新、补短板、锻长板、强基础、优生态	工业和信息化部2022年
74	大余县丫山、赣县区天子峰、宁都县凤溪湾	国家级森林康养试点	大力建设各类森林康养基地，全面促进森林康养产业发展	国家林业和草原局2022年
75	定南县黄砂口村	全国"非遗旅游村寨"	2022年全国非遗与旅游融合发展优选项目	中国非物质文化遗产保护协会2022年

续表

序号	单位	名称	内容	批准部门及年份
76	安远三百山	国家5A级旅游景区	践行"两山"理念,开展绿色低碳探索	文化和旅游部 2022年
77	大余丫山	国家级旅游度假区	践行"两山"理念,开展绿色低碳探索	文化和旅游部 2022年
78	定南县	中国天然氧吧	倡导绿色、生态的生活理念,发展生态旅游、健康旅游	中国气象局 2022年
79	上犹县	国家生态文明建设示范区	践行"两山"理念,畅通"两山"路径	生态环境部 2022年
80	宁都县	国家水土保持示范县	发挥示范引领作用,为有效防治水土流失、建设美丽中国作出更大贡献	水利部 2022年
81	赣县区金钩形水土保持科技示范园	国家水土保持科技示范园	发挥示范引领作用,为有效防治水土流失、建设美丽中国作出更大贡献	水利部 2022年
省级（共62批次）				
1	赣州市	"河长制"试点	完善责任体系,加强能力建设,开展河湖保护管理突出问题整治,逐步杜绝乱占乱建、乱围乱堵、乱采乱挖、乱倒乱排现象,建立河流环境长效管护机制,确保河流管护制度化、规范化,确保试点河流出境水质达标	江西省委、江西省人民政府 2015年
2	赣州市	装配式建筑试点城市	采用预制构件在施工现场装配建筑,培育产业集聚能力强的装配式建筑重点示范市县,创建国家级、省级装配式建筑产业示范基地,推进一批示范项目	江西省人民政府 2016年
3	赣州市	绿色出行创建城市	践行简约适度、绿色低碳生活方式,引导公众出行优先选择公交、步行和自行车等绿色出行方式	江西省交通运输厅、江西省发展改革委 2020年
4	南康市、宁都县、上犹县、定南县、安远县、兴国县、瑞金市、寻乌县、于都县、全南县、龙南县、崇义县	省级现代农业示范区	把示范区打造成现代农业产业的集聚区、现代农业科技与装备应用的展示区、现代高效农业发展与农业功能拓展的先行区、现代农业经营服务体制机制创新的试验区	江西省农业厅 2012年/2015年/2018年
5	崇义县、安远县	第一批生态文明先行示范县(市、区)	以制度创新为核心人物,以可复制、可推广为基本要求,建立公正机制,落实工作责任,积极探索、大胆尝试,为全省乃至全国生态文明建设积累有益经验	江西省委办公厅、江西省人民政府办公厅 2015年

续表

序号	单位	名称	内容	批准部门及年份
6	兴国县	探索编制自然资源资产负债表试点	编制自然资源资产负债表是生态产品价值实现机制的基础	江西省人民政府 2016 年
7	赣州市、上犹县、全南县、龙南县	完善生态文明建设考核评价体系试点	探索建立符合赣州实际的生态文明建设目标评价体系和考核体系	江西省统计局、江西省生态文明办 2016 年
8	江西赣县大湖江国家湿地公园、阳岭国家森林公园、阳明山国家森林公园、赣州经济技术开发区、崇义县铅厂镇、全南厚朴生态林业有限公司	生态文明示范基地	积极创建生态文明品牌，大力开展生态文明制度探索，切实发挥示范带动作用	江西省生态文明建设领导小组 2016 年
9	瑞金市、石城县、上犹县	第二批生态文明示范县（市、区）	积极承担生态文明试验区建设任务，开展制度创新，建立工作机制，落实工作责任，加快形成可复制、可推广的经验和模式，努力打造美丽中国"江西样板"	江西省生态文明建设领导小组 2017 年
10	崇义县君子谷野生水果世界、赣州市赣县区祥云湖生态文明示范基地、江西虔心小镇生态农业有限责任公司	第二批生态文明示范基地	积极创建生态文明品牌，大力开展生态文明制度探索，切实发挥示范带动作用，努力打造美丽中国"江西样板"	江西省生态文明建设领导小组 2017 年
11	宁都县	农村环境整治政府购买服务试点	积极推行农村生活垃圾治理政府购买社会服务，实行第三方治理	江西省环境保护厅、江西省财政厅、江西省发展改革委 2017 年
12	上犹县	省级生态扶贫试验区	实施生态项目、发展生态产业、购买生态服务、生态移民搬迁等一批脱贫模式，探索生态产品价值实现和生态扶贫结合的新模式	江西省发展改革委、江西省扶贫办公室、江西省林业厅 2017 年
13	大余县、寻乌县、定南县、全南县、会昌县	第三批生态文明示范县(市、区)	积极承担国家生态文明试验区建设任务，以制度创新和模式探索为重点，以重大工程、重大平台为主要支撑，建立工作机制，落实工作责任，抓出工作实效，努力形成可复制、可推广的经验	江西省生态文明建设领导小组 2018 年

续表

序号	单位	名称	内容	批准部门及年份
14	崇义县	省级绿色有机农产品示范县	围绕完善责任体系、健全监管机构、强化监管手段、推动绿色有机农业发展	江西省农业农村厅 2018年
15	崇义县阳明山国家森林公园	省级首批低碳旅游示范景区	推动全市绿色低碳发展，提升城市形象，加快生态文明试验区建设	江西省发展改革委 2018年
16	大余丫山风景名胜区、石城通天寨景区	省级第二批低碳旅游示范景区	推动全市绿色低碳发展，提升城市形象，加快生态文明试验区建设	江西省发展改革委 2018年
17	崇义县、寻乌县、全南县、于都县	第二批绿色低碳试点县（市、区）	积极探索适合本地的绿色低碳发展模式和发展路径，加快建立以低碳为特征的产业体系和低碳生活方式	江西省发展改革委 2018年
18	大余丫山风景名胜区、安远县三百山风景名胜区、江西崇义客家梯田	第三批生态文明示范基地	积极承担生态文明试验区建设任务，开展制度创新，建立工作机制，落实工作责任，加快形成可复制、可推广的经验和模式，努力打造美丽中国"江西样板"	江西省生态文明建设领导小组 2018年
19	章贡区	省智能制造基地	推动章贡高新技术产业园区建设江西省智能制造基地建设	江西省工业和信息化厅 2019年
20	定南县	省级湿地公园	九曲河省级湿地公园以九曲水库为主体，以水体清澈、水质优良、水量充沛、风光秀美的湿地水文景观为特色，以蕴涵的湿地生态文化和客家民俗文化为内涵，以保障东江源头区水生态安全和生物栖息地安全为重点，在江西省东江源头区域具有较强的典型性和代表性	江西省人民政府 2019年
21	信丰县、会昌县、全南县、石城县	省级生态乡（镇）	在信丰新田镇、虎山乡、油山镇，会昌珠兰乡、洞头乡、高排乡，全南大吉山镇、龙下乡，石城赣江源镇开展生态乡镇试点建设	江西省生态环境厅 2019年
22	章贡区	省商业旅游文化融合发展示范区	赣坊1969文创园建设	江西省商务厅、江西省文化和旅游厅 2019年
23	章贡区、会昌县、兴国县、龙南县、赣县区	省级绿色学校	在市厚德路小学、会昌县珠兰示范学校、兴国县第五中学、龙南县龙洲小学、赣县区城关第三小学，深化中小学生态文明教育，强化绿色理念，加强校园绿色文化建设	江西省生态环境厅、江西省教育厅 2019年

续表

序号	单位	名称	内容	批准部门及年份
24	南康区、安远县、寻乌县、全南县、石城县	省级现代服务业集聚区	加强自身建设，全面提高管理水平，不断提升核心竞争力，将赣州港、安远县电子商务产业园、寻乌电商产业园、全南创新创业电商园、石城县通天寨景区打造为省级现代服务业集聚区	江西省服务业发展领导小组2019年
25	崇义县	省级田园综合体和省级休闲农业精品园区（农庄）	上堡客家梯田小镇，做足红（上堡整训旧址）、绿（自然景观）、黄（黄元米果、猎酒）三色文章，推进三产融合，发展崇义现代农业	江西省农业农村厅2019年
26	崇义县、全南县	省级生态产品价值实现机制试点	开展生态产品价值实现机制模式和经验探索，加快"两山"转换制度建设	江西省发展改革委2019年
27	南康区、赣县区、大余县、崇义县	省公共机构节约能源资源示范单位	赣州市财政局、南康区机关事务管理局、赣县区第三中学、大余县公务大楼、崇义县人民医院入选	江西省机关事务管理局、江西省发展改革委、江西省财政厅2019年
28	上犹县	全省美丽宜居试点县	带头推动农村人居环境整治，带头推进村庄"连线成片"整治建设，带头落实"四精"理念，带头推动农村生活垃圾治理，带头实施全域村庄环境管护，带头发展壮大村集体经济，带头加强新农村建设促进会建设，带头推进乡村治理	江西省新农村建设办公室2019年
29	兴国县、信丰县、赣州经济技术开发区	省绿色制造名单	推动赣江西国泰特种化工有限责任公司、赣州富尔特电子股份有限公司、江西信丰高新技术产业园区、赣州经济技术开发区绿色制造体系建设	江西省工业和信息化厅2019年
30	大余丫山风景名胜区、于都屏山景区	省级避暑旅游目的地	推广避暑优质好资源，倡导绿色、舒适、健康的生活理念	中国天气网、江西日报社、江西省气象局2019年
31	崇义县	土壤环境质量类别划分与污染防治试点	在扬眉镇中坑口村开展土壤重金属污染治理和修复试点，在扬眉镇阳星村开展土壤重金属污染治理和修复示范点	江西省农业农村厅2019年

续表

序号	单位	名称	内容	批准部门及年份
32	章贡区	省"绿色社区美丽家园"	章贡区东外街道渡口路社区、南外街道二康庙社区、沙石镇吉泰社区、解放街道健康路社区、赣江街道姚府里社区、水南镇长征路社区建设全省"绿色社区美丽家园"	江西省民政厅 2019年
33	寻乌县、于都县、兴国县	省级生态文明示范基地	在寻乌县稀土矿山公园、于都县梓山镇潭头村、兴国县塘背国家级水土保持科技示范园区开展生态文明模式探索	江西省生态文明建设领导小组 2019年
34	寻乌县、全南县、崇义县、大余县、上犹县、龙南县、石城县	美丽宜居示范县和美丽宜居试点县	开展美丽宜居示范县和美丽宜居试点县建设	江西省新农村建设办公室 2020年
35	会昌县、崇义县、上犹县、安远县	省级有机产品认证示范区	依托良好的生态资源禀赋,发展有机农业示范建设	江西省市场监管局 2020年
36	崇义县	绿色金融改革试点	加快绿色金融组织体系建设,推进绿色金融产品创新,拓宽绿色产业融资渠道	江西省政府金融办 2020年
37	赣州经济技术开发区、崇义县、寻乌县、大余县、信丰县	省级循环化改造园区	开展园区循环化改造、推进资源节约综合利用等试点	江西省发展改革委 2020年
38	赣州爱格森人造板有限公司、石城南方万年青水泥有限公司、龙南龙钇重稀土科技股份有限公司	省绿色制造名单	加快绿色制造体系建设,引领工业高质量发展	江西省工业和信息化厅 2020年
39	石城县	"绿水青山就是金山银山"实践创新基地	践行"两山"理念,加快打通"两山"双向转化通道	江西省生态环境厅、江西省文化和旅游厅 2020年
40	赣南脐橙博览馆、寻乌稀土矿山公园、兴国县塘背国家级水土保持科技示范园区、于都县梓山镇潭头村定南县生态循环农业示范园	省级生态文明示范基地	树立和践行"两山"理念,创建生态文明品牌,开展生态文明模式探索	江西省生态文明建设领导小组 2020年
41	章贡区	全省绿色金融先进县（市、区）	生态文明建设模式探索	江西省绿色金融改革创新办公室 2021年

续表

序号	单位	名称	内容	批准部门及年份
42	定南县、大余县、龙南市	全省第二批美丽宜居示范县	打造美丽宜居新农村，提升农村人居环境	江西省新农村建设办公室 2021年
43	信丰县、会昌县、寻乌县、赣县区	国土空间生态修复试点	探索市场化方式推进国土生态修复试点	江西省自然资源厅 2021年
44	崇义县	"湿地银行"试点	推动湿地生态产品价值实现	江西省林业局、江西省发展改革委、江西省自然资源局 2021年
45	江西天奇金泰阁钴业有限公司、龙南骏亚电子科技有限公司、江西省鑫盛钨业有限公司、江西曼妮芬服装有限公司、江西兴国南方万年青水泥有限公司、赣州章贡南方万年青水泥有限公司、江西瑞金万年青水泥有限责任公司	绿色制造名单	加快构建绿色制造体系，探索先进典型	江西省工业和信息化厅 2021年
46	寻乌县、上犹县	绿色生态品牌建设试点	重点培育产品与服务清单，出台标准制定、认真推广宣传与保护等配套政策	江西省市场监管局 2021年
47	寻乌县	"绿水青山就是金山银山"实践创新基地	践行"两山"理念，加快打通"两山"双向转化通道	江西省生态环境厅、江西省文化和旅游厅 2021年
48	于都山下养猪有限公司、兴国鋆源牧业有限公司	畜禽养殖标准化示范场	带动周边养殖场（户）提升标准化饲养水平，加快构建现代养殖体系	江西农业农村厅 2021年
49	上犹县、石城县、寻乌县	省生态产品价值实现机制示范基地	践行两山理念，加快打通"两山"双向转化通道	江西省发展改革委 2021年

续表

序号	单位	名称	内容	批准部门及年份
50	崇义县	"美丽宜居与活力乡村（＋民宿）"联动建设先行县	发展乡村旅游，做大民俗产业	江西省农业农村厅 2021 年
51	全南县	省级生态旅游示范区	支持全南县天龙山景区建设为江西省省级生态旅游示范区	江西省文化和旅游厅、江西省生态环境厅 2021 年
52	南康区、龙南经济技术开发区	省首批碳达峰碳中和试点城市和园区	践行两山理念，推进碳达峰碳中和路径探索	江西省发展改革委 2022 年
53	定南县、石城县、宁都县	省循环化改造试点园区	在平台建设、政策、资金等方面推进园区循环化改造	江西省发展改革委 2022 年
54	赣州爱康光电科技有限公司等 14 个绿色工厂	省绿色制造名单	推进绿色制造体系建设，推进工业碳达峰碳中和	江西省工业和信息化厅 2022 年
55	华润置地（赣州）有限公司（赣州万象城）	省绿色商场	践行绿色发展理念，推进绿色商场创建	江西省商务厅 2022 年
56	崇义县	省级美丽江西建设试点县	开展美丽江西建设先行先试，大胆探索	江西省生态环境厅 2022 年
57	大余县、崇义县、龙南市、全南县、定南县、寻乌县	省美丽宜居先行县	人居环境整治提升和美丽乡村建设	江西省社会主义新农村建设暨农村人居环境整治工作领导小组 2022 年
58	崇义县上堡梯田森林康养基地、章贡区五龙客家风情园森林康养基地、寻乌县项山甑森林康养基地、上犹县牧心纪山谷宿森林康养基地	省级森林康养基地	大力建设各类森林康养基地，全面促进森林康养产业发展	江西省林业局、江西省民政厅、江西省卫生健康委员会、江西省中医药管理局 2022 年

续表

序号	单位	名称	内容	批准部门及年份
59	龙南市、全南县	省美丽活力乡村+乡村民宿联动建设先行县	人居环境整治提升和美丽乡村建设	江西省社会主义新农村建设暨农村人居环境整治工作领导小组 2022年
60	龙南市、信丰县、大余县、全南县、于都县、寻乌县、石城县等7个县；赣县区储潭镇、茅店镇、信丰西牛镇、油山镇、大余县樟斗镇、新城镇、黄龙镇、安远县三百山镇，宁都县黄陂镇，兴国县高兴镇，石城县赣江源镇、小松镇等13个镇	省生态园林城市（镇）	加大园林绿化、生态环境和宜居设施建设	江西省住房和城乡建设厅、江西省生态环境厅、江西省林业局 2022年
61	章贡区、赣县区、南康区、信丰县、崇义县、大余县、上犹县、安远县、龙南市、定南县、全南县、宁都县、于都县、兴国县、瑞金市、会昌县、寻乌县、石城县等18个县102个乡村	省森林乡村	推进乡村绿化美化，持续改善农村人居环境，促进乡村生态富民产业发展	江西省林业局 2022年
62	崇义章源钨业股份有限公司等34家企业	省节水型企业	践行低碳理念，开展节水示范创建	江西省水利厅 2022年

附录2。党的十八大以来赣州市生态文明建设领域特色亮点

序号	事项	日期	特色内容
1	肯定批示和通报表扬情况	2022.6.9	赣州市生态文明体制改革、制度创新、模式探索等方面成效显著，列入全国9个、江西唯一的国务院办公厅督查激励（国办发〔2022〕21号）
2		2022.6.29	赣州市生态产品价值实现机制工作获全国政协副主席、农工党中央主席何维率队调研组充分肯定
3		2022.8.16	全国政协人口资源环境委员会主任李伟点赞丫山理念：《绿色发展留乡愁 乡村旅游促振兴 探索生态产品价值转换的"丫山密码"》
4		2021.4.30	兴国县节约集约用地，获国务院办公厅督查激励（国办发〔2021〕17号）
5		2020.5.5	全南县农村人居环境整治，获国务院办公厅督查激励（国办发〔2020〕9号）
6		2019.6.12	寻乌县废弃稀土矿山治理"三同治"模式获时任中央政治局委员、中宣部部长黄坤明同志肯定
7		2021.1.8	时任省政府副省长胡强在赣州市委、市政府报送《关于2020年实施乡村振兴战略情况的报告》中批示："赣州市在打赢脱贫攻坚战取得决定性成就，农村特色产业、村级集体经济、农村人居环境整治、农村基层治理等方面成效明显。望在巩固拓展脱贫攻坚成果同乡村振兴有效衔接上作示范、勇争先"
8		2021.9.27	信丰县金盆山林场事迹列入国家林业和草原局践习近平生态文明思想先进事迹（林宣发〔2021〕90号）
9		2020.12.29	赣州市农业农村局卢新民同志在"中国渔政亮剑2020"系列专项执法行动工作成绩突出，被农业农村部通报表扬（农渔发〔2020〕26号）
10		2022.12.29	赣州市水土保持中心和2名个人分获水利部全国水土保持工作先进集体和先进个人表彰
11	争取召开全国全省会议情况	2022.8.19	赣州市举办"美丽中国百人论坛2022年会"并作交流发言
12		2019.11.14	在赣州召开全国油茶产业发展工作会议
13		2021.5.12	在赣州召开全国生态综合补偿试点工作现场会并推介赣州经验
14		2021.6.25	在赣州召开2021中国国际生态竞争力峰会
15		2021.11.4	在赣州召开全国水土保持工程建设以奖代补试点工作会
16		2020.11.27	在赣州召开中国法学会环境资源法学研究会环境纠纷多元解决机制专业委员会和江西省人民检察院第八检察部共同主办2020年年会暨"检察环境公益诉讼理论与实践"研讨会

续表

序号	事项	日期	特色内容
17		2020.4.8	赣州市在水利部召开的2020年全国水土保持工作视频会议作典型发言
18		2022.3.25	赣州在全国检察机关"国财国土"领域公益诉讼办案工作视频会上作经验发言
19		2020.6.17	赣州市在江西省生态环境保护委员会2020年第二次（视频）会议作交流发言
20		2020.9.12	瑞金市在生态环境部召开的全国"无废城市"建设试点推进会议作交流发言
21		2022.11.10	崇义县在全国森林经营理论与实践培训会作经验交流
22		2022.9.22	安远县推进城乡绿色智慧物流发展有关做法在全国交通强国建设试点工作推进会作经验发言
23		2020.9.23	赣州市在江西省国家生态文明试验区改革举措及经验做法推广工作电视电话会议作交流发言
24		2022.7.2	赣州市生态产品价值实现机制工作在第五届国家生态文明试验区建设（江西）论坛作经验交流
25	全国全省会议作典型经验交流情况	2022.9.21	赣州市塑料污染治理工作在全省塑料污染治理专项工作机制电视电话会作经验交流
26		2020.11.23	赣州市在全省造林绿化暨生态扶贫现场会议作典型发言
27		2020.12.17	赣州市在全省国土空间生态修复现场推进会议作交流发言
28		2021.3.22	赣州市在全省2021油茶产业高质量发展工作现场推进会作油茶产业典型发言
29		2021.3.23	赣州市在全省房地产建筑业链链长制工作推进会上作装配式建筑专题交流发言
30		2021.8.2	赣州市在全省2021年上半年大气污染防治工作总结分析视频会上就大气污染防治工作作典型发言
31		2021.10.19	赣州市在全省房地产建筑业链链长制工作推进会上作经验交流发言
32		2021.11.18	赣州市在全省生态环境保护工作会议暨江西省生态环境保护委员会2021年第二次（视频）会议上就打赢蓝天保卫战作典型发言
33		2021.12.17	赣州市在全省林业法治和改革工作会议上作典型发言
34		2021.12.23	赣州市在全省美丽乡镇建设工作现场推进会上作经验交流发言

续表

序号	事项	日期	特色内容
35		2020.11.25	山地丘陵地区山水林田湖草系统保护修复模式等 4 项改革经验列入国家生态文明试验区改革举措及经验做法推广清单在全国推广（发改环资〔2020〕1793 号）
36		2020.12.4	新闻联播播报赣州践行"两山"理念建设美丽中国典型案例
37		2021.12.31	赣州市林长制工作在全国推广（《林长制简报》第 31 期）
38		2021.10.13	赣州市点长制工作在全国推广（《乡村振兴简报》2021 年第 113 期）
39		2020.4.8	支持陆生野生动物养殖户转产措施获国家林业和草原局在全国推广（国家林业和草原局、国家公园局简报第 22 期）
40		2022.11.2	中央政策研究室综合研究局《综合研究》刊发宁都设施蔬菜上山经验
41	入选国家和省级典型案例情况	2020.12.3	龙南市人民检察院督促保护客家围屋行政公益诉讼案、赣州市环境保护税行政公益诉讼案等 2 件公益诉讼案例入选最高人民检察院典型案例
42		2019.3	寻乌县废弃稀土矿山治理"三同治"模式列入全国省部级干部深入推动长江经济带发展研讨培训、国土空间生态修复工作培训教材
43		2020.4.23	寻乌县废弃稀土矿山治理"三同治"模式列入自然资源部第一批《生态产品价值实现典型案例》（自然资办函〔2020〕673 号）
44		2021.10.14	寻乌县废弃稀土矿山治理"三同治"模式列入《中国生态修复典型案例》（联合国《生物多样性公约》缔约方大会第十五次会议生态文明论坛主题四发布）
45		2021.7.12	崇义县三产融合做法入选生态环境部发布的全国"两山"实践模式与典型案例（2021 年生态文明贵阳国际论坛发布）
46		2021.11	崇义县完善民营林场培育政策列入国家林业和草原局典型案例（《林业改革发展典型案例》第二批）
47		2021.10	寻乌县废弃矿山治理、定南县循环农业发展、崇义县三产融合发展、东江流域跨省横向生态补偿等 4 个案例入选江西省生态产品价值实现精选案例（江西省发展改革委、东华理工大学、省生态文明研究院汇编）
48		2020.12	建筑专用环保防水材料技术，农业废弃物工厂化食用菌生产技术，稀土熔盐渣、稀土永磁固废多组分协同再生技术等 6 项技术列为省绿色技术（江西省绿色技术目录）
49		2021.6.2	赣州石城某建设有限公司向水体排放油类污染物、定南徐某发非法捕获野生动物等 2 个案例入选省生态环境损害赔偿磋商十大典型案例（赣环赔改办〔2021〕1 号）
50		2022.1.5	赣州市推进乡村建设和农村人居环境整治列入省"我为群众办实事"三十佳典型事例（赣学组办发〔2022〕1 号）

后　记

党的十八大以来，赣州市深入贯彻落实习近平生态文明思想，坚持山水林田湖草一体化保护和系统治理，聚焦"作示范、勇争先"目标定位和"五个推进"重要要求，绿色转型、低碳循环发展迈出坚实步伐，赣州市在保护生态环境、筑牢生态屏障方面取得了长足的进步，一幅鸟语花香的生态画卷在眼前徐徐展开。展望未来，赣州市将牢记习近平总书记的殷殷嘱托，深入学习贯彻党的二十大精神，严格落实省委、省政府重大决策部署，坚持把建设美丽赣州作为转变发展方式、转换发展动能、创新绿水青山就是金山银山转化路径、彰显生态优势的战略选择，持续深化美丽赣州建设行动，创新"美丽中国"的赣州实践，敢于担当，不断增强使命感、责任感、紧迫感，加快建设革命老区美丽中国示范区、国家生态文明建设示范区，努力打造美丽中国"赣州样板"。

本书编撰得到国家发展改革委、江西省人民政府，以及江西省发展改革委、赣州市生态文明建设领导小组成员单位的大力支持，江西省生态文明研究院给予热心指导。江西省赣南等原中央苏区振兴发展工作办公室副主任、赣州市赣南苏区振兴发展工作办公室主任、赣州市发展和改革委员会主任卢述银，江西省生态文明研究院院长彭小平，江西省生态文明研究院党委书记徐伟民统筹编著，江西省生态文明研究院副院长王伟，赣州市发展改革委总经济师廖少亭，赣州市生态文明研究中心主任朱亮统稿修改。其中，第一章用以习近平同志为核心的党中央对赣州生态文明建设的亲切关怀为开端，系统回顾赣州推进生态文明建设的亮丽成绩，由孙峰、周吉执笔；第二章总结南方生态屏障系统治理的"赣州模式"，由姚健庭、杨志平执笔；第三章阐述打造赣南苏区绿色崛起新高地的"赣州探索"，由江信芳执笔；第四章梳理促进生态惠民利民的"赣州实践"，由张鸣执笔；第五章推介生态文明体制机制改革的"赣州名片"，由肖卫平、罗斌华执笔；第六章介绍彰显赣南文化绿色新元素，由刘圣勇、朱虹执笔。

因本书是通俗读物，非学术著作，故文中未一一标明出处，同时考虑篇幅精炼，不少好的经验做法未能详尽列入，框架内容难免有不足之处。在此，本书编

写组向赣州市及其县（区）提供素材的一线同志表示诚挚的谢意，并请各位专家和读者批评指正。

编者

2022 年 12 月